もっと速く、
快適に！

# Wi-Fiを使いこなす本

ケイズプロダクション

技術評論社

**● 本書をお読みになる前に**

本書に記載された内容は、情報の提供だけを目的としています。したがって、本書を用いた運用は、必ずお客様自身の責任と判断によって行ってください。これらの情報の運用の結果について、技術評論社および著者はいかなる責任も負いません。

本書記載の情報は、2018年7月現在のものを掲載していますので、ご利用時には、変更されている場合もあります。

本書のソフトウェアに関する記述は、特に断りのないかぎり、2018年7月現在での最新バージョンをもとにしています。ソフトウェアはバージョンアップされる場合があり、本書での説明とは機能内容や画面図などが異なってしまうこともあり得ます。本書ご購入の前に、必ずバージョン番号をご確認ください。

以上の注意事項をご承諾いただいた上で、本書をご利用願います。これらの注意事項をお読みいただかずに、お問い合わせいただいても、技術評論社および著者は対処しかねます。あらかじめ、ご承知おきください。

# はじめに

Wi-Fiは、当初ノートパソコンをLANケーブルなしで家庭内LANやインターネットに接続するための仕組みとして普及し始めました。しかし、現在ではパソコンに限らず、スマホ、タブレット、ゲーム機、プリンター、レコーダー、テレビ、スピーカーと接続できる機器は広がっていく一方で、最近では電子レンジや冷蔵庫、エアコンまでWi-Fiにつながるようになってきました。Wi-Fiルーターの設定も簡単になり、一般的なネットワークを採用している場所であれば、とりあえず使い始めるまでの難易度は、以前より随分下がっているといえます。

とはいえ、ネットワークには独特の難しさと面倒さがあります。しかも、Wi-Fiは電波が目に見えないため、障害の状況がLANケーブルによる有線ネットワークよりも把握しづらいという弱点があります。また、ハブにLANケーブルを差し込めば、物理的な接続はほぼ問題なく完了する有線ネットワークと比べると、Wi-Fiではデータが送受信できるようになるまでの工程が多くなりがちです。通信速度が遅くて困っているとき、原因の切り分けも面倒です。

本書はこれからWi-Fiを活用しようという場合はもちろんのこと、さらにWi-Fiのトラブルや困った点を解決し、より高速かつ快適にWi-Fiを活用する助けとなるように編まれました。本書がWi-Fiを活用する多くの人のお役に立てることを願っています。

ケイズプロダクション

# もくじ

Chapter 3
# Wi-Fiネットワークを構築する



Chapter 4
# Wi-Fiの通信速度をアップする



Chapter 5
# Wi-Fi対応機器を活用する

Chapter 6

## 安全にWi-Fiネットワークに接続する



Chapter 7

## Wi-Fi以外のワイヤレス規格を利用する

本書おすすめ

# Wi-Fiルーターカタログ

## 4K動画も余裕でこなすトライバンド対応の最上位機種

オンラインゲームのように、通信の遅延や切断をできるだけ避けたいアプリを使う場合は、ここで紹介する最上位機種の中から製品を選ぶといいでしょう。また、2つの5GHz帯のネットワークを提供するので、Wi-Fiルーターに接続するスマホやパソコンなどクライアントの数が多い場合にもピッタリです。

バッファロー

### AirStation WTR-M2133HP

実勢価格：2万6330円

中央に可動式アンテナを配した独特なパラボラ状のデザインが魅力的なバッファローの最上位機種です。ほかのWi-Fi機器や電子レンジなどから発生する干渉ノイズを回避する機能も備えます。

TP-Link

### Archer C5400

実勢価格：2万7590円

8本のアンテナで同時に4台のデバイスと通信できる4ストリーム機能に対応しています。各機器に最適な周波数帯（バンド）やチャンネルを割り当てるスマートコネクト機能（バンドステアリング）を利用できます。

ASUS

### ROG Rapture GT-AC5300

実勢価格：4万4220円

遅延にシビアなゲームでの利用を想定したモデルです。無線4ストリーム対応のほか、8個のギガビット有線LANのうち2個を束ねて高速化するリンクアグリゲーション機能も利用できます。

NETGEAR

### Nighthawk X6S R8000P-100JPS

実勢価格：2万9780円

ビームフォーミング対応の6本のアンテナでトライバンドの合計4Gbpsの伝送速度をサポートしています。有線LANの4ポートのうち2ポートはリンクアグリゲーション対応です。

## 広範囲でシームレスに使えるメッシュネット対応機種

3階建ての住宅や広いマンションで、従来のWi-Fiルーターでは電波が届きにくい場所があれば、メッシュネット対応のWi-Fiルーターを導入すると便利です。複数台の製品を組み合わせることで、電波の「死角」をなくします。

NETGEAR

### Orbi RBK50-100JPS

実勢価格：5万2900円

トライバンドに対応しており、親機、子機、端末それぞれの間で安定した高速通信が可能です。ルーターとサテライト各1台で最大350m$^2$、Microルーターとサテライトの場合は最大200m$^2$の範囲をサポートします。

TP-Link

### Deco M5

実勢価格：2万8270円

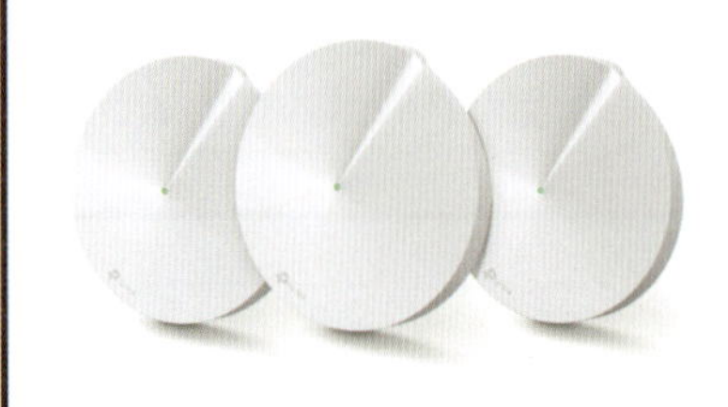

2台で最大3500m$^2$、3台では最大510m$^2$の範囲をカバー可能で、10台までの増設が可能です。2.4GHz帯と5GHz帯を同じSSIDにまとめて、最大1267Mbpsの高速で安定した通信を実現します。

ASUS

### Lyra mini

実勢価格：2万7130円

1台からの利用も可能で、3台の利用では3階建・4LDKに端末30台の利用をカバーします。最大では5台までの構成に対応可能です。トレンドマイクロのセキュリティ機能の永年無料利用権も付属します。

Google

### Google Wifi

実勢価格：4万2120円

画像提供：Google

Googleらしい「おまかせ」での利用を想定した製品です。スマホアプリを使って簡単に設定でき、電波の調整などを気にする必要はありません。使用中のデバイスや帯域などもアプリで確認できます。

## ファミリー全員で同時にバリバリ使える上位機種

3DKくらいまでのマンションや2階建ての一般的な一戸建てでは、ここで紹介する機種がおすすめです。最高通信速度は1377Mbps程度までで、家族全員が自分の端末を接続しても速度は遅くなりにくいといえます。

バッファロー
### AirStation WSR-2533DHP
実勢価格：1万1210円

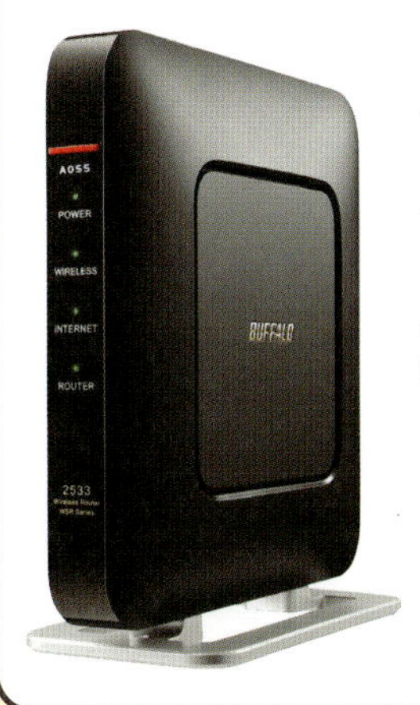


デュアルバンド4ストリームに対応し、ビームフォーミングなどの各種機能を搭載したバッファローの主力モデルです。ボディカラーは黒のほかにシャンパンゴールドも用意されています。

エレコム
### WRC-2533GST
実勢価格：1万1560円

グループ会社のDXアンテナの技術を活かして通信速度を向上させたハイパフォーマンスモデルです。トレンドマイクロとの協業でブロック機能など各種のセキュリティ機能を搭載しています。

アイ・オー・データ機器
### PLANT WNPR2600G
実勢価格：9610円

アイ・オー・データ機器の新ブランド「PLANT」のモデルで、最大4台の同時通信が可能。ビームフォーミングにも対応しています。自動ファームウェアアップデート機能も便利です。

アイ・オー・データ機器
### WN-AX2033GR2
実勢価格：9810円前後

電波の死角をなくすための独自技術「360コネクト」を搭載したモデルです。ボディカラーに個性的な「ミレニアム群青」を採用しています。ビームフォーミングや各種セキュリティ機能も備えます。

NECプラットフォームズ
### Aterm WG2600HP3
実勢価格：1万5980円

Atermシリーズ中ではハイエンドモデルで、4ストリームに対応しています。独自の高速化技術を投入したワイドレンジアンテナで、全方向にまんべんなく安定した電波を放射できます。

TP-Link
### Archer C2300
実勢価格：1万2780円

最大3台の同時通信が可能なデュアルバンド対応モデルです。最高の利用可能帯域にインテリジェントに割り当てるスマートコネクト機能や、VPN接続を高速化するVPNアクセラレーション機能も搭載しています。

## 11acのスピードを手軽に利用できる中位機

家族が2、3人までで、接続する端末の数もそれほど多くないなら、最高通信速度は1300Mbps程度の中位機で十分でしょう。スペックは問題なく、価格も上位機よりはやや安めで入手しやすいといえます。

バッファロー
### AirStation HighPower Giga WXR-190xDHP3シリーズ
実勢価格：
1万1470円～1万3960円

コンパクトなボディの割には大型の可動式アンテナを装備し、ビームフォーミングやバンドステアリング、干渉波自動回避機能などにも対応して安定した高速通信を目指したモデルです。

エレコム
### WRC-1900GST
実勢価格：7640円

トレンドマイクロのセキュリティ機能とDXアンテナの通信速度向上技術を装備したデュアルバンド対応モデルで、3台の同時通信やビームフォーミング、ギガビット有線LANなどにも対応します。

エレコム

## WRC-1750GSV

実勢価格：9550円

2.4GHz帯の通信速度の違いによるバリエーションモデルです。3台同時通信やビームフォーミング、ギガビット有線LAN、セキュリティ機能などについては上位モデルの「WRC-1900GST」と大きな違いはありません。

NECプラットフォームズ

## Aterm WG1900HP2

実勢価格：1万200円

従来モデルより遠くまで電波がとどくようになったハイパワーシステム搭載モデルです。3ストリーム同時通信やビームフォーミング、バンドステアリング、オートチャンネルセレクトなどの機能を装備しています。

NECプラットフォームズ

## Aterm WG1800HP3

実勢価格：6790円

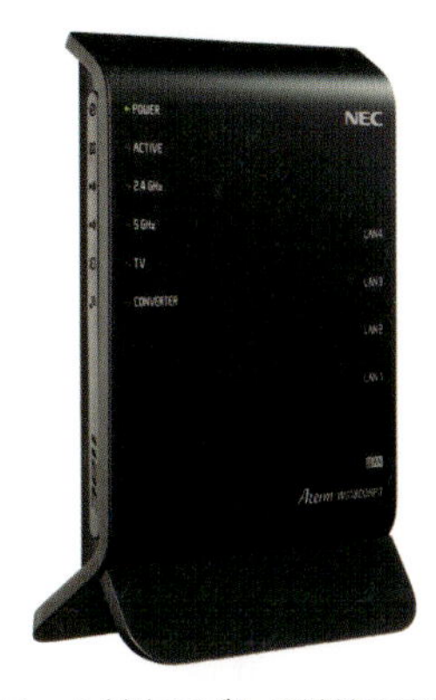


3ストリーム対応モデルの継続販売機種で、最新モデルとは2.4GHz帯の通信速度や各種の付加機能の一部に違いがありますが、実売価格が手頃で、コストパフォーマンスが高くなっています。

ASUS

## RT-AC65U

実勢価格：1万1940円

3本の送受信アンテナを内蔵し、MU-MIMOに対応するデュアルバンド対応モデルです。「AiRader」と呼ばれる独自のビームフォーミング技術や、ペアレンタルコントロール機能なども装備しています。

## ワンルームなら十分な性能の普及機種

1人暮らしでノートパソコンとスマホを接続したいだけなら、普及機でも十分使えます。最高通信速度は867Mbpsから433Mbpsですが、とにかく安価なので、インターネットの通信速度はあまり重視しないなら選択してもよいでしょう。

バッファロー
### AirStation HighPower Giga WHR-1166DHP4
実勢価格：5810円

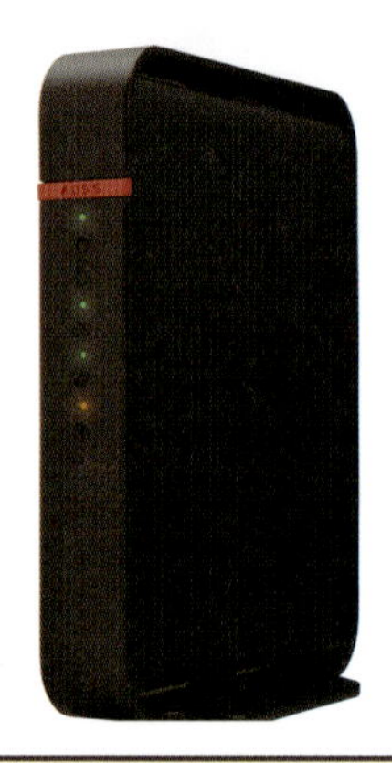

お手頃な価格で手に入るデュアルバンド対応のモデルです。ビームフォーミングや中継器機能、省エネ機能なども搭載しています。WANはギガビット対応ですが、4ポートある有線LANは100Mbpsです。

バッファロー
### AirStation HighPower Giga WSR-1166DHP3
実勢価格：6350円

デュアルバンドでビームフォーミング対応などの基本性能に加えて、WANポートと4個の有線LANポートのすべてがギガビットに対応しています。ゲストポートやフィルタリングなども利用可能です。

バッファロー
### AirStation WCR-1166DS
実勢価格：3310円

低価格なコンパクトモデルながら、あなどれない性能があります。2×2アンテナ、ビームフォーミング対応で、有線LANポートも1個あるので、少人数で使うには十分すぎるくらいのスペックでしょう。

バッファロー
### AirStation WMR-433W
実勢価格：1430円前後

コンパクトなトラベルルーターで8色のボディカラーを選択できます。通信速度は控えめで有線LANポートは装備していませんが、メールやWebなどの一般的な用途なら充分な性能です。

エレコム
## WRC-1167GST2
実勢価格：7530円

2×2アンテナ、MU-MIMO、ビームフォーミング、バンドステアリングなどに対応した新鋭機で、買い替え時にWPSボタンで設定をコピーできる「ラクラク引っ越し機能」が便利です。

エレコム
## WRC-1167FS
実勢価格：3360円

お手頃価格ながら2×2アンテナを搭載し、ビームフォーミングなどにも対応したコンパクトモデルです。マルチSSID、ゲスト機能も利用できるので、古いゲーム機や来客の利用も安心です。

エレコム
## WRC-1167GHBK2-S
実勢価格：4460円

エントリーモデルの価格帯ながら、MU-MIMOやビームフォーミングに対応したハイコストパフォーマンス機です。4個の有線LANポートは上位機種並にすべてギガビット対応になっています。

アイ・オー・データ機器
## WN-AX1167GR2
実勢価格：6650円

普及価格帯ながら上位モデルと同様に電波の死角を作らない「360コネクト」や4個のギガビット有線LANポートなどを装備し、フィルタリングなど各種のセキュリティ機能も利用できます。

NECプラットフォームズ

## Aterm WG1200HP3

実勢価格：7040円

電波が遠くまで届くハイパワーシステムや2台同時通信可能なMU-MIMO、ビームフォーミングなどに対応したモデルです。ネットタイマーなど、安心のペアレンタルコントロール機能も装備しています。

NECプラットフォームズ

## Aterm WG1200HS2

実勢価格：4950円

最大通信速度以外の機能やデザインなどは中上位モデルと共通なお買い得モデルですが、15台までの端末と5人までのユーザーに対応できるので、ファミリーでの利用も可能です。

NECプラットフォームズ

## Aterm WG1200CR

実勢価格：4020円

2ストリーム、MU-MIMO対応のコンパクトモデルです。独自のアンテナ技術により全方位にしっかり電波を飛ばすほか、ビームフォーミングにも対応します。有線LANはギガビット対応ポートをひとつだけ搭載します。

TP-Link

## Archer C1200

実勢価格：5820円

3本の外部アンテナを装備して広範囲の安定した通信が可能なデュアルバンド対応モデルです。ビームフォーミングも利用でき、4個の有線LANポートはすべてギガビットになっています。

## 最上位モデル

### AirStation WTR-M2133HP

| メーカー | 実勢価格 | Wi-Fi対応規格 | 最大速度（5GHz帯） | 最大速度（2.4GHz帯） |
|---|---|---|---|---|
| バッファロー | 2万6330円 | 11b/g/a/n/ac | 866Mbps | 400Mbps |

| アンテナ数（5GHz帯×2.4GHz帯） | 有線LAN（WAN） | 有線LAN（LAN） | USBポート |
|---|---|---|---|
| 2×2（内蔵）+5GHz×2（外部） | 1000Mbps×1 | 1000Mbps×3 | USB 3.0×1（初期値は2.0だが設定でUSB 3.0に切り替え可能） |

| MU-MIMO | ビームフォーミング | バンドステアリング | QoS | ゲストモード | 中継機能 | 引っ越し機能 |
|---|---|---|---|---|---|---|
| ○ | ○ | ○ | ○ | ○ | × | ○ |

### Archer C5400

| メーカー | 実勢価格 | Wi-Fi対応規格 | 最大速度（5GHz帯） | 最大速度（2.4GHz帯） |
|---|---|---|---|---|
| TP-Link | 2万7590円 | 11b/g/a/n/ac | 2167+2167Mbps | 1000Mbps |

| アンテナ数（5GHz帯×2.4GHz帯） | 有線LAN（WAN） | 有線LAN（LAN） | USBポート |
|---|---|---|---|
| 外部8本 | 1000Mbps×1 | 1000Mbps×4 | USB 3.0×1 USB 2.0×1 |

| MU-MIMO | ビームフォーミング | バンドステアリング | QoS | ゲストモード | 中継機能 | 引っ越し機能 |
|---|---|---|---|---|---|---|
| ○ | ○ | ○（スマートコネクト） | ○（HomeCare） | ○ | − | − |

### ROG Rapture GT-AC5300

| メーカー | 実勢価格 | Wi-Fi対応規格 | 最大速度（5GHz帯） | 最大速度（2.4GHz帯） |
|---|---|---|---|---|
| ASUS | 4万4220円 | 11b/g/a/n/ac | 2167Mbps | 1000Mbps |

| 無線LANストリーム数（送信×受信） | 有線LAN（WAN） | 有線LAN（LAN） | USBポート |
|---|---|---|---|
| 4×4（5GHz-1）+4×4（5GHz-2）+4×4（2.4GHz） | 1000Mbps×1 | 1000Mbps×8 | USB 3.0×2 |

| MU-MIMO | ビームフォーミング | バンドステアリング | QoS | ゲストモード | 中継機能 | 引っ越し機能 |
|---|---|---|---|---|---|---|
| ○ | ○ | ○ | ○ | ○ | × | ※1 |

※1　同じチップセット（Broadcom）同士であれば設定ファイルの移行は可能

### Nighthawk X6S R8000P-100JPS

| メーカー | 実勢価格 | Wi-Fi対応規格 | 最大速度（5GHz帯） | 最大速度（2.4GHz帯） |
|---|---|---|---|---|
| NETGEAR | 2万9780円 | 11b/g/a/n/ac | 1625+1625Mbps | 750Mbps |

| 無線LANストリーム数（送信×受信） | 有線LAN（WAN） | 有線LAN（LAN） | USBポート |
|---|---|---|---|
| 3×3（5GHz-1）+3×3（5GHz-2）+3×3（2.4GHz） | 1000Mbps×1 | 1000Mbps×4 | USB 3.0×1 USB 2.0×1 |

| MU-MIMO | ビームフォーミング | バンドステアリング | QoS | ゲストモード | 中継機能 | 引っ越し機能 |
|---|---|---|---|---|---|---|
| ○ | ○ | ○ | ○ | ○ | AP/クライアント機能 | − |

## メッシュWi-Fi対応モデル

### Orbi RBK50-100JPS

| メーカー | 実勢価格 | Wi-Fi対応規格 | 最大速度（5GHz帯） | 最大速度（2.4GHz帯） |
|---|---|---|---|---|
| NETGEAR | 5万2900円 | 11b/g/a/n/ac | 1733+866Mbps | 400Mbps |

| 無線LANストリーム数（送信×受信） | 有線LAN（WAN） | 有線LAN（LAN） | USBポート |
|---|---|---|---|
| 4×4（5GHz-1）+2×2（5GHz-2）+2×2（2.4GHz） | ルーター：1000Mbps×1 | ルーター：1000Mbps×3 サテライト：1000Mbps×4 | USB 2.0×1 |

| MU-MIMO | ビームフォーミング | バンドステアリング | QoS | ゲストモード | 中継機能 | 引っ越し機能 |
|---|---|---|---|---|---|---|
| ○ | ○ | ○ | ○ | ○ | AP/エクステンダー機能 | − |

### Deco M5

| メーカー | 実勢価格 | Wi-Fi対応規格 | 最大速度（5GHz帯） | 最大速度（2.4GHz帯） |
|---|---|---|---|---|
| TP-Link | 2万8270円 | 11b/g/a/n/ac | 867Mbps | 400Mbps |

| アンテナ数（5GHz帯×2.4GHz帯） | 有線LAN（WAN） | 有線LAN（LAN） | USBポート |
|---|---|---|---|
| 内蔵アンテナ4本 | LAN/WLAN1000Mbps×2 | LAN/WLAN1000Mbps×2 | − |

| MU-MIMO | ビームフォーミング | バンドステアリング | QoS | ゲストモード | 中継機能 | 引っ越し機能 |
|---|---|---|---|---|---|---|
| ○ | ○ | ○ | ○（HomeCare） | ○ | ○ | − |

### Lyra mini

| メーカー | 実勢価格 | Wi-Fi対応規格 | 最大速度（5GHz帯） | 最大速度（2.4GHz帯） |
|---|---|---|---|---|
| ASUS | 2万7130円 | 11b/g/a/n/ac | 867Mbps | 400Mbps |

| アンテナ数（5GHz帯×2.4GHz帯） | 有線LAN（WAN） | 有線LAN（LAN） | USBポート |
|---|---|---|---|
| 5GHz 2×2（内蔵）+2.4GHz 2×2（内蔵） | 1000Mbps×1 | 1000Mbps×1 | − |

| MU-MIMO | ビームフォーミング | バンドステアリング | QoS | ゲストモード | 中継機能 | 引っ越し機能 |
|---|---|---|---|---|---|---|
| ○ | ○ | − | ○ | ○ | − | ※2 |

※2　同じLyraシリーズ同士であれば設定ファイルの移行は可能

### Google Wifi

| メーカー | 実勢価格 | Wi-Fi対応規格 | 最大速度（5GHz帯） | 最大速度（2.4GHz帯） |
|---|---|---|---|---|
| Google | 4万2120円 | 11b/g/a/n/ac | 867Mbps※3 | 300Mbps※3 |

| アンテナ数（5GHz帯×2.4GHz帯） | 有線LAN（WAN） | 有線LAN（LAN） | USBポート |
|---|---|---|---|
| 非公開 | 非公開 | 非公開 | USB 3.0×1（初期値は2.0だが設定でUSB 3.0に切り替え可能） |

| MU-MIMO | ビームフォーミング | バンドステアリング | QoS | ゲストモード | 中継機能 | 引っ越し機能 |
|---|---|---|---|---|---|---|
| 非公開 | ○ | 非公開 | 非公開 | 非公開 | 非公開 | 非公開 |

※3　編集部による推定値

※ビームフォーミングを利用する場合、子機側もビームフォーミングに対応している必要があります。

## 上位モデル

### AirStation WSR-2533DHP

| メーカー | 実勢価格 | Wi-Fi対応規格 | 最大速度（5GHz帯） | 最大速度（2.4GHz帯） |
|---|---|---|---|---|
| バッファロー | 1万1210円 | 11b/g/a/n/ac | 1733Mbps | 800Mbps |

| アンテナ数（5GHz帯×2.4GHz帯） | 有線LAN（WAN） | 有線LAN（LAN） | USBポート |
|---|---|---|---|
| 4×4（内蔵） | 1000Mbps×1 | 1000Mbps×4 | － |

| MU-MIMO | ビームフォーミング | バンドステアリング | QoS | ゲストモード | 中継機能 | 引っ越し機能 |
|---|---|---|---|---|---|---|
| － | ○ | － | － | ○ | ○ | ○ |

### WRC-2533GST

| メーカー | 実勢価格 | Wi-Fi対応規格 | 最大速度（5GHz帯） | 最大速度（2.4GHz帯） |
|---|---|---|---|---|
| エレコム | 1万1560円 | 11b/g/a/n/ac | 1733Mbps | 800Mbps |

| アンテナ数（5GHz帯×2.4GHz帯） | 有線LAN（WAN） | 有線LAN（LAN） | USBポート |
|---|---|---|---|
| 4×4（内蔵） | 1000Mbps×1 | 1000Mbps×4 | － |

| MU-MIMO | ビームフォーミング | バンドステアリング | QoS | ゲストモード | 中継機能 | 引っ越し機能 |
|---|---|---|---|---|---|---|
| ○ | ○ | － | ○ | ○(友だちWi-Fi™) | ○ | － |

### PLANT WNPR2600G

| メーカー | 実勢価格 | Wi-Fi対応規格 | 最大速度（5GHz帯） | 最大速度（2.4GHz帯） |
|---|---|---|---|---|
| アイ・オー・データ機器 | 9610円 | 11b/g/a/n/ac | 1733Mbps | 800Mbps |

| 無線LANストリーム数（11ac）（送信×受信） | 有線LAN（WAN） | 有線LAN（LAN） | USBポート |
|---|---|---|---|
| 4×4 | 1000Mbps×1 | 1000Mbps×4 | － |

| MU-MIMO | ビームフォーミング | バンドステアリング | QoS | ゲストモード | 中継機能 | 引っ越し機能 |
|---|---|---|---|---|---|---|
| ○ | ○ | － | － | － | － | － |

### WN-AX2033GR2

| メーカー | 実勢価格 | Wi-Fi対応規格 | 最大速度（5GHz帯） | 最大速度（2.4GHz帯） |
|---|---|---|---|---|
| アイ・オー・データ機器 | 9810円 | 11b/g/a/n/ac | 1733Mbps | 300Mbps |

| 無線LANストリーム数（11ac）（送信×受信） | 有線LAN（WAN） | 有線LAN（LAN） | USBポート |
|---|---|---|---|
| 4×4 | 1000Mbps×1 | 1000Mbps×4 | － |

| MU-MIMO | ビームフォーミング | バンドステアリング | QoS | ゲストモード | 中継機能 | 引っ越し機能 |
|---|---|---|---|---|---|---|
| ○ | ○ | － | － | ○ | ○ | ○ |

### Aterm WG2600HP3

| メーカー | 実勢価格 | Wi-Fi対応規格 | 最大速度（5GHz帯） | 最大速度（2.4GHz帯） |
|---|---|---|---|---|
| NECプラットフォームズ | 1万5980円 | 11b/g/a/n/ac | 1733Mbps | 800Mbps |

| アンテナ数（送信×受信） | 有線LAN（WAN） | 有線LAN（LAN） | USBポート |
|---|---|---|---|
| 4×4（内蔵） | 1000Mbps×1 | 1000Mbps×4 | － |

| MU-MIMO | ビームフォーミング | バンドステアリング | QoS | ゲストモード | 中継機能 | 引っ越し機能 |
|---|---|---|---|---|---|---|
| ○ | ○ | ○ | － | ○（ゲストSSID） | ○ | ○ |

### Archer C2300

| メーカー | 実勢価格 | Wi-Fi対応規格 | 最大速度（5GHz帯） | 最大速度（2.4GHz帯） |
|---|---|---|---|---|
| TP-Link | 1万2780円 | 11b/g/a/n/ac | 1625Mbps | 600Mbps |

| アンテナ数（5GHz帯×2.4GHz帯） | 有線LAN（WAN） | 有線LAN（LAN） | USBポート |
|---|---|---|---|
| 外部アンテナ×3 | 1000Mbps×1 | 1000Mbps×4 | USB 3.0×1 USB 2.0×1 |

| MU-MIMO | ビームフォーミング | バンドステアリング | QoS | ゲストモード | 中継機能 | 引っ越し機能 |
|---|---|---|---|---|---|---|
| ○ | ○ | ○（スマートコネクト） | ○（HomeCare） | ○ | － | － |

## 中位モデル

### AirStation HighPower Giga WXR-190xDHP3シリーズ

| メーカー | 実勢価格 | Wi-Fi対応規格 | 最大速度（5GHz帯） | 最大速度（2.4GHz帯） |
|---|---|---|---|---|
| バッファロー | 1万1470円～1万3960円 | 11b/g/a/n/ac | 1300Mbps | 600Mbps |

| アンテナ数（5GHz帯×2.4GHz帯） | 有線LAN（WAN） | 有線LAN（LAN） | USBポート |
|---|---|---|---|
| 3×3（外部） | 1000Mbps×1 | 1000Mbps×4 | USB 3.0×1（初期値は2.0だが設定でUSB 3.0に切り替え可能） |

| MU-MIMO | ビームフォーミング | バンドステアリング | QoS | ゲストモード | 中継機能 | 引っ越し機能 |
|---|---|---|---|---|---|---|
| － | ○ | ○ | ○ | ○ | － | ○ |

### WRC-1900GST

| メーカー | 実勢価格 | Wi-Fi対応規格 | 最大速度（5GHz帯） | 最大速度（2.4GHz帯） |
|---|---|---|---|---|
| エレコム | 7640円 | 11b/g/a/n/ac | 1300Mbps | 600Mbps |

| アンテナ数（5GHz帯×2.4GHz帯） | 有線LAN（WAN） | 有線LAN（LAN） | USBポート |
|---|---|---|---|
| 3×3（内蔵） | 1000Mbps×1 | 1000Mbps×4 | － |

| MU-MIMO | ビームフォーミング | バンドステアリング | QoS | ゲストモード | 中継機能 | 引っ越し機能 |
|---|---|---|---|---|---|---|
| ○ | ○ | － | ○ | ○(友だちWi-Fi™) | ○ | － |

| WRC-1750GSV | メーカー | 実勢価格 | Wi-Fi対応規格 | 最大速度（5GHz帯） | 最大速度（2.4GHz帯） |
|---|---|---|---|---|---|
| | エレコム | 9550円 | 11b/g/a/n/ac | 1300Mbps | 450Mbps |

| アンテナ数（5GHz帯×2.4GHz帯） | 有線LAN（WAN） | 有線LAN（LAN） | USBポート |
|---|---|---|---|
| 3×3（内蔵） | 1000Mbps×1 | 1000Mbps×4 | － |

| MU-MIMO | ビームフォーミング | バンドステアリング | QoS | ゲストモード | 中継機能 | 引っ越し機能 |
|---|---|---|---|---|---|---|
| ○ | ○ | － | ○ | ○(友だちWi-Fi™) | ○ | － |

| Aterm WG1900HP2 | メーカー | 実勢価格 | Wi-Fi対応規格 | 最大速度（5GHz帯） | 最大速度（2.4GHz帯） |
|---|---|---|---|---|---|
| | NECプラットフォームズ | 1万200円 | 11b/g/a/n/ac | 1300Mbps | 600Mbps |

| アンテナ数（送信×受信） | 有線LAN（WAN） | 有線LAN（LAN） | USBポート |
|---|---|---|---|
| 3×4（内蔵） | 1000Mbps×1 | 1000Mbps×4 | － |

| MU-MIMO | ビームフォーミング | バンドステアリング | QoS | ゲストモード | 中継機能 | 引っ越し機能 |
|---|---|---|---|---|---|---|
| ○ | ○ | ○ | － | － | ○ | ○ |

| Aterm WG1800HP3 | メーカー | 実勢価格 | Wi-Fi対応規格 | 最大速度（5GHz帯） | 最大速度（2.4GHz帯） |
|---|---|---|---|---|---|
| | NECプラットフォームズ | 6790円 | 11b/g/a/n/ac | 1300Mbps | 450Mbps |

| アンテナ数（送信×受信） | 有線LAN（WAN） | 有線LAN（LAN） | USBポート |
|---|---|---|---|
| 3×4（内蔵） | 1000Mbps×1 | 1000Mbps×4 | － |

| MU-MIMO | ビームフォーミング | バンドステアリング | QoS | ゲストモード | 中継機能 | 引っ越し機能 |
|---|---|---|---|---|---|---|
| － | ○ | － | － | － | ○ | ○ |

| RT-AC65U | メーカー | 実勢価格 | Wi-Fi対応規格 | 最大速度（5GHz帯） | 最大速度（2.4GHz帯） |
|---|---|---|---|---|---|
| | ASUS | 1万1940円 | 11b/g/a/n/ac | 1300Mbps | 600Mbps |

| 無線LANストリーム数（送信×受信） | 有線LAN（WAN） | 有線LAN（LAN） | USBポート |
|---|---|---|---|
| 5GHz 3×3（内蔵）+2.4GHz 3×3（内蔵） | 1000Mbps×1 | 1000Mbps×4 | USB3.0×1 |

| MU-MIMO | ビームフォーミング | バンドステアリング | QoS | ゲストモード | 中継機能 | 引っ越し機能 |
|---|---|---|---|---|---|---|
| ○ | ○ | － | ○ | ○ | － | ※5 |

※4　同じチップセット（MediaTek）同士であれば設定ファイルの移行は可能

## 普及モデル

| AirStation HighPower Giga WHR-1166DHP4 | メーカー | 実勢価格 | Wi-Fi対応規格 | 最大速度（5GHz帯） | 最大速度（2.4GHz帯） |
|---|---|---|---|---|---|
| | バッファロー | 5810円 | 11b/g/a/n/ac | 866Mbps | 300Mbps |

| アンテナ数（5GHz帯×2.4GHz帯） | 有線LAN（WAN） | 有線LAN（LAN） | USBポート |
|---|---|---|---|
| 2×2（内蔵） | 1000Mbps×1 | 100Mbps×4 | － |

| MU-MIMO | ビームフォーミング | バンドステアリング | QoS | ゲストモード | 中継機能 | 引っ越し機能 |
|---|---|---|---|---|---|---|
| － | ○ | － | － | ○ | ○ | － |

| AirStation HighPower Giga WSR-1166DHP3 | メーカー | 実勢価格 | Wi-Fi対応規格 | 最大速度（5GHz帯） | 最大速度（2.4GHz帯） |
|---|---|---|---|---|---|
| | バッファロー | 6350円 | 11b/g/a/n/ac | 866Mbps | 300Mbps |

| アンテナ数（5GHz帯×2.4GHz帯） | 有線LAN（WAN） | 有線LAN（LAN） | USBポート |
|---|---|---|---|
| 2×2（内蔵） | 1000Mbps×1 | 1000Mbps×4 | － |

| MU-MIMO | ビームフォーミング | バンドステアリング | QoS | ゲストモード | 中継機能 | 引っ越し機能 |
|---|---|---|---|---|---|---|
| － | ○ | － | － | ○ | ○ | ○ |

| AirStation WCR-1166DS | メーカー | 実勢価格 | Wi-Fi対応規格 | 最大速度（5GHz帯） | 最大速度（2.4GHz帯） |
|---|---|---|---|---|---|
| | バッファロー | 3310円 | 11b/g/a/n/ac | 866Mbps | 300Mbps |

| アンテナ数（5GHz帯×2.4GHz帯） | 有線LAN（WAN） | 有線LAN（LAN） | USBポート |
|---|---|---|---|
| 2×2（内蔵） | 100Mbps×1 | 100Mbps×1 | － |

| MU-MIMO | ビームフォーミング | バンドステアリング | QoS | ゲストモード | 中継機能 | 引っ越し機能 |
|---|---|---|---|---|---|---|
| － | ○ | － | － | － | － | － |

| AirStation WMR-433W | メーカー | 実勢価格 | Wi-Fi対応規格 | 最大速度（5GHz帯） | 最大速度（2.4GHz帯） |
|---|---|---|---|---|---|
| | バッファロー | 1430円 | 11b/g/a/n/ac | 433Mbps | 150Mbps |

| アンテナ数（5GHz帯×2.4GHz帯） | 有線LAN（WAN） | 有線LAN（LAN） | USBポート |
|---|---|---|---|
| 1×1（内蔵） | 100Mbps×1 | － | － |

| MU-MIMO | ビームフォーミング | バンドステアリング | QoS | ゲストモード | 中継機能 | 引っ越し機能 |
|---|---|---|---|---|---|---|
| － | － | － | － | － | － | － |

**WRC-1167GST2**

| メーカー | 実勢価格 | Wi-Fi対応規格 | 最大速度（5GHz帯） | 最大速度（2.4GHz帯） |
|---|---|---|---|---|
| エレコム | 7530円 | 11b/g/a/n/ac | 867Mbps | 300Mbps |

| アンテナ数（5GHz帯×2.4GHz帯） | 有線LAN（WAN） | 有線LAN（LAN） | USBポート |
|---|---|---|---|
| 2×2（内蔵） | 1000Mbps×1 | 1000Mbps×4 | － |

| MU-MIMO | ビームフォーミング | バンドステアリング | QoS | ゲストモード | 中継機能 | 引っ越し機能 |
|---|---|---|---|---|---|---|
| ○ | ○ | ○ | ○ | ○(友だちWi-Fi™) | ○ | ○ |

**WRC-1167FS**

| メーカー | 実勢価格 | Wi-Fi対応規格 | 最大速度（5GHz帯） | 最大速度（2.4GHz帯） |
|---|---|---|---|---|
| エレコム | 3360円 | 11b/g/a/n/ac | 867Mbps | 300Mbps |

| アンテナ数（5GHz帯×2.4GHz帯） | 有線LAN（WAN） | 有線LAN（LAN） | USBポート |
|---|---|---|---|
| 2×2（内蔵） | 100Mbps×1 | 100Mbps×1 | － |

| MU-MIMO | ビームフォーミング | バンドステアリング | QoS | ゲストモード | 中継機能 | 引っ越し機能 |
|---|---|---|---|---|---|---|
| － | ○ | － | ○ | ○(友だちWi-Fi™) | ○ | － |

**WRC-1167GHBK2-S**

| メーカー | 実勢価格 | Wi-Fi対応規格 | 最大速度（5GHz帯） | 最大速度（2.4GHz帯） |
|---|---|---|---|---|
| エレコム | 4460円 | 11b/g/a/n/ac | 867Mbps | 300Mbps |

| アンテナ数（5GHz帯×2.4GHz帯） | 有線LAN（WAN） | 有線LAN（LAN） | USBポート |
|---|---|---|---|
| 2×2（内蔵） | 1000Mbps×1 | 1000Mbps×4 | － |

| MU-MIMO | ビームフォーミング | バンドステアリング | QoS | ゲストモード | 中継機能 | 引っ越し機能 |
|---|---|---|---|---|---|---|
| ○ | ○ | － | ○ | ○(友だちWi-Fi™) | ○ | － |

**WN-AX1167GR2**

| メーカー | 実勢価格 | Wi-Fi対応規格 | 最大速度（5GHz帯） | 最大速度（2.4GHz帯） |
|---|---|---|---|---|
| アイ・オー・データ機器 | 6650円 | 11b/g/a/n/ac | 867Mbps | 300Mbps |

| 無線LANストリーム数（11ac）（送信×受信） | 有線LAN（WAN） | 有線LAN（LAN） | USBポート |
|---|---|---|---|
| 2×2 | 1000Mbps×1 | 1000Mbps×4 | － |

| MU-MIMO | ビームフォーミング | バンドステアリング | QoS | ゲストモード | 中継機能 | 引っ越し機能 |
|---|---|---|---|---|---|---|
| ○ | ○ | － | － | ○ | ○ | ○ |

**Aterm WG1200HP3**

| メーカー | 実勢価格 | Wi-Fi対応規格 | 最大速度（5GHz帯） | 最大速度（2.4GHz帯） |
|---|---|---|---|---|
| NECプラットフォームズ | 7040円 | 11b/g/a/n/ac | 867Mbps | 300Mbps |

| アンテナ数（送信×受信） | 有線LAN（WAN） | 有線LAN（LAN） | USBポート |
|---|---|---|---|
| 2×2（内蔵） | 1000Mbps×1 | 1000Mbps×3 | － |

| MU-MIMO | ビームフォーミング | バンドステアリング | QoS | ゲストモード | 中継機能 | 引っ越し機能 |
|---|---|---|---|---|---|---|
| ○ | ○ | ○ | － | － | ○ | ○ |

**Aterm WG1200HS2**

| メーカー | 実勢価格 | Wi-Fi対応規格 | 最大速度（5GHz帯） | 最大速度（2.4GHz帯） |
|---|---|---|---|---|
| NECプラットフォームズ | 4950円 | 11b/g/a/n/ac | 867Mbps | 300Mbps |

| アンテナ数（送信×受信） | 有線LAN（WAN） | 有線LAN（LAN） | USBポート |
|---|---|---|---|
| 2×2（内蔵） | 1000Mbps×1 | 1000Mbps×3 | － |

| MU-MIMO | ビームフォーミング | バンドステアリング | QoS | ゲストモード | 中継機能 | 引っ越し機能 |
|---|---|---|---|---|---|---|
| ○ | ○ | － | － | － | ○ | ○ |

**Aterm WG1200CR**

| メーカー | 実勢価格 | Wi-Fi対応規格 | 最大速度（5GHz帯） | 最大速度（2.4GHz帯） |
|---|---|---|---|---|
| NECプラットフォームズ | 4020円 | 11b/g/a/n/ac | 867Mbps | 300Mbps |

| アンテナ数（送信×受信） | 有線LAN（WAN） | 有線LAN（LAN） | USBポート |
|---|---|---|---|
| 2×2（内蔵） | 1000Mbps×1 | 1000Mbps×1 | － |

| MU-MIMO | ビームフォーミング | バンドステアリング | QoS | ゲストモード | 中継機能 | 引っ越し機能 |
|---|---|---|---|---|---|---|
| － | ○ | － | － | － | ○ | － |

**Archer C1200**

| メーカー | 実勢価格 | Wi-Fi対応規格 | 最大速度（5GHz帯） | 最大速度（2.4GHz帯） |
|---|---|---|---|---|
| TP-Link | 5820円 | 11b/g/a/n/ac | 867Mbps | 300Mbps |

| アンテナ数（5GHz帯×2.4GHz帯） | 有線LAN（WAN） | 有線LAN（LAN） | USBポート |
|---|---|---|---|
| 外部アンテナ3本 | 1000Mbps×1 | 1000Mbps×4 | USB 2.0×1 |

| MU-MIMO | ビームフォーミング | バンドステアリング | QoS | ゲストモード | 中継機能 | 引っ越し機能 |
|---|---|---|---|---|---|---|
| － | ○ | － | ○ | ○ | － | － |

Chapter

1

# Wi-Fiネットワークに接続しよう

今や生活に必須のものとなったWi-Fi。パソコンだけでなく、スマホやタブレット、ゲーム機にも、なくてはならないアイテムです。まずはWi-Fiとは何かを知って、スマホやパソコンを既存のWi-Fiに接続してみましょう。

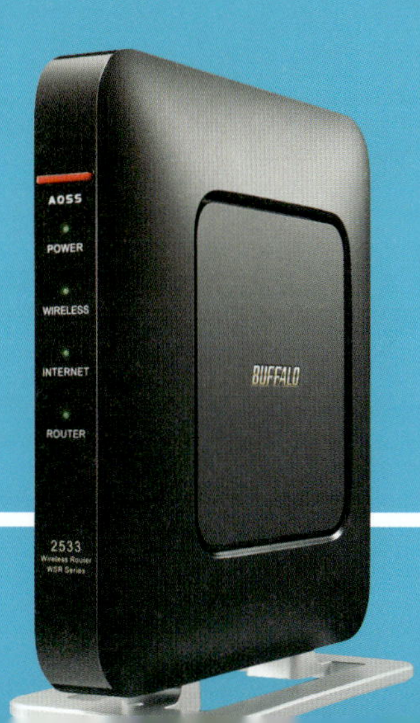

Wi-Fi導入前に知っておきたい基礎知識

# Wi-Fiとは何か

Wi-Fi（ワイファイ）という言葉をよく聞くようになりましたが、「何のことか今ひとつわからない」という人は、ここで学んでおきましょう。

## Wi-Fiとはそもそもどういうものか

家庭やオフィスなどでパソコン、スマートフォン（スマホ）、プリンターなどといった情報機器を相互に接続し、さまざまなデータをやりとりしたり、インターネットへの接続を共有したりする小規模なネットワークのことを「LAN」（ラン）と呼びます。LANは従来、ケーブルを使って有線接続していましたが、最近は電波を使った「無線LAN」を使うことが多くなってきました。この無線LANの接続がスムーズに行えるよう、規格を共通化したのが「Wi-Fi」なのです。Wi-Fiはケーブルを使わないため導入が簡単で、パソコンなどの機器を置く場所を簡単に移動できるという利点があります。また、LANケーブルを差し込めないスマートフォンやタブレットなどでも利用できるのは大きなメリットです。

Wi-Fiのしくみ

Wi-Fiは電波を使って、情報機器同士を接続するネットワークを形成します。Wi-Fiルーターは、そのようなネットワークの中心に存在して、おのおのの機器のやりとりを中継する機器なのです。

## Wi-Fiには何がつながるのか

Wi-Fiの主な用途は、パソコンやタブレット、スマートフォンといった情報機器を接続したインターネット回線の共有です。プリンターや各種のストレージ、ネットワークカメラなど、周辺機器の多くもWi-Fi接続が可能です。テレビやレコーダー、オーディオコンポ、デジカメ、ビデオカメラなどのAV機器もWi-Fi接続できる製品が増えています。ウォークマンなど携帯音楽プレーヤーや、ソニーや任天堂のゲーム機も、今やWi-Fi接続が当たり前です。また、最近になって注目されているのが、音声で命令できるスマートスピーカーと、Wi-Fi経由でコントロールできるスマート家電の2ジャンルです。今後、Wi-Fiを使える製品の範囲は、さらに拡大していくものと予想されています。

## Attention!! Wi-Fi利用時の注意点

Wi-Fiは電波を使うため、設置場所や近くにある電気製品といった周辺環境による影響で通信速度が低下しやすい傾向があります。また、電波による通信は悪意ある第三者に傍受されたり、不正に侵入されたりする懸念もあります。さまざまな対策は用意されていますが、100%安全ではないことを覚えておきましょう。

## Wi-Fiの利用にはお金がかかる?

自宅やオフィスにWi-Fiを導入する場合、最初にWi-Fiルーターなどの機材を購入する予算が必要になりますが、あとはわずかに電気代がかかるだけで、維持費は無料に近いといってもいいでしょう。ただし、インターネット接続のための通信回線には月々の利用料を支払わなければなりません。しかし、この料金は携帯電話のデータ通信契約とは違って、原則として通信量の制限がないので、たくさん使っても追加料金を支払う必要はないというメリットがあります。インターネット接続にモバイルWi-Fiルーターやスマートフォンのテザリング、ホームルーターなどを使っている場合には、契約内容によっては通信量の制限や追加料金が設定されていることがあるので、事前に確認してください。

Wi-Fi接続のどこが有料なのか

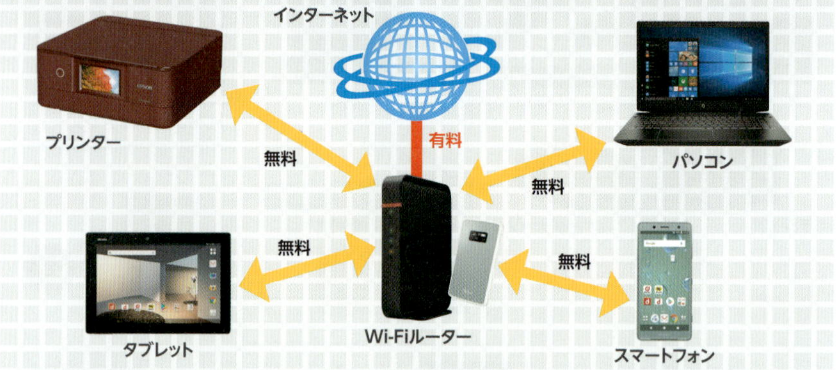

インターネット
プリンター
パソコン
有料
無料
無料
無料
無料
タブレット
Wi-Fiルーター
スマートフォン

Wi-Fi接続に関しては、基本的に無料で利用できます。料金がかかるのは、インターネット接続回線の部分のみです。ただし、外出先で使える公衆Wi-Fiの中には、月額固定料金を課すものもあります。

## Wi-Fiの導入に必要なものは何か

単純にWi-Fiを使うだけなら、Wi-Fiルーターを購入すれば準備完了です。しかし、それだけではインターネットを利用することができません。光ファイバーやADSL、ケーブルテレビなどを使ったインターネット接続回線と、その利用契約が必要なのです。回線の種類によっては、Wi-Fiルーターとの間に信号を変換する機器が必要になることもあります。新たにインターネット回線を契約する場合には、Wi-Fiルーターなどの接続に必要となる機器をセットで提供しているサービスもあるので、検討してみるといいでしょう。インターネット接続には携帯電話回線のデータ通信を利用する方法もあります。こちらは速度が遅く、料金は割高になりがちなので、導入に際しては注意しましょう。

| 接続方法 | 固定回線＋Wi-Fiルーター | モバイルルーター | スマホによるWi-Fiテザリング |
|---|---|---|---|
| 回線種別 | 光回線 | 携帯電話回線 | 携帯電話回線 |
| 必要な契約 | 通信契約 | 通信契約 | 通信契約 |
| | | | テザリングオプション |
| 必要な機器 | ONUまたはモデム | モバイルルーター | スマホ |
| | LANケーブル | | |
| | Wi-Fiルーター | | |

テザリングオプションは、携帯電話回線事業者によっては不要なこともあります。

## Wi-Fiの電波はどこまで届くのか

Wi-Fi機器の電波の出力は最大で10mW（ミリワット）なので、間に何も障害物がなくて、周囲にノイズの発生源となる電気製品などがなければ、100メートル程度の距離でも通信が可能だといわれています。しかし、現実には間に家具や壁があったり、使用中の家電製品から電磁的なノイズが発生していたりします。障害物に関しては、材質や厚さによって電波への影響が異なります。木造住宅の壁やふすま、薄い木製のドア、洋服ダンス程度であれば、影響は少ないといえます。しかし、鉄筋コンクリートの建物で、金属製の扉やキャビネットなどがあると、かなり大きな影響を受けます。このように環境の違いにも左右されますが、十数メートルから数十メートルが限界となります。

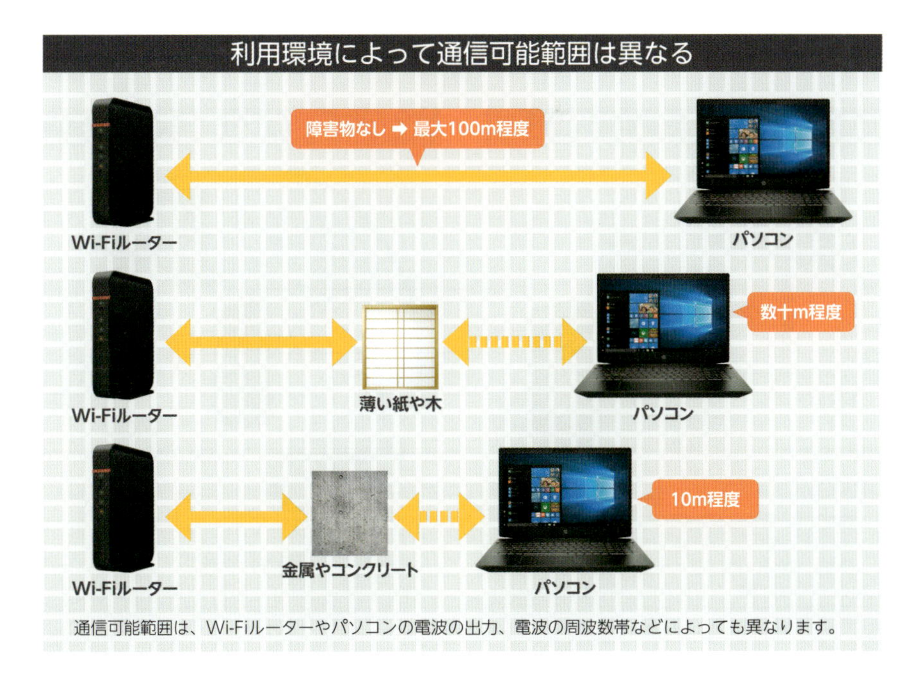

通信可能範囲は、Wi-Fiルーターやパソコンの電波の出力、電波の周波数帯などによっても異なります。

Wi-Fi通信するにはどんな条件を満たすべきか

# Wi-Fi接続に必要な条件を知っておこう

**Wi-FiはLANケーブルによる有線LANとは異なり、いくつかの条件を満たさねば、ケーブルを挿すだけでは通信できません。**

## Wi-Fi接続するにはいくつかの条件がある

Wi-Fiを利用するには、まずWi-Fiルーターを用意する必要があります。また、接続するパソコンやスマホ、家電などの機器に、Wi-Fi接続機能が搭載されていることも条件です。さらに、Wi-Fi経由でインターネットに接続するための回線契約も必要となります。

これらの条件を満たしている場合でも、細かい仕様の違いや使用する環境などによって、Wi-Fiを利用できないこともあります。ここでは、接続に必要な条件を図にまとめて紹介しますので、実際にWi-Fiを使い始める前にチェックしておきましょう。

### Wi-Fi接続に必要な条件は?

#### ルーターをインターネットに接続する

インターネット

LANケーブル

ONU

Wi-Fiルーター

自宅でWi-Fiを使ってインターネットに接続するには、光ファイバーなどの回線契約が必要です。契約先の事業者からリースされたONU（回線終端装置）やモデムに、Wi-Fiルーターを接続しましょう。

#### Wi-Fiの電波が届く範囲で接続する

Wi-Fiは電波で接続します。そのため、Wi-Fiの電波が届かない場所では接続できません。

## SSIDと暗号化キーを端末に設定する

Wi-Fiに接続するには、SSID（アクセスポイントの名前）と暗号化キー（SSIDに接続するためのパスワード）が必要です。これらの情報をスマホやパソコンなど、接続する端末に設定する必要があります。

## Wi-Fiの通信規格に対応した端末で接続する

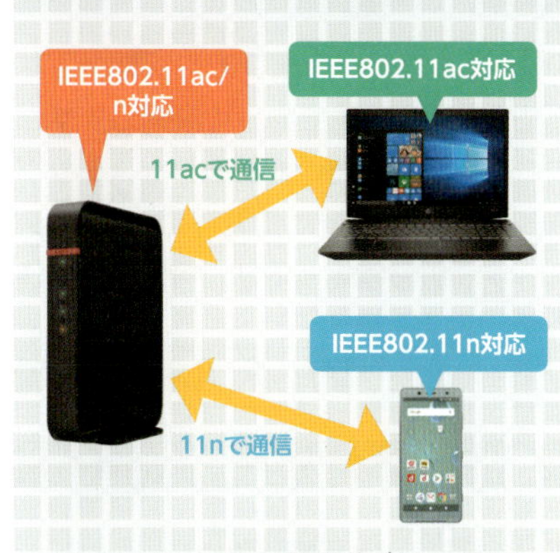


Wi-Fiにはいくつかの通信規格があり、最新の規格なら高速に通信ができます。しかし、規格に対応していない機器はその通信規格で通信できないため、速度が落ちるなどの制限が出ることがあります。

## Point Wi-FiとLTEって何が違う？

Wi-FiとLTEはともに無線で通信しますが、この2つは利用目的が異なります。Wi-FiはLANを無線化したもので、オフィスや家庭などでつなぐのが目的です。LTEは携帯電話用の通信方式で、幅広いエリアで利用できます。

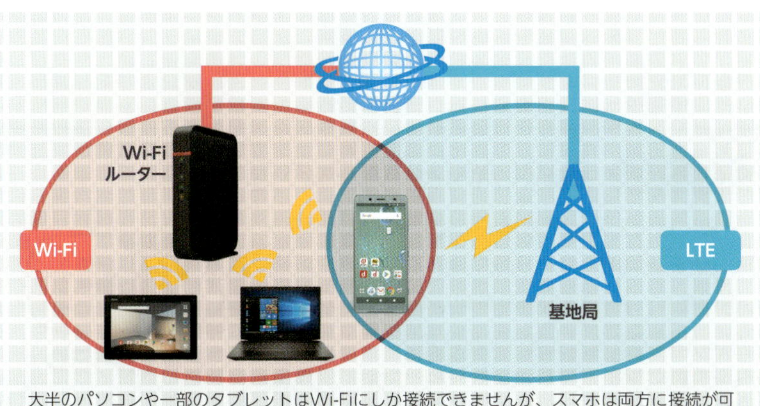


大半のパソコンや一部のタブレットはWi-Fiにしか接続できませんが、スマホは両方に接続が可能です。ただし、LTEでは通信量の制限があるので、Wi-Fiが利用できる環境ならWi-Fiを利用したほうがおトクです。

## Wi-Fiルーターの導入手順を覚えておこう

Wi-Fiルーターの選び方や初期設定などの手順は第2章で詳しく説明しますが、ここでは導入までのおおまかなステップを紹介します。特に重要なのが、Wi-Fiルーターの設置場所です。可能な限り建物の中心に近い場所で、障害物の影響を受けにくい高い位置に設置しましょう。そのあと、インターネット回線に接続し、スマホやパソコンなどの子機から接続の設定を行います。

### Wi-Fiルーター導入のおおまかな流れ

**❶Wi-Fiルーターの設置場所を検討する**

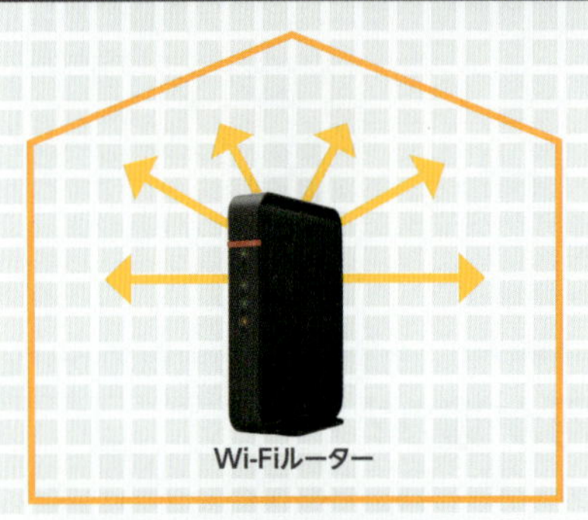


はじめにWi-Fiルーターの設置場所を検討します。建物の中央に設置すると電波が行き渡りやすくなります。なお、電子レンジやコードレス電話など、金属製の機器や干渉する電波を発する機器の近くに置くのは避けるようにしましょう。

**❷ONUとWi-Fiルーターを接続する**

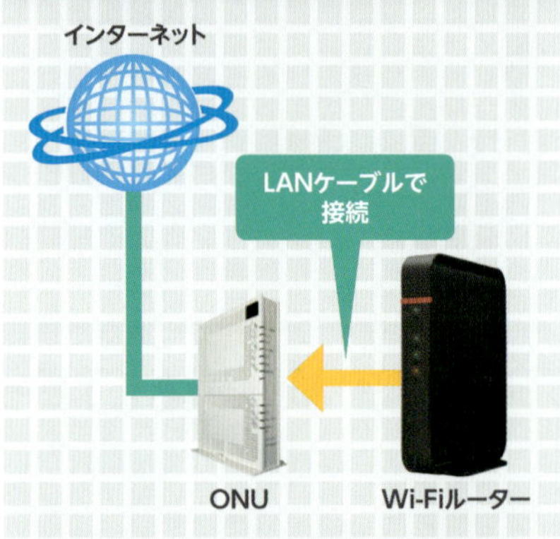


プロバイダーや回線事業者からリースされたONUなどとWi-FiルーターをLANケーブルで接続します。ケーブルの接続は、電源を切った状態で行います。

### COLUMN 無線LANとWi-Fiの違いは?

一般にはほとんど同じ意味で使われることが多いWi-Fiと無線LANですが、厳密にいえば少し違います。無線LAN機器を利用する際にスムーズに接続できることを「Wi-Fiアライアンス」という業界団体がテストして、それに合格した製品にはWi-Fiロゴの表示が許可されます。購入の際には確認しましょう。

Wi-Fiの認証に合格していることを示す、このロゴマークが付いている製品なら安心して使えます。

## ❸Wi-Fiルーターの電源を入れる

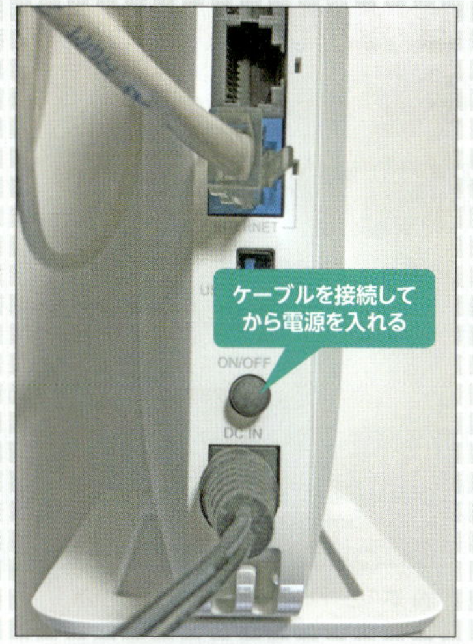


ケーブルが接続できたら、Wi-Fiルーターの電源を入れます。しばらくするとランプが点灯し、インターネットに接続されます。なお、ランプの状態は使用している機器の説明書を確認してください。

## ❹端末をWi-Fiルーターに接続する

Wi-Fiルーターがインターネットに接続できたら、Wi-Fiルーターとスマホやパソコンが通信できるように設定します。

## COLUMN ルーターを設置できたら設定を見直す

スマホやパソコンがインターネットにつながったら、はじめにWi-Fiルーターの設定を見直しておきましょう。特に注意が必要なのが、Wi-Fiルーターの管理者パスワードです。機種によっては全製品で共通のパスワードが設定されているため、初期状態のまま使っていると、悪意ある第三者に不正アクセスされる危険性があります。

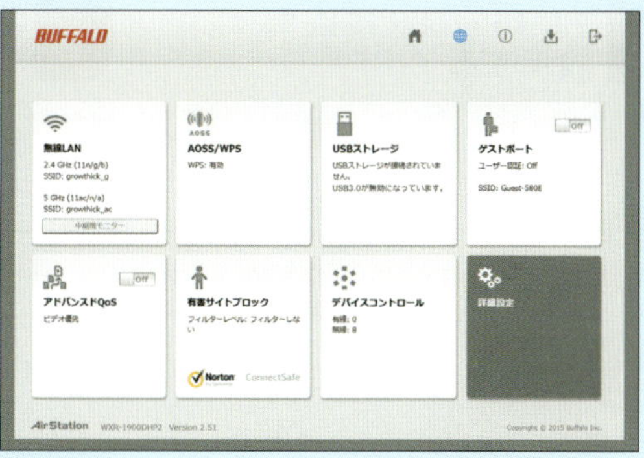


管理者パスワードは、Wi-Fiルーターの管理画面で変更します。管理画面へのアクセス方法は、使用しているルーターの取扱説明書を参照してください。

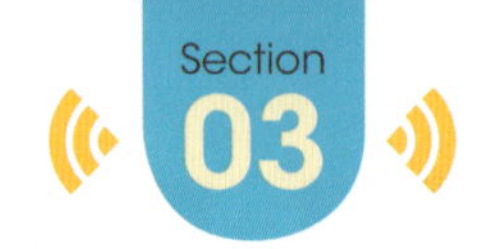


スマホをWi-Fiに接続して通信量を節約しよう

# スマホをWi-Fiに接続する

スマホをWi-Fiに接続する場合、アクセスポイントを選択して接続します。通信量を大幅に節約できるので、ぜひ設定しておきましょう。

## iPhoneをWi-Fiに接続するための設定

iPhoneでWi-Fiに接続する場合、「設定」画面の「Wi-Fi」を開き、アクセスポイント（SSID）を指定します。アクセスポイントが指定できたら、パスワードを入力すれば接続が完了します。一度接続できれば、そのアクセスポイントの情報は記憶され、次回からはアクセスポイントの通信圏内に入るだけで自動的に接続されます。

なお、ここでは「設定」画面からの接続方法を説明していますが、専用プロファイルを画面の指示にしたがってインストールするだけで接続できるルーターもあります。

### iPhoneをWi-Fiに接続する

**1 Wi-Fiの設定画面を表示する**

ホーム画面で「設定」をタップします。「設定」画面が開くので、「Wi-Fi」をタップします。

**2 アクセスポイントを選択する**

「Wi-Fi」のスイッチをオンにします。付近にあるアクセスポイントのSSIDが表示されるので、接続するアクセスポイント名をタップします。

## 3 パスワードを入力する

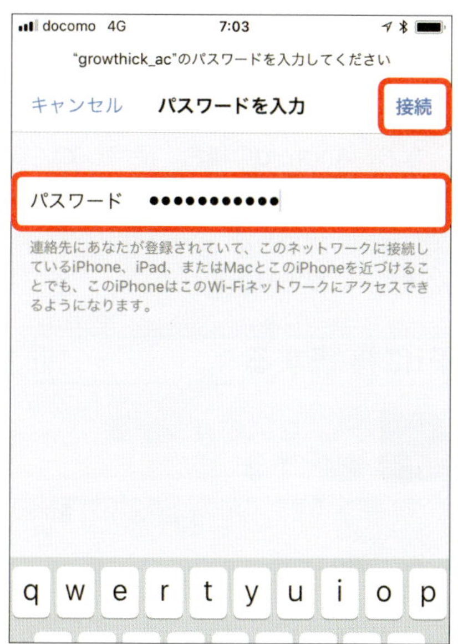


「パスワードの入力」画面が表示されます。アクセスポイントのパスワードを入力し、「接続」をタップします。

## 4 接続されたことを確認する

アクセスポイントに接続できると、アクセスポイント名にチェックが付き、画面上部にWi-Fiアイコンが表示されます。

### COLUMN 一時的にWi-Fiをオフにする

Wi-Fiを一時的に利用したくない場合、コントロールセンターからアクセスポイントへの接続を切断できます。オフにすると、翌日の午前5時までWi-Fiが切断されたままになります。なお、Wi-Fi機能自体を完全に無効化するには「設定」画面でオフにする必要があります。

画面下部から上に向かってスワイプしてコントロールセンターを表示させ、Wi-Fiアイコンをタップします。アイコンが白くなったら、現在接続しているWi-Fiから切断されます。

## AndroidでWi-Fi接続の設定を行う

Android搭載のスマホからWi-Fiに接続する方法もiPhoneとほぼ同様で、「設定」画面で接続するアクセスポイント(SSID) を選択し、パスワードを入力して接続します。また、画面上部から下に向かってスワイプすると表示できる「クイック設定パネル」では、WI-Fi機能のオン／オフ、アクセスポイントの切り替えなどを簡単に行うことができるので、活用すると便利です。

なお、Androidの場合、使用している機種やOSのバージョンによっては「設定」画面の表示方法、設定項目などが異なるケースがあります。

### AndroidをWi-Fiに接続する

#### 1 Wi-Fiを有効にする

「設定」画面を表示したら、「ネットワークとインターネット」を開きます。「Wi-Fi」のスイッチをオンにし、「Wi-Fi」をタップします。

#### 2 アクセスポイントを選択する

付近にあるアクセスポイントのSSIDが表示されます。接続するアクセスポイント名をタップします。

## 3 パスワードを入力する

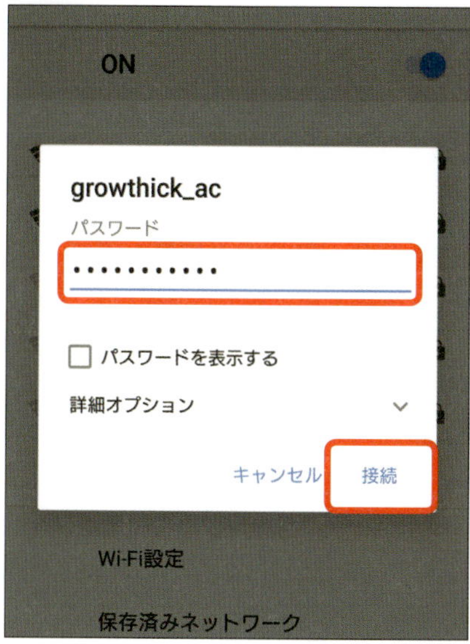


アクセスポイントのパスワードを入力し、「接続」をタップします。「パスワードを表示する」にチェックを付ければ、入力したパスワードの文字列を確認できます。

## 4 接続されたことを確認する

アクセスポイントに接続できると、画面上部にWi-Fiアイコンが表示されます。

### Point クイック設定パネルでWi-Fiを操作する

「クイック設定パネル」は、Wi-FiやBluetoothをはじめ、よく利用する機能へすばやくアクセスできる便利な機能です。わざわざ「設定」画面を開くよりも簡単に利用でき、Wi-Fiの設定をすぐに変更したいときに役立ちます。なお、端末やOSのバージョンによっては利用できないこともあります。

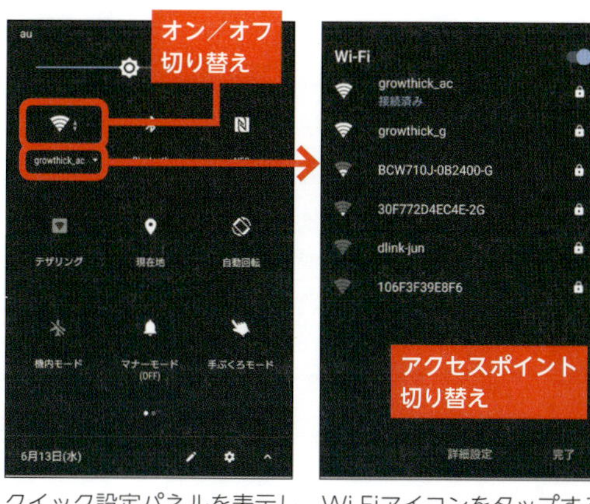


クイック設定パネルを表示し、Wi-Fiアイコンをタップすると、オン／オフを切り替えられます。アクセスポイント名をタップすると、アクセスポイントを切り替えられます。

パソコンもWi-Fi接続ならもっと自由になる！

# パソコンを Wi-Fiに接続する

パソコンでLANやインターネットを利用する場合、有線での接続も可能ですが、Wi-Fiならケーブル不要でどこでも手軽に接続できて便利です。

##  アクセスポイントを選択して接続する

Wi-Fiに接続するには、パソコン側に無線LANアダプターが必要です。ノートパソコンならほとんどの機種に無線LANアダプターが搭載されており、そのまま接続が可能です。デスクトップパソコンは非搭載の機種もありますが、その場合は外付けの無線LANアダプターを使えばWi-Fiに接続できます。

Windows 10の場合、通知領域の「ネットワーク」アイコンから接続設定を行います。ここでは暗号化キーを手動で入力する方法を紹介しますが、ルーター側が対応していれば、WPSなどの簡単接続機能を使うことも可能です。

### Windows 10をWi-Fiに接続する

#### 1 アクセスポイントを表示する

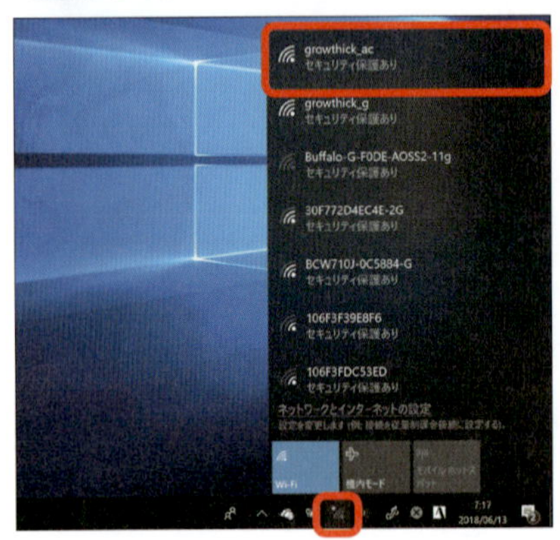


通知領域の「ネットワーク」アイコンをクリックします。付近にあるアクセスポイントのSSIDが表示されるので、接続したいものをクリックします。

#### 2 アクセスポイントに接続する

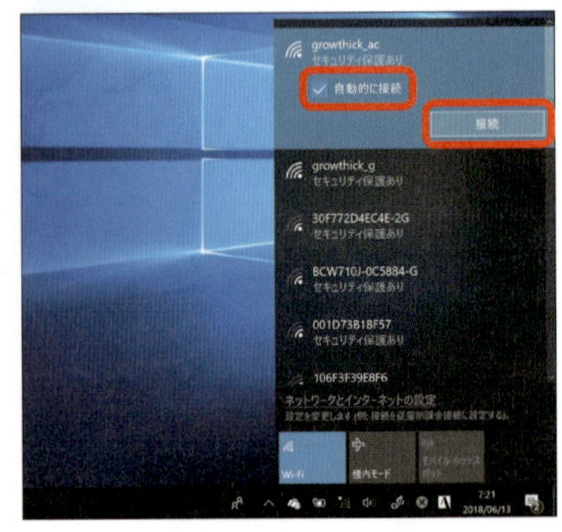


次回から自動で接続する場合は「自動的に接続」にチェックを付けます。次に「接続」をタップします。

## 3 パスワードを入力する

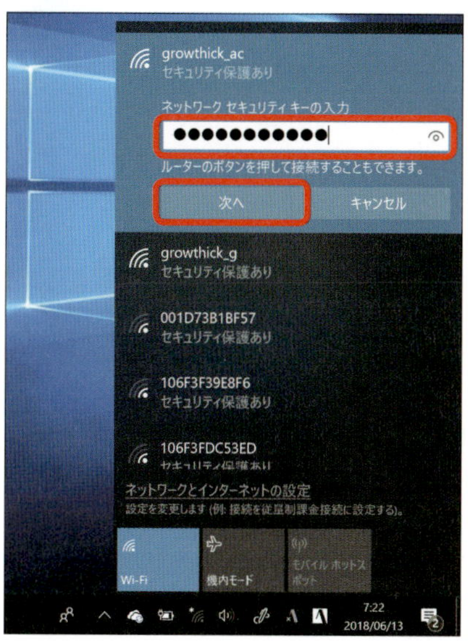


このような画面が表示されるので、選択したアクセスポイントのセキュリティキー（暗号化キー）を入力し、「次へ」をクリックします。

## 4 ネットワークの種類を選択する

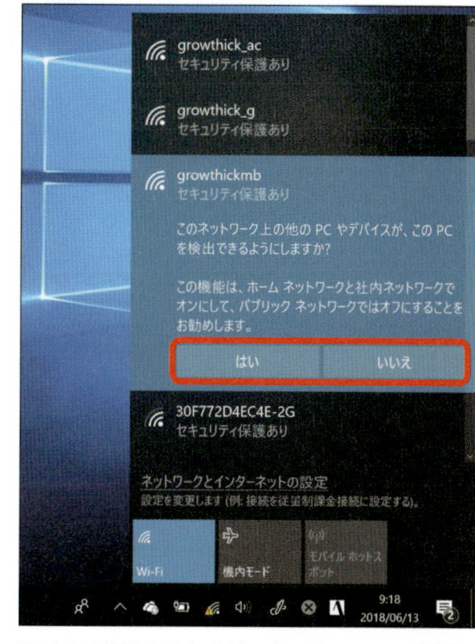


はじめて接続するときは、ネットワークの種類の確認が表示されます。「はい」をクリックするとプライベート、「いいえ」をクリックするとパブリックが設定されます。

## Attention!! ネットワークの種類には要注意!

上記の手順4で「プライベート」を選択した場合、同じネットワークに接続しているパソコン同士で通信が可能になり、ファイルやプリンターなどの共有機能を利用できます。家庭や会社内では便利ですが、不特定多数の人が接続できるアクセスポイントの場合、自分のパソコンに勝手に接続されてしまう危険性があるので、必ず「パブリック」を選択しましょう。

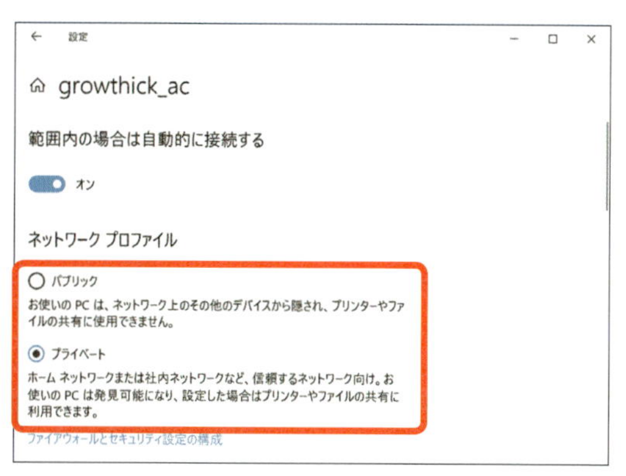


あとから設定を変更する場合、「設定」画面→「ネットワークとインターネット」→「Wi-Fi」→「既知のネットワークの管理」→アクセスポイント名→「プロパティ」をクリックし、「プライベート」または「パブリック」を選択します。

## Windows 7やMacで接続する

Windows 7やMacでの接続方法も、Windows 10と同様です。Windowsが搭載されたデスクトップパソコンの場合、無線LANアダプタが搭載されていない恐れもあります。搭載されているかどうかを確認しておいたほうがいいでしょう。

一方、Macの場合、最近のモデルではすべてWi-Fi接続が可能なので、Wi-Fiルーターさえ設置してしまえば簡単に接続が可能です。

### Windows 7をWi-Fiに接続する

#### 1 アクセスポイントに接続する

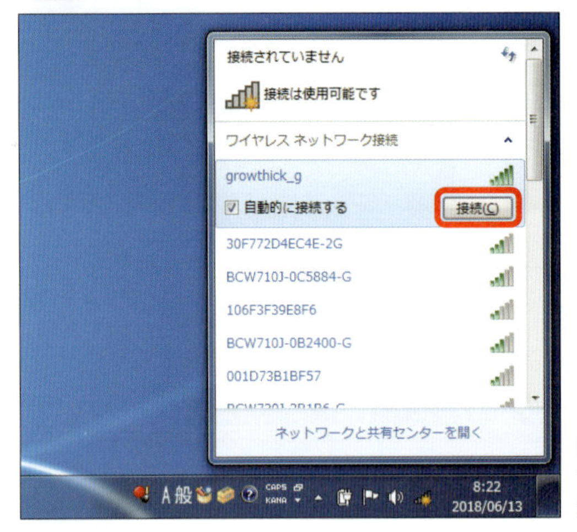


通知領域の接続アイコンをクリックします。接続するアクセスポイント名→「接続」の順にクリックします。

#### 2 パスワードを入力する

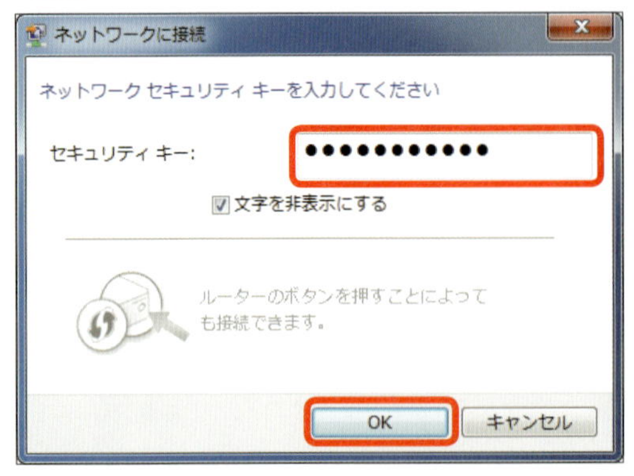


アクセスポイントのパスワードを入力し、「接続」をタップします。はじめて接続するアクセスポイントではネットワークの種類の選択画面が表示されるので、設定する種類を選択します。

## MacをWi-Fiに接続する

### 1 アクセスポイントを選択する

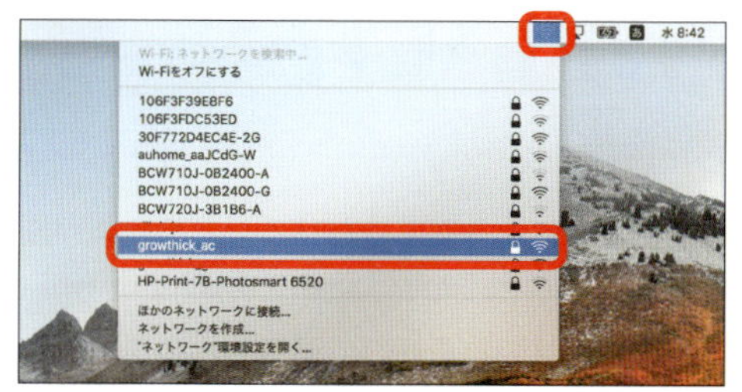


画面右上のステータスメニューのネットワークアイコンをクリックします。付近にあるアクセスポイントのSSIDが表示されるので、接続するアクセスポイント名をクリックします。

### 2 パスワードを入力する

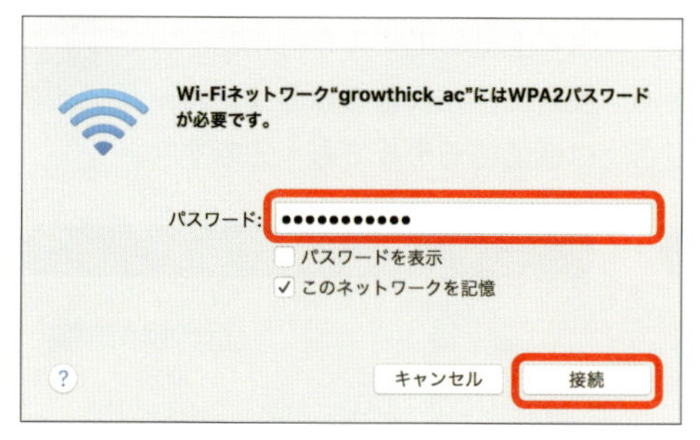


アクセスポイントのパスワード（暗号化キー）を入力し、「接続」をクリックします。「パスワードを表示」にチェックを付ければ、入力したパスワードの文字列を確認できます。

### COLUMN デスクトップパソコンにWi-Fi子機を増設

無線LANアダプターが搭載されていないパソコンでWi-Fiを利用するには、USB接続の無線LANアダプター（Wi-Fi子機）を使いましょう。デスクトップパソコンに限らず、古いWi-Fi規格にしか対応していないノートパソコンで最新規格を利用したい場合にも便利です。

バッファロー
**WI-U2-433DMS**
実売価格：2850円

11ac対応、最大433Mbpsでの通信が可能。飛び出すサイズが約19mmとコンパクトで、邪魔にならないのが特徴の無線LANアダプターです。

TP-LINK
**Archer T2UH**
実売価格：1970円

ハイゲイン外部アンテナがUSBアダプターの信号パワーを大幅に強化する無線LANアダプタ。WPSなどの規格にも対応しています。

COLUMN

# Wi-Fiルーターは高価な方がいい？

Wi-Fiルーターは、同じメーカーでも数千円から数万円まで、数多くのモデルが用意されています。低価格モデルと高価なモデルの違いはいくつかあり、単純な通信速度の比較だけで選ぶのは得策ではありません。上位モデルの多くは、多人数で同時に使用したときに速度の低下が発生しにくいよう、複数のアンテナを搭載して同時に通信できるようにしたり、電波に指向性を持たせるなどの機能が搭載されています。また、有線LANのポートの数や対応速度の違いなどもあります。大家族やオフィスなどで同時に利用する人数が多い場合や、動画視聴など大容量のデータ通信を頻繁に使う場合は、なるべく上位のモデルを選ぶといいでしょう。反対に、一人暮らしのワンルームなどでは低価格モデルでも十分です。

## 中位モデル

**標準利用環境**
2階建
3LDK
3人
**通信速度**
866＋300Mbps

AirStation HighPower Giga WSR-1166DHP3

## 最上位モデル

**標準利用環境**
3階建
4LDK
9人
**通信速度**
866＋866＋400Mbps

AirStation WTR-M2133HP

## 普及モデル

**標準利用環境**
ワンルーム
2LDK
2人
**通信速度**
866＋300Mbps

AirStation WCR-1166DS

## 上位モデル

**標準利用環境**
3階建
4LDK
6人
**通信速度**
1300＋450Mbps

AirStation HighPower Giga WXR-1750DHP2

Chapter
2

# 外出先でWi-Fi ネットワークに接続する

自宅や会社だけでなく、駅やカフェ、ファストフード店内など外出先でもWi-Fiは利用できます。公衆Wi-Fiやスマホを使ったテザリングを使って、パソコンやWi-Fi専用タブレットをネットに接続してみましょう。

Section 01

外出先でもWi-Fi接続するには

# 公衆Wi-Fiを利用する

**外出先でノートパソコンなどをネットにつなぐにはWi-Fi環境が必要ですが、どのような方法でWi-Fi接続すればよいのでしょうか。**

## 公衆Wi-Fiとは何か

公衆Wi-Fiは「公衆無線LAN」とも呼ばれ、コンビニやカフェ、ホテル、駅などの施設に設けられたWi-Fi環境です。無料または安価な利用料で利用でき、ノートパソコンやゲーム機、Wi-Fi専用タブレットのように、単体ではネット接続できない端末を外出先で使用するのに大変便利な仕組みです。

海外からの観光客からは「日本はWi-Fiが使える場所が少ない」と不満の声が上がっているようですが、キャリアなどが提供するWi-Fiアクセスポイントの数は増えてきており、繁華街など人の多い場所ならすぐに見つかるはずです。

公衆Wi-Fiには、有料サービスと無料サービスの両方がありますが、キャリアは特定の条件を満たした契約者に対して、自社の公衆Wi-Fiを無料で提供しています。条件に当てはまるなら、これを使わない手はありません。

### Attention!! 「00000JAPAN」なら災害時に無料で使える

東日本大震災以降、地震や大雨などの災害に見舞われた地域では、キャリアなどがWi-Fi接続スポットを無料開放しています。SSIDは「00000JAPAN」で暗号化されておらず、誰でも無料で無制限に利用することができます。

災害の被害者にとっては大変ありがたいのですが、暗号化されていないため、通信内容が他人に盗聴される危険もあります。接続先のサイトがHTTPSを採用していれば安全ですが、そうでなければ、VPN（本書第6章参照）を利用すべきでしょう。

## キャリア提供のアクセスポイントを利用する

### ドコモ「docomo Wi-Fi」に接続する

#### 1 ドコモ提供のSSIDを選択する

ドコモのSIM認証に対応している機種では、「設定」→「Wi-Fi」からSSID「0001docomo」をタップします。

#### 2 docomo Wi-Fiに接続できた

インターネットへの接続が完了すると、SSIDの横にチェックマークが付きます。

### au「au Wi-Fiスポット」にiPhoneで接続する

#### 1 au Wi-Fi接続ツールでプロファイルを導入

App Storeで「au Wi-Fi接続ツール」をインストールして起動します。メッセージが表示されたら「許可」をタップし、次の画面で画面右下の「同意する」をタップします。

#### 2 au IDでログインする

au IDとパスワードを入力し「ログイン」をタップします。

## 3 プロファイルを準備する

「プロファイルインストール」をタップし、au Wi-Fi SPOTを利用するために必要なプロファイルをインストールします。

## 4 プロファイルをインストールする

プロファイルのインストール画面に移動したら、画面右上の「インストール」をタップしてインストールします。これで接続できるようになります。

## au「au Wi-Fi SPOT」にAndroidで接続する

## 1 au Wi-Fi接続ツールで設定する

プリインストールされている「au Wi-Fi接続ツール」を起動し、メッセージが表示されたら「許可」をタップします。次の画面で画面右下の「同意する」をタップします。

## 2 au IDの設定を開始する

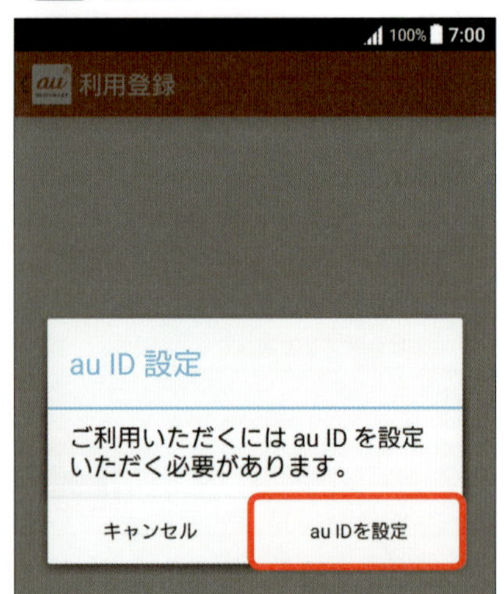


メッセージが表示されたら、「au IDを設定」をタップします。

## 3 au IDとパスワードを設定する

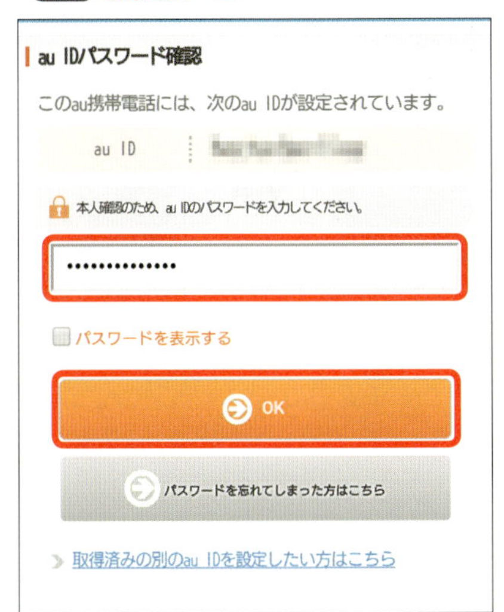


au IDが設定されていれば、パスワードを入力し「OK」をタップします。au IDが未設定なら、ここで入力します。

## 4 パスワード設定が完了した

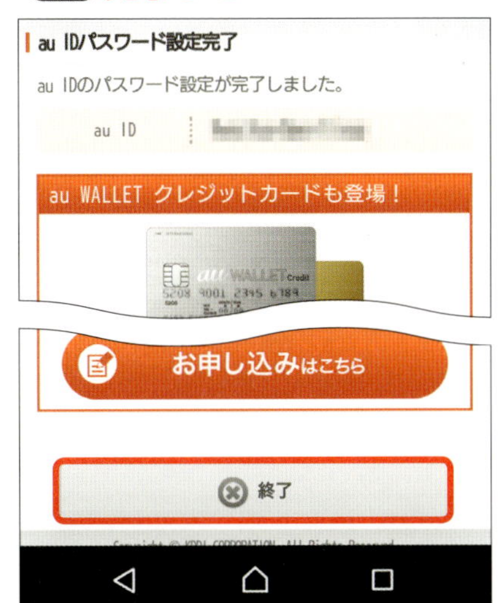


この画面が表示されたら、au IDのパスワード設定が完了したことになります。画面下部の「終了」をタップします。

## 5 詳細な接続設定を行う

このままでもau Wi-Fi SPOTにはつながりますが、もう少し細かい設定をしておきます。「au Wi-Fi接続ツール」画面の「au Wi-Fi SPOTの利用設定」をタップします。

## 6 接続先のアクセスポイントを選択する

au Wi-Fi SPOTには、数種類のアクセスポイントが存在します。セキュリティの高いアクセスポイントのみ利用するのか、あるいはすべて利用するのかをここで選択します。

## ソフトバンク「ソフトバンクWi-Fiスポット」に接続する

### 1 接続アプリを起動する

- 位置情報
- 公衆Wi-Fiサービス「ソフトバンクWi-Fiスポット」アクセスポイントの検索条件（検索履歴、参照履歴）
- ソフトバンクWi-Fiスポット2Yearsのユーザー ID及びパスワード（ソフトバンクWi-Fiスポット2Years加入者が簡単接続機能を利用して公衆Wi-Fiサービス「ソフトバンクWi-Fiスポット」に接続する場合のみ）

【利用用途】

利用規約を確認

同意しない　同意する

「ソフトバンクWi-Fiスポット」アプリをApp StoreまたはPlayストアからインストールして起動し、画面右下の「同意する」をタップします。

### 2 利用規約に同意する

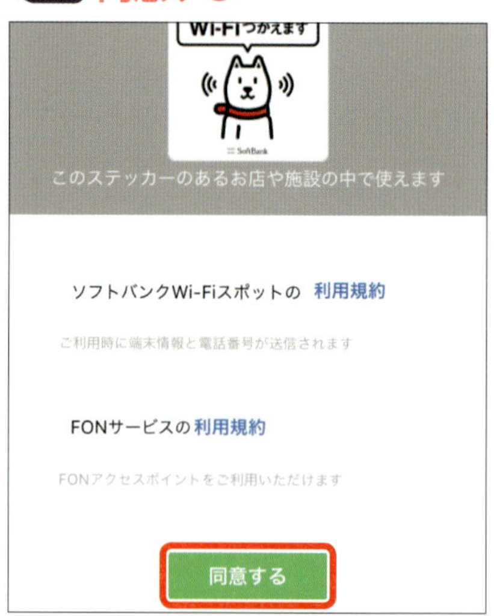


各利用規約の下に表示されている「同意する」をタップします。

### 3 Wi-Fiをオフにした状態で設定を行う

Wi-Fiがオフになっていることを確認して「設定する」をタップします。

### 4 接続登録が完了した

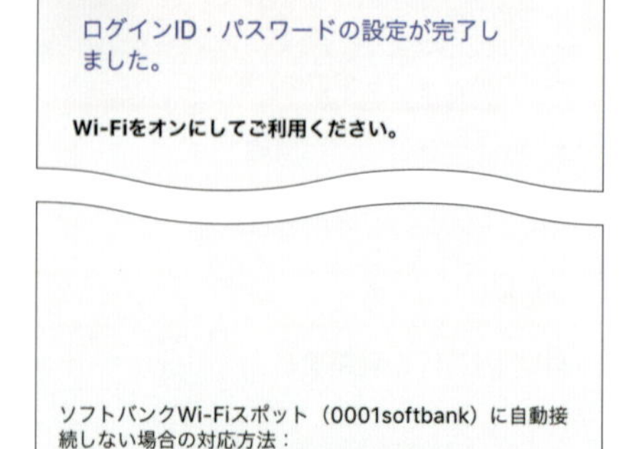


設定が完了したので「0001softbank」に接続します。接続がうまくいかない場合は、画面下部の「インストールする」をタップし、接続プロファイルをインストールします。

## コンビニ提供のアクセスポイントを利用する

### ローソン「Lawson Free Wi-Fi」に接続する

#### 1 登録ページにアクセスする

サービスを提供している店舗に行き、「設定」→「Wi-Fi」から「LAWSON_Free_Wi-Fi」をタップして接続したのち、ブラウザを起動します。この画面が表示されたら「インターネットに接続する」をタップします。

#### 2 メールアドレスを入力する

利用規約を確認のうえ、登録するメールアドレスを入力します。「利用規約に同意する」をタップして、「登録」をタップします。次にメールアドレスの確認画面が表示されるので、問題がなければ「登録」をタップしましょう。

#### 3 セキュリティについて確認して接続する

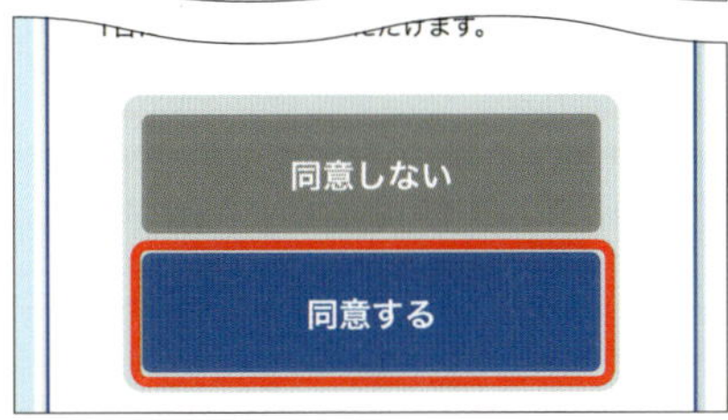


セキュリティについての警告文が表示されます。一読して、画面下部の「同意する」をタップします。

#### 4 Wi-Fiに接続できた

この画面が表示されれば、Wi-Fiサービスへの接続が完了しました。

## セブン-イレブン「7SPOT」に接続する

### 1 7SPOTの登録ページにアクセスする

サービスを提供している店舗に行き、「設定」→「Wi-Fi」からSSID「7SPOT」をタップして接続したのち、ブラウザを起動します。このページが表示されたら、「新規会員登録（無料）」をタップします。

### 2 メールアドレスなどを登録する

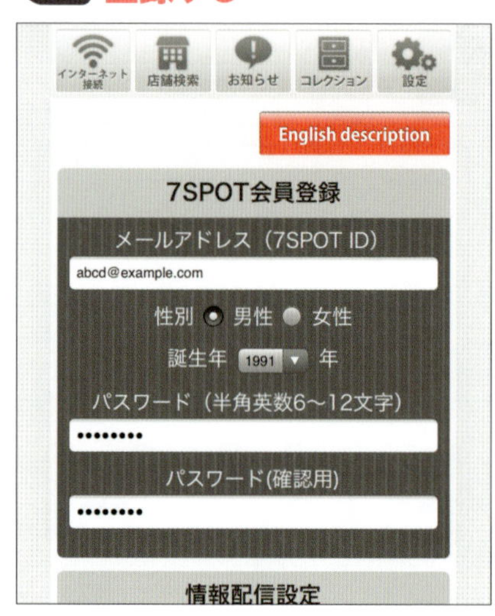


この画面でメールアドレスとパスワードなどを入力して下にスクロールし、「利用規約に同意する」にチェックを付けて「確認画面へ」をタップします。

### 3 登録情報を確認する

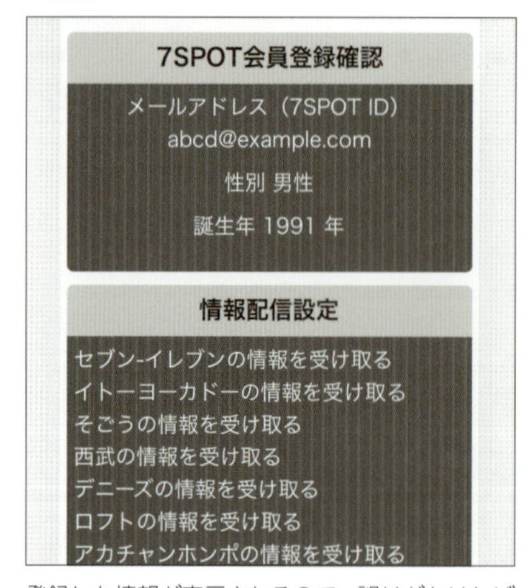


登録した情報が表示されるので、誤りがなければ、下にスクロールして「利用規約に同意して登録する」をタップして仮会員登録は終了です。

### 4 認証メールを確認する

■7SPOT 正会員登録作業について■

この度は7SPOTにご登録いただき、誠にありがとうございます。

お客様は現在、仮会員登録が完了した状態です。
登録を完了させるには、こちらの認証URLをクリックして下さい。
http://register.7spot.jp/activate/register/e8a87d8c28831d7fe8c5683a25808a69

※上記URLは仮会員登録から24時間有効です。
それ以降はURLが無効となり、再度仮会員の登録が必要となります。

仮会員登録が完了すると、正会員登録用のURLが記載されたメールが届きます。メールに記載されているURLをタップすれば会員登録は完了です。あとは、先ほど設定したメールアドレスとパスワードでログインできます。

## ファミリーマート「Wi-Fi無料インターネットサービス」に接続する

### 1 登録ページにアクセスする

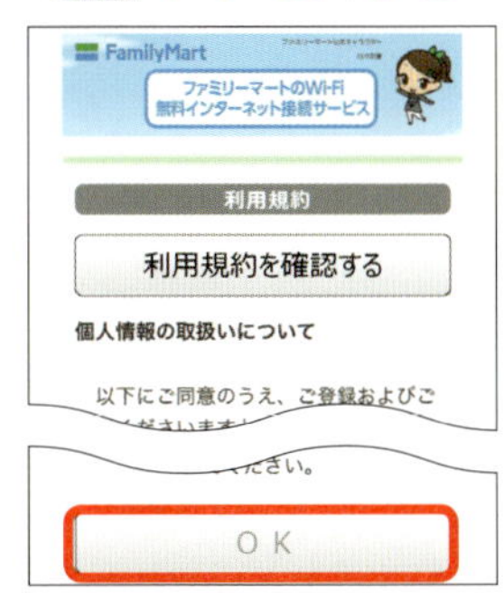


店舗で「設定」→「Wi-Fi」からSSID「Famima_Wi-Fi」をタップして接続してから、ブラウザを起動します。このページが表示されたら、利用規約などを確認し、「利用規約と個人情報の取り扱いについて同意する」にチェックを付けて「OK」をタップします。

### 2 無料Wi-Fiの利用を開始する

このページが表示されたら「無料Wi-Fiを利用する」をタップします。次にログイン画面が表示されるので、画面下部に標示される「初回利用登録」をタップします。

### 3 規約などを確認する

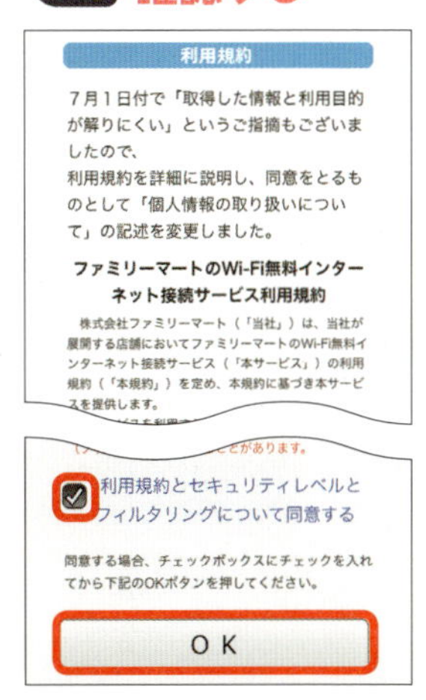


記載されている規約などを確認のうえ、「利用規約と～」にチェックを付け、「OK」をタップします。

### 4 メールアドレスなどを登録する

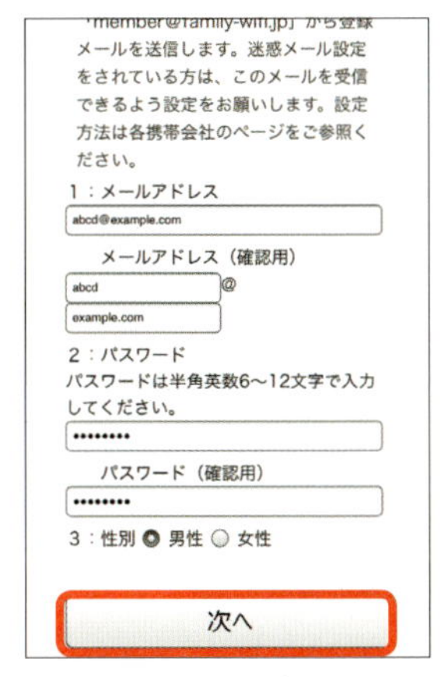


メールアドレスとパスワードなどを入力したら「次へ」をタップします。次の画面で入力した情報を確認できるので、問題なければ「送信」をタップします。

### 5 利用規約を確認する

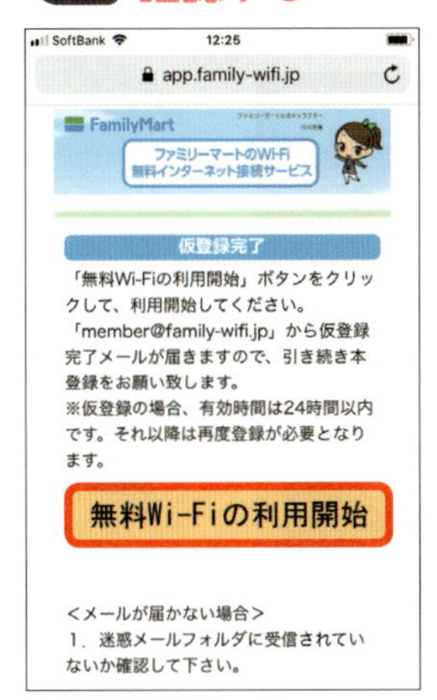


「無料Wi-Fiの利用開始」をタップします。次の画面で「利用規約と～」にチェックを付け、「OK」をタップします。

### 6 認証メールを確認する

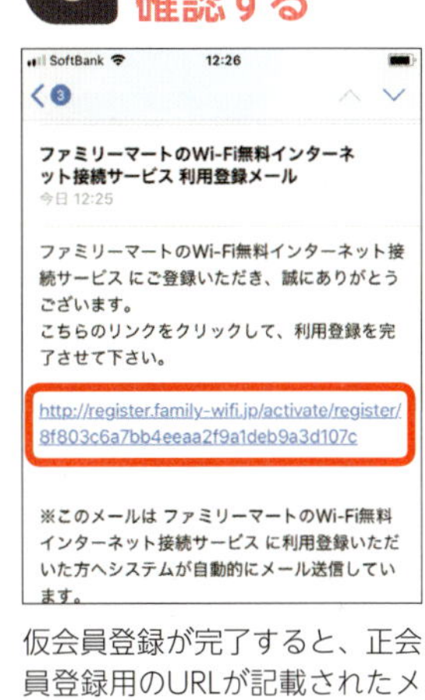


仮会員登録が完了すると、正会員登録用のURLが記載されたメールが届きます。メールに記載されているURLをタップすれば会員登録は完了です。あとは、先ほど設定したメールアドレスとパスワードで利用できます。

## カフェが提供するアクセスポイントを利用する

### スターバックス「at_STARBUCKS_Wi2」に接続する

**1 Wi-Fi接続ページにアクセスする**

「設定」→「Wi-Fi」からSSID「at_STARBUCKS_Wi2」をタップして接続し、ブラウザを起動します。この画面が表示されたら、ページの中央の「インターネットに接続」をタップします。

**2 利用規約を読んで利用を開始する**

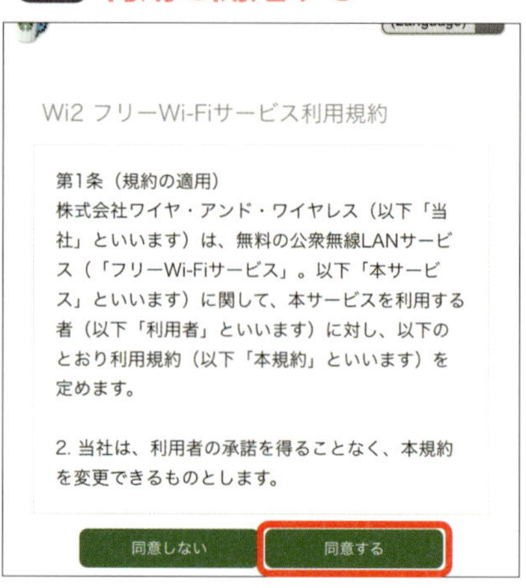


利用規約を確認して「同意する」をタップすれば、Wi-Fi接続サービスの利用を開始できます。

### タリーズやルノアールの公衆Wi-Fiに接続する

「TULLY'S Wi-Fi」に接続するには、店舗に入って「設定」→「Wi-Fi」からSSID「tullys_Wi-Fi」をタップしたのち、ブラウザを起動します。表示された画面の「インターネットに接続」をタップし、次の画面で規約に同意すれば利用を開始できます。

「Renoir Miyama Wi-Fi」に接続するには、店舗に入って「設定」→「Wi-Fi」からSSID「Renoir Miyama Wi-Fi」をタップしたのち、ブラウザを起動します。あとは、タリーズの場合と同じです。

## マクドナルド「マクドナルド FREE Wi-Fi」に接続する

### 1 Wi-Fiサービスへの登録を開始する

店舗に入って「設定」→「Wi-Fi」からSSID「00_MCD-FREE-WIFI」をタップして接続し、ブラウザを起動します。表示された画面の「会員登録」をタップします。

### 2 会員登録を開始する

会員登録画面が表示されたら、メールアドレスやパスワードなどの必須項目を入力します。

### 3 会員登録を完了する

「マクドナルド会員利用規約に同意する」にチェックをつけて、「会員登録する」をタップします。

### 4 登録できたらWi-Fiに接続する

「FREE Wi-Fi利用規約に同意する」にチェックをつけ、画面下部の「接続する」をタップすれば、Wi-Fiサービスを利用できます。

## 交通機関が提供するアクセスポイントを利用する

### JR東日本「JR-EAST_FREE_Wi-Fi」に接続する

**1 登録ページにアクセスする**

サービスを提供している駅構内に入って、「設定」→「Wi-Fi」からSSID「JR-EAST_FREE_Wi-Fi」をタップしたのち、ブラウザを起動します。表示された画面の「インターネットはこちらから」をタップします。

**2 登録作業を開始する**

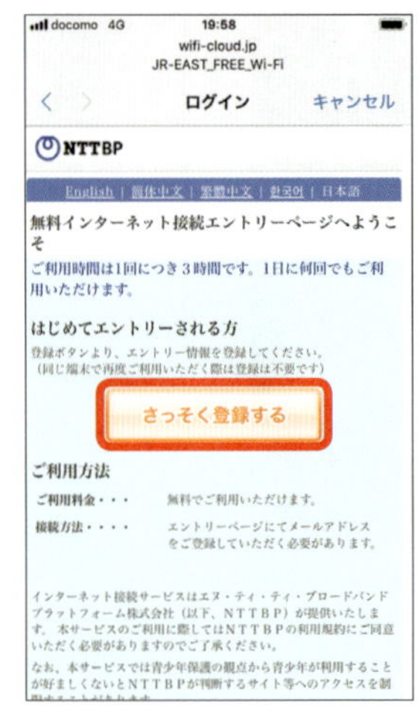


画面中央に表示されている「さっそく登録する」をタップする。

**3 利用規約に同意する**

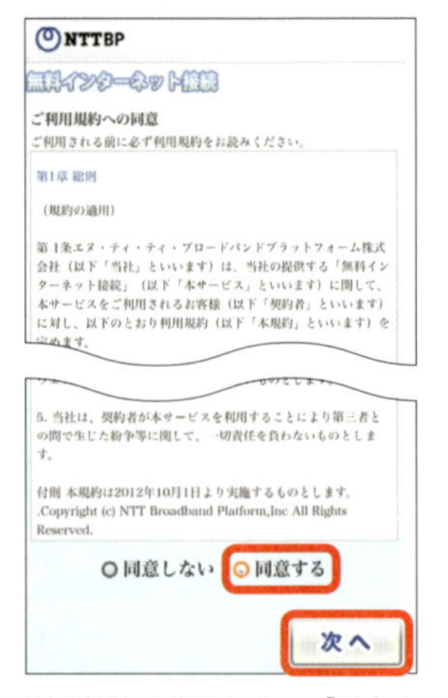


利用規約を確認のうえ、「同意する」を選択して「次へ」をタップします。

**4 メールアドレスを登録する**

登録するメールアドレスを入力して「確認」をタップします。次の画面で登録するメールアドレスの確認画面が表示されるので、問題なければ「登録」をタップします。

**5 注意書きを確認する**

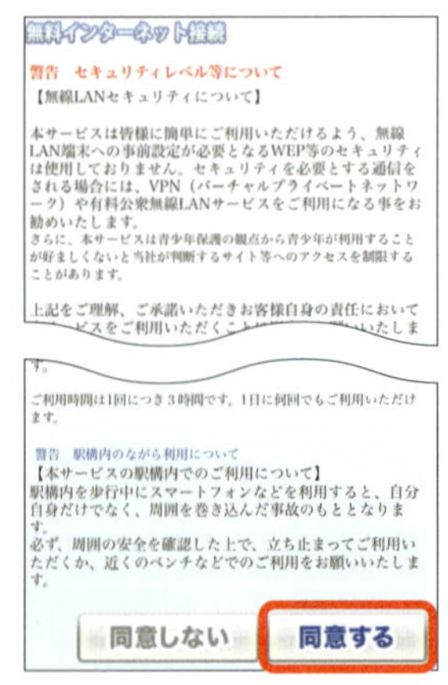


セキュリティについてなどの警告文を確認できたら、「同意する」をタップします。

**6 登録できたらWi-Fiに接続する**

登録作業が完了するとともに、ネットへの接続ができるようになります。画面右上の「完了」をタップしてこの画面を閉じます。

## 都営地下鉄などのWi-Fiサービスに接続する

### 1 Wi-Fiサービス登録ページにアクセスする

地下鉄の駅構内で「設定」→「Wi-Fi」からSSID「TOEI SUBWAY FREE Wi-Fi」をタップして接続し、ブラウザを起動します。表示された画面の「インターネットに接続する」をタップします。

### 2 登録作業を開始する

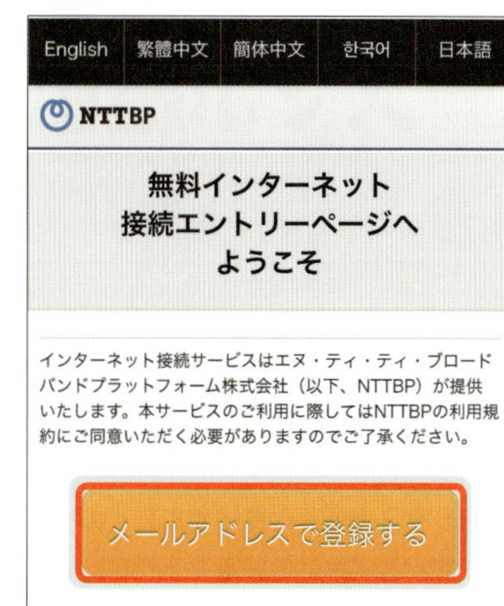


NTTBPのページが表示されたら、画面中央の「メールアドレスで登録する」をタップします。

### 3 メールアドレスを入力する

登録するメールアドレスを入力して利用規約を確認します。「利用規約に同意する」にチェックマークをつけてから、画面下部の「確認」をタップします。次の画面でセキュリティレベルについての警告を一読し、「確認」をタップします。

### 4 登録できたらWi-Fiに接続する

■無料インターネット接続　ご利用登録について■

この度はご登録いただき、誠にありがとうございます。

お客様は現在、仮登録が完了した状態です。

登録を完了させるには、下記のURLをクリックして下さい。

https://www.wifi-cloud.jp/auth_toei_subway_mail/?send_type=maactvate&auth_code=9253ff7cd90fcc89da3297b46f12d59e&tm=1528887369

これで、登録のための仮登録は完了です。その後、登録認証用のメールが届くので、記載されているURLをタップすると登録が完了します。なお、登録後は都営バスや東京メトロのWi-Fi接続サービスも利用できます。

スマホがWi-Fiルーター代わりになる！

# テザリングを使って スマホ経由でネット接続

手軽にWi-Fiを利用できる手段のひとつが、スマホを経由してWi-Fi対応機器をインターネットに接続するテザリングです。

## 手持ちのスマホ経由でパソコンなどをネット接続する

テザリングとは、スマホの通信回線を使って、パソコンなどのWi-Fi対応機器をインターネットに接続するしくみのことです。スマホ側の設定でテザリングを有効にすることで、スマホをモバイルWi-Fiルーターとして利用できるようになります。スマホのほか、キャリアなどで回線契約をしているタブレットでもテザリングが可能です。

なお、テザリングは携帯電話のデータ通信を使用するため、使用できるデータ通信容量に上限のあるプランを使っている場合などは、使用した容量に注意しながら使う必要があります。

テザリングを使ったインターネット接続のしくみ



テザリングは、スマホを経由してノートパソコンなどの機器をインターネット接続させるためのしくみです。スマホとノートパソコンなどの間はWi-Fiで接続し、同時に携帯電話回線を通じてインターネットとつながります。

## 主要キャリアのテザリング対応端末と利用条件

テザリングを利用するには、各キャリアの利用条件を満たす必要があり、キャリアによっては事前の申し込みが必要となります。

| キャリア名 | 対応機種 | 申し込み | 料金 |
|---|---|---|---|
| ドコモ | iPhone 5c/5s以降のiPhone、iPad/iPad mini/iPad Air/iPad Proシリーズ（初代iPad mini、第4世代までのiPadを除く）、Xi対応Androidスマートフォンおよびタブレット（一部非対応機種あり） | 不要 | 無料 |
| au | iPhone 5以降のiPhone、iPad、タブレット、4G LTE対応のAndroidスマートフォンおよびフィーチャーフォン | 必要 | データ定額1/2/3/5など契約時は無料、そのほかのプランは月額500円 |
| ソフトバンク | iPhone 5以降のiPhone、iPad（第3世代以降）シリーズ、4G対応Androidスマートフォン、タブレット、一部のフィーチャーフォン | 不要（データ定額サービスへの加入は必要） | データ定額ミニ 1GB/2GB、データ定額 5GB、データ定額S（4Gケータイ）は無料、そのほかのプランは月額500円 |

## テザリングを使うための準備をする

テザリングを利用するには、あらかじめスマホのテザリング設定を有効にしておく必要があります。設定画面では、Wi-Fiのパスワードを設定・変更できるので、自分が使いやすく、かつ他人に推察されにくいものを設定しておくとよいでしょう。テザリングには、スマホと機器の接続にWi-Fiを使う方法のほか、Bluetoothで接続する方法や、USBケーブルで接続する方法があります。

### iPhoneでWi-Fiテザリングの準備をする

**1 設定画面を開く**

「設定」の「インターネット共有」をタップします。

**2 テザリングを有効にする**

「インターネット共有」をタップしてオンにします。

## iPhoneでBluetoothテザリングの準備をする

### 1 ペアリングする

テザリングでインターネットに接続したい機器（この場合はWindowsパソコン）のBluetooth管理画面から、テザリングに使用するiPhoneを選択して「ペアリング」をクリックします。

### 2 ペアリングを開始する

iPhoneに確認メッセージが表示されたら「ペアリング」をタップします。「設定」→「インターネット共有」画面の「インターネット共有」はオンにしておく必要があります。

### Point USB接続でテザリングをする

テザリングには、Wi-FiやBluetoothを利用するほかに、USBを使って接続する方法もあります。スマホの設定でテザリングを有効にしてから、パソコンとUSBケーブルで接続すれば、インターネット接続が可能になります。有線で接続するため電波の干渉を受けないので通信が安定しやすく、バッテリーの消費も少ないのがメリットです。なお、iPhoneの場合は、パソコン側にiTunesがインストールされている必要があります。

USB接続のテザリングが有効になると、Windowsの場合は「コントロールパネル」→「ネットワークとインターネット」→「ネットワーク接続」→「アダプタの設定変更」に、USB接続のアダプタが表示されます。

## AndroidでWi-Fiテザリングの準備をする

### 1 テザリングをオンにする

「設定」→「無線とネットワーク」→「デザリングとポータブルアクセス」→「ポータブルWi-Fiアクセスポイント」をタップします。

### 2 接続の設定を確認する

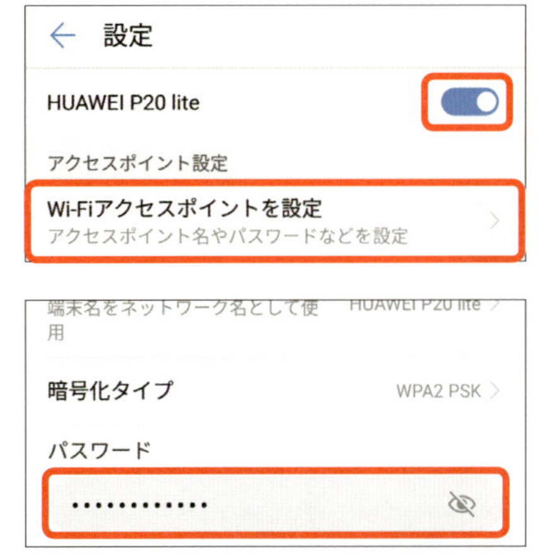


アクセスポイント名をオンにしたら、「Wi-Fiアクセスポイント」をタップすると、パスワードを確認できます。任意のパスワードへの変更も可能です。

## AndroidでBluetoothテザリングの準備をする

### 1 テザリングを有効にする

テザリングの設定画面で、「Bluetoothテザリング」をオンにします。

### 2 ペアリングする

「設定」→「Bluetooth」で、接続したい機器名をタップして、ペアリングを行います。

## テザリングでインターネットに接続する

テザリングの設定が完了すると、パソコンなどのネットワーク一覧にスマホのネットワーク名（SSID）が表示されます。設定したパスワードを入力して接続を行えばネットへの接続が完了します。

### Windowsパソコンをテザリングで接続する

#### 1 ネットワークを選択する

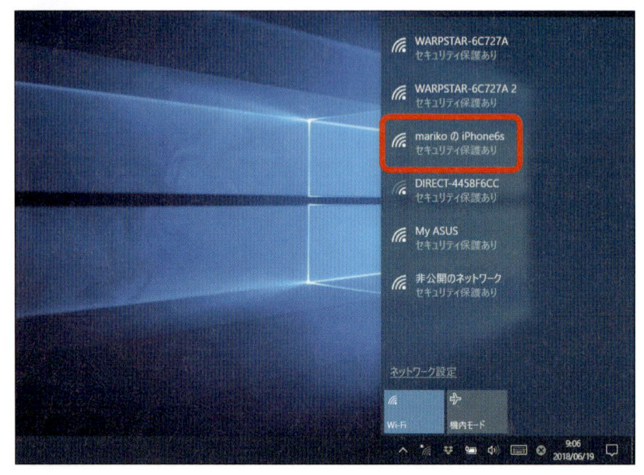


タスクバーのWi-Fiアイコンをタップして、テザリングを有効にしたスマホのネットワーク名をクリックします。

#### 2 パスワードを入力する

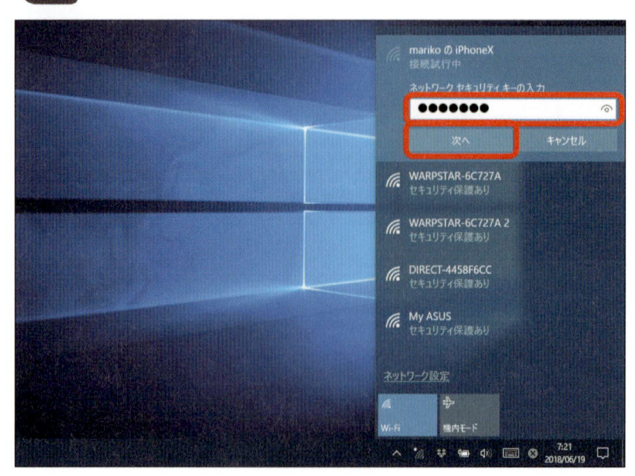


選択したネットワークのパスワードを入力して、「次へ」→「接続」の順にクリックします。

## 格安SIMでテザリングするには

格安SIM（MVNO）の場合も、端末によってはテザリングを利用できます。多くのMVNOでは、デザリングの利用に追加料金はかからず、手続きも必要ありません。

SIMフリー端末の場合、その端末自体がテザリングに対応していれば、多くのMVNOでテザリングを利用できます。ただし、キャリア端末のSIMロックを解除してMVNOで利用する場合は、回線との組み合わせによってはテザリングが使えないケースもあるので、あらかじめ各社がWebサイトで公開している動作確認結果を確認しておくとよいでしょう。

### 主要MVNOのテザリング対応端末と利用条件

| MVNO事業者名 | 対応機種 | 申し込み | 料金 |
|---|---|---|---|
| イオンモバイル | タイプ1（ドコモ回線）：すべてのiPhone、対応Androidスマホ／タイプ1（au回線）：対応Androidスマホ／タイプ2（ドコモ回線）：対応Androidスマホ | 不要 | 無料 |
| IIJmio | タイプD：すべてのiPhone、対応Androidスマホ／タイプA：iPhone 6以降、対応Androidスマホ | 不要 | 無料 |
| NifMo | ドコモ回線に対応するiPhone/iPad、一部のAndroidスマホ | 不要 | 無料 |
| BIGLOBEモバイル | タイプD：対応Androidスマホ／タイプA：iPhone6s/6s Plus/SE、対応Androidスマホ | 不要 | 無料 |
| mineo | Aプラン：対応Androidスマホ／Dプラン：iPhone 5s/5c以降のiPhone、対応Androidスマホ | 不要 | 無料 |
| LINEモバイル | iPhone 5s/5c以降のiPhone、対応Androidスマホ | 不要 | 無料 |
| 楽天モバイル | iPhone 5s/5c以降のiPhone、対応Androidスマホ | 不要 | 無料 |
| UQ mobile | UQ mobile端末のiPhone 5s/SE/6s、対応Androidスマホ | 不要 | 無料 |
| U-mobile | iPhone 5以降（au、ソフトバンク端末は一部非対応）、対応Androidスマホ | 不要 | 無料 |
| ワイモバイル | スマホプラン、データプラン、シェアプラン、ケータイプランSSとデザリング対応端末の組み合わせ | 不要 | 無料 |

Section 03

外出先で手軽に安全なWi-Fi環境を確保できる

# モバイルルーターでWi-Fi接続する

外出先で頻繁にネットを使うなら、安全なWi-Fi環境を確保できるモバイルルーターが便利です。スマホのバッテリー残量を気にする必要もありません。

## モバイルルーターとは?

モバイルルーターとは、持ち歩いて利用できる小型のルーターのことです。通信会社と契約し、その回線からモバイルルーター経由でパソコンなどの機器をWi-Fiに接続できます。外出先でパソコンなどをネット接続することが多く、デザリングでは通信容量が足りなくなってしまう場合や、公衆Wi-Fiの安全性に不安を感じる場合などに導入を検討したいアイテムです。

### Point モバイルルーターのメリット

- 公衆Wi-Fiを探す手間なく、いつでも安全性の高いネット環境を確保できる
- デザリングのようにスマホのデータ通信を使わないので、通信容量不足を気にせずに使える
- スマホの残りバッテリー容量を気にせずネット接続できる
- スマホとのセット割引なども用意されている

### Point モバイルルーターのデメリット

- スマホを含めたトータルの通信料金はアップする
- 場所によってはつながりにくい場合もある
- プランによっては通信容量に上限が設けられている
- 使いすぎると速度制限がかかる
- 充電しなければならない機器がひとつ増える

## 主要キャリアのモバイルルーターの通信速度と料金

| キャリア | 受信時最大速度 | 送信時最大速度 | 月額料金例 | 備考 |
| --- | --- | --- | --- | --- |
| ドコモ | 788 Mbps | 50 Mbps | (1)ドコモのスマホなどを契約している場合：1台目の料金＋1900円<br>(2)ルーターのみ利用する場合：4300円 | (1)はデータプランでシェアオプション利用の場合、(2)はベーシックパックでデータ量1GB以内、2年契約の場合。料金は使用した通信容量に応じて段階的に変動 |
| UQ WiMAX | 440 Mbps | 10 Mbps | (1)UQ Flatツープラス：3696円<br>(2)UQ Flatツープラスギガ放題：4380円 | (1)は通信容量月間7GBまで、(2)は上限なし |
| ソフトバンク | 187.5 Mbps | 37.5 Mbps | 4G/LTEデータし放題フラット：3696円 | 2年契約の「Pocket WiFi 特別キャンペーン」適用時。通信容量は月間7GBまで |
| ワイモバイル | 612 Mbps | 37.5 Mbps | Pocket WiFiプラン2 ライト：2480円 | 3年契約の場合。通信容量は月間5GBまで |

## キャリア発売のおすすめモバイルルーター

各キャリアのモバイルルーターは回線契約とセットで販売されており、スマホとの併用で割引になるプランが用意されていることもあります。ここでは、主要キャリアのおすすめモバイルルーターを紹介します。

### ドコモ Wi-Fi STATION HW-01H

**スマホ充電もできる大容量バッテリー搭載**

受信時最大370Mbpsの高速通信に対応。モバイルチャージャー機能を搭載し、本体の大容量バッテリーでスマホなどを充電できます。

●連続通信時間：約15～20時間（通信方式による）●連続待機時間：約1810時間●外部接続：USB3.0 TypeC●同時接続可能台数：11台●サイズ：約64×100×22mm●重量：約173g

### ドコモ Wi-Fi STATION N-01J

**クレードル付属で自宅でも使いやすい**

受信時最大788Mbpsの通信が可能。クレドールにアンテナを内蔵し、Wi-FiやBluetoothの受信感度が向上させることができます。

●連続通信時間：約7～14時間（通信方式による）●連続待機時間：約970時間●外部接続：USB3.0 TypeC●同時接続可能台数：16台●サイズ：約62mm×98mm×13.6mm●重量：約110g

UQ WiMAX
## Speed Wi-Fi NEXT W05

### シャープな薄型デザインが目を引く

受信時最大758Mbpsの通信が可能。以前のルーターからSSIDなどの情報を引き継げる機能を搭載し、端末側の設定変更が不要です。

●連続通信時間：約9時間●連続待機時間：850時間●外部接続：USB2.0 TypeC●同時接続可能台数：最大10台●サイズ：約30×55×12.6mm●重量：約131g

UQ WiMAX
## Speed Wi-Fi HOME L01s

### 自宅だけでで使う人におすすめ

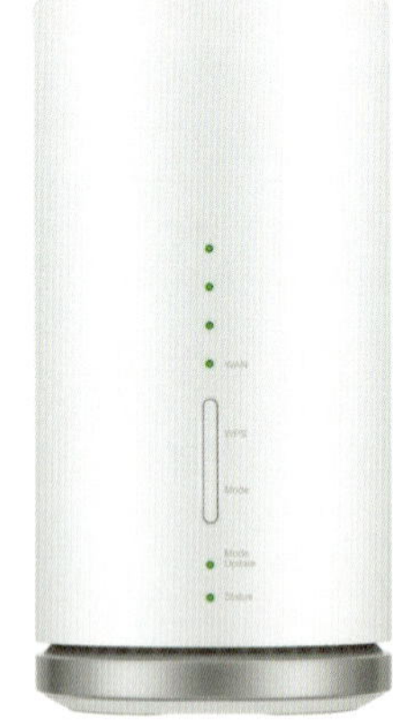

工事不要で自宅で使える据え置き型ルーター。Wi-Fiのほか有線LANポートも搭載し、受信時最大440Mbpsの通信が可能です。

●外部接続：USB2.0●同時接続可能台数：計42台●サイズ：180×93×93mm●重量：約450g

ワイモバイル
## Pocket WiFi 603HW

### 5秒の高速起動＆省電力モード搭載

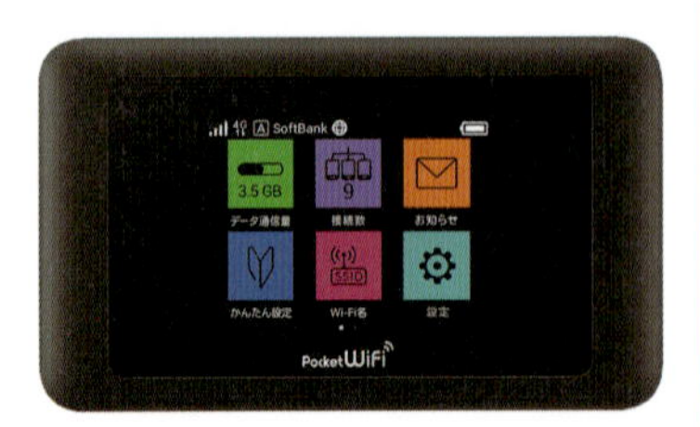


受信時最大612Mbpsの通信が可能で、約5秒の高速起動が特徴。「省電力設定」をオンにすれば、連続通信時間を延ばすことができます。

●連続通信時間：約6～8.5時間●連続待機時間：約850時間●外部接続：USB3.0 Type-C●同時接続可能台数：14台●サイズ：109.9×65.1×15.5mm●重量：約135g

ワイモバイル
## Pocket WiFi 701UC

### 海外でも定額制でネットが使える

ワンタッチで海外・国内の切り替えが可能で、海外でも定額制で利用可能。長時間利用できる大容量バッテリーを搭載しています。

●連続通信時間：約18時間●連続待機時間：約1070時間●外部接続：USB2.0●同時接続可能台数：5台●サイズ：約65×126.5×19mm●重量：240g

## SIMフリーモバイルルーターを活用する

SIMフリーモバイルルーターとは、格安SIM（MVNO発行のSIMカード）対応のモバイルルーターのことです。キャリア発売のモバイルルーターの場合、端末と回線をセットで契約する必要がありますが、SIMフリー製品の場合、自由に組み合わせることが可能です。

自分の使い方に合わせて柔軟な選択が可能な点がメリットですが、製品ごとの対応SIMの確認や初期設定などを自分で行う必要があるため、利用開始までの作業は少し煩雑になります。

SIMフリーモバイルルルーターは、MVNOが発行するSIMカードと自由に組み合わせて利用できます。キャリアのモバイルルーターとは異なり、契約期間の制約（いわゆる2年縛りなど）を受けないのもメリットです。

### COLUMN データ通信専用SIMを利用する

MVNOが発行するSIMカードには、「データ通信専用」「SMS対応」「音声通話対応」の3種類があります。モバイルルーターと組み合わせて使う場合、データ通信専用SIMで十分なので、安価に利用することができます。なお、SIMカードのサイズには、「標準SIM」「microSIM」「nano SIM」の3種類があるので、使用するルーターが対応しているサイズを確認しておきましょう。

「OCNモバイルONE」の場合、データ通信専用SIMは月額900円（税別、110MB／日コース）となっており、音声通話やSMSに対応したSIMカードよりも低価格で利用できます。

## Point SIMフリーモバイルルーターのメリット

- 回線と端末を別々に選べるので、選択肢が広がる
- 格安SIMのお得な料金でモバイルルーターを利用できる
- キャリア回線に比べて2年契約などの縛りが少ない
- 2枚のSIMを併用するなど柔軟な使い方ができる

## Point SIMフリーモバイルルーターのデメリット

- 対応可能なSIMの種別などを自分で調べる必要がある
- APN設定などの初期設定が必要になる
- スマホ回線とのセット割引きなどが利用できない
- キャリアに比べて購入後に受けられるサポートが限られる場合もある

## おすすめSIMフリーモバイルルーター

SIMフリーのモバイルルーターは、回線に縛られることなく好みの端末を選べることが魅力です。ただし、端末によっては利用できないSIMが存在する場合もあるので、購入前に確認が必要です。

### FREETEL
### ARIA 2

**データ保管にも使える軽量ルーター**

QRコードを読み取るだけで、簡単にネット接続が可能。microSDカードを挿入すれば、ファイルストレージとしても使えます。

●連続通信時間：17時間●外部接続：USB 2.0●同時接続可能台数：10台●サイズ：66×110×17mm●重量：約110g

### jetfi
### jetfi G3

**海外100か国以上で簡単に使える**

ネットから手続きをするだけで世界100か国以上で利用可能。海外向けのプランは1日単位で用意されているので無駄なく使えます。

●連続通信時間：15時間●同時接続可能台数：5台●サイズ：90×40×130●重量：240g

## NECプラットフォームズ Aterm MR05LN

**2枚のSIMを時間などに応じて自動切り替え**

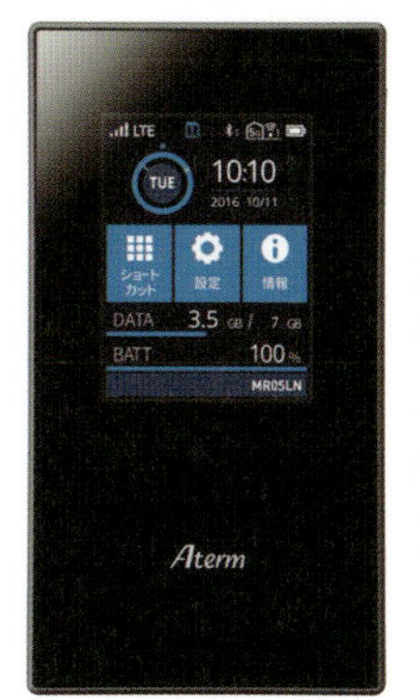

デュアルSIM対応で、通信量や時間によるSIMの自動切り替えも可能。電池残量の確認などができるスマホアプリも用意されています。

●連続通信時間：約14時間（Bluetooth接続時は約30時間）●連続待機時間：1250時間●外部接続：microUSB●同時接続可能台数：●サイズ：63×115×11mm●重量：約115g

## 富士ソフト FS030W

**外出先からの長時間のネット利用も安心**

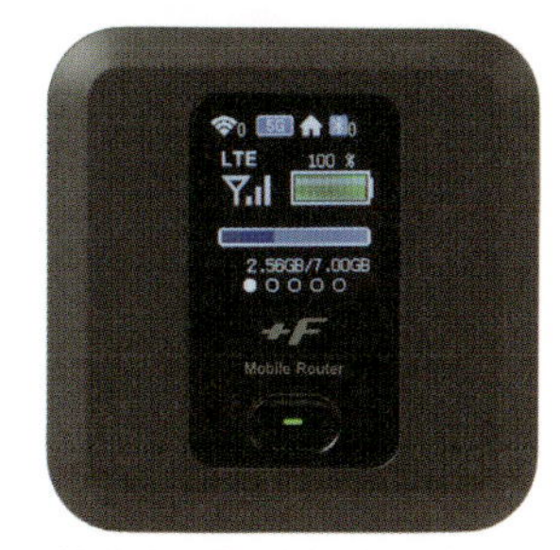

Wi-Fi接続時で連続通信約20時間の長時間利用に対応。別売りのクレードルを装着すれば自宅のLAN回線としても使えます。

●連続通信時間：約20時間（Bluetooth接続時は約24時間）●連続待機時間：約600時間●外部接続：microUSB●同時接続可能台数：21台●サイズ：74×74×17.3mm●重量：約128g

## HUAWEI Mobile WiFi E5577

**大容量の薄型コンパクトルーター**

大容量バッテリー搭載で、専用ケーブルを使えばスマホの充電も可能。ルーターの管理・操作のためのスマホアプリも用意されています。

●連続通信時間：約12時間●連続待機時間：約600時間●外部接続：microUSB●同時接続可能台数：10台●サイズ：96.8×58×17.3mm●重量：112g

## HUAWEI Mobile Wi-Fi E5383

**大きなタッチスクリーンで操作しやすい**

幅広い通信エリアをカバーし、山間部などもつながりやすい。2.4インチのタッチスクリーンを搭載で設定をスムーズに行えます。

●連続通信時間：約13時間●連続待機時間：約1200時間●外部接続：microUSB●同時接続可能台数：10台●サイズ：95×58×16.4mm●重量：120g

COLUMN

# 自宅のWi-Fiにつながらないときはどうすればよいか①

## ～「ipconfig」でネットワーク設定を知る

ネットワーク設定でもっとも重要なのは、その機器に割り当てられているIPアドレス、サブネットマスク、デフォルトゲートウェイの3つのアドレスです。これらが1つでも正しく設定されていなければ、ほかの機器との通信はできません。

どのようなアドレスがその機器に割り当てられているかを知りたいとき、パソコンなら「ipconfig」コマンドを使うと便利です。コマンドは「コマンドプロンプト」で実行します。また、Windows 10なら「設定」から同じ内容を表示することもできます。もし「169.254」から始まるIPアドレスであれば、IPアドレスが正しく割り当てられておらず、どこにもつながっていない状態です。

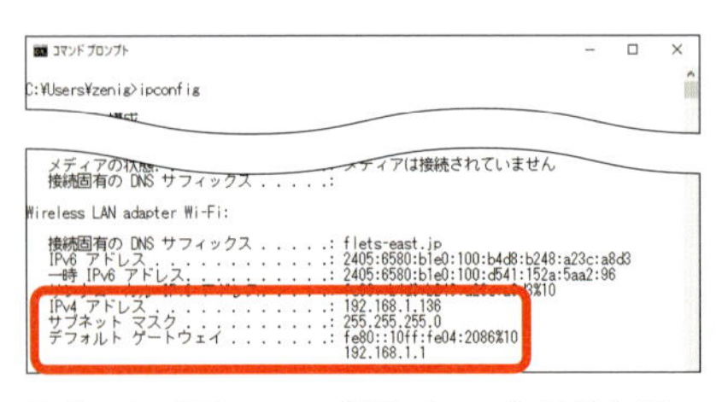


スタートメニュー→「Windowsシステムツール」→「コマンドプロンプト」を選択し、「ipconfig」と入力してEnterキーを押すと、このようにネットワーク設定が表示されます。見るべきなのは「IPv4アドレス」「サブネットマスク」「デフォルトゲートウェイ」の3つです。

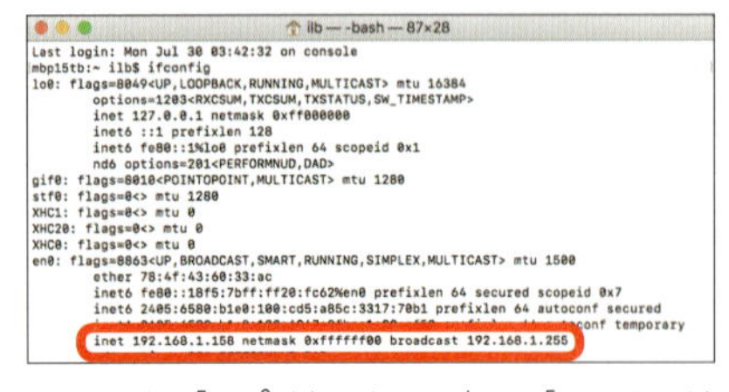


Macでは、「アプリケーション」→「ユーティリティ」→「ターミナル」を起動して、「ifconfig」と入力し、Enterキーを押します。いろいろな情報が表示されますが、サブネットマスクが16進数で表示されているなど、ややわかりづらいかもしれません。

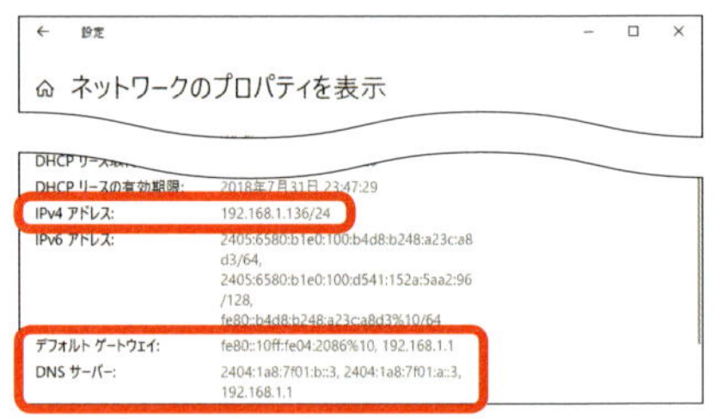


コマンドプロンプトでのコマンド入力に慣れないなら、「設定」アプリから「ネットワークとインターネット」→「状態」→「ネットワークのプロパティを表示」をクリックすると、この画面が表示されます。

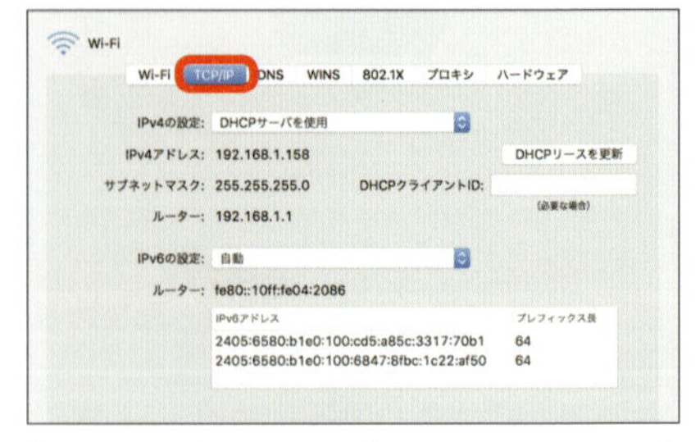


「システム環境設定」→「ネットワーク」から使用中のネットワークを選択して、「詳細」→「TCP/IP」タブをクリックすると、このように重要な設定がまとめて表示されます。

Chapter
3

# Wi-Fiネットワークを構築する

まだ自宅にWi-Fiルーターがない人は、購入して設置してみましょう。手順はそれほど難しくなく、本書を参考にすれば、誰でも設置と初期設定はできるはずです。また、製品選びのコツにも触れています。

Wi-Fiルーターのしくみや役割を知っておこう

# Wi-Fiルーターを設置する前に知っておくべきこと

**Wi-Fiルーターはインターネットに接続するためにさまざまな役割を持っています。ここでは、ルーターの役割やしくみを紹介していきましょう。**

## Wi-Fiルーターって何をするもの?

Wi-Fiルーターは、「無線でインターネットに接続するために必要な機械」というのは、多くの人が知っていることでしょう。しかし、実際にどのような役割を果たし、どのようなしくみで動いているかはよくわからないという人も少なくないはずです。詳しい機能や役割を知っておけば、まさかのトラブルのときも問題が切り分けられるようになるので、ぜひ理解しておきましょう。

### Wi-Fiルーターのしくみと役割

#### ONUが信号を変換してネットに接続

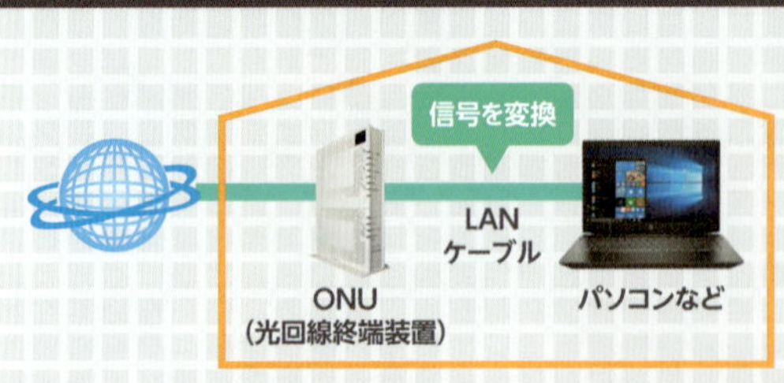


パソコンなどのデータはデジタル信号のため、そのままではインターネットで送受信できません。そこで必要になるのが「ONU」(回線終端装置)です。これは光回線で必要な装置で、デジタル信号を光信号に変換します。これにより、インターネットに接続できるようになります。なお、ADSL回線の場合は「モデム」が必要になります。

#### 複数台の端末を接続できるルーター

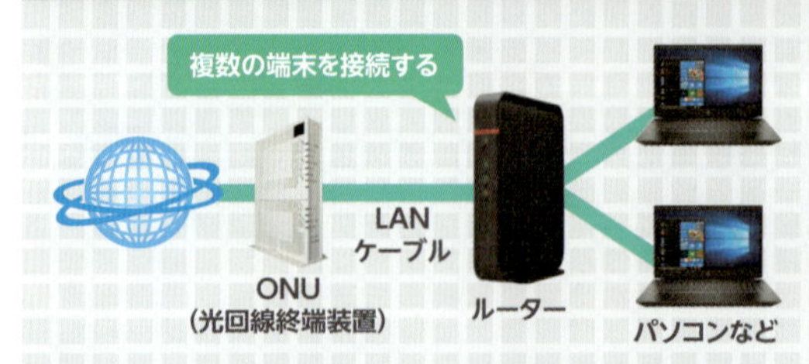


ルーターはパソコンなどの複数の機器をインターネットに接続したいときに使用する装置です。ONU単体では、1台の端末を有線でしか接続できませんが、ルーターを介せば複数台の端末を接続できるようになります。

## Wi-Fiルーターは無線で接続できる

ルーターは有線と無線の2種類があり、Wi-Fiルーターは無線に対応した装置です。Wi-FiルーターでもLANポートを備えているモデルなら有線接続も利用できます。

## 電波の届かない場所は中継機で拡張

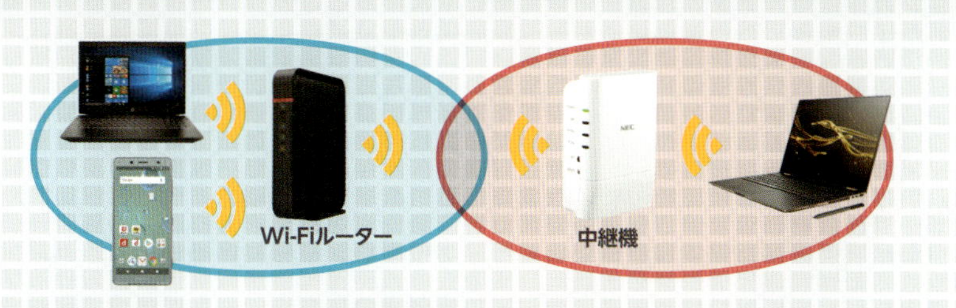


Wi-Fiで接続する場合、ルーターの電波の範囲内で接続する必要があります。もし、電波が届かない場所がある場合、中継機を使えばWI-Fiのエリアを広げることができます。

### Point ルーターに付いているUSB端子は何に使う?

Wi-Fiルーターには、USB端子を搭載しているモデルもあります。ここに外付けハードディスクなどを接続すれば、同じネットワークに接続している端末でファイルを共有できるようになります。また、プリンターを接続すれば、共用プリンターとしての利用も可能です。

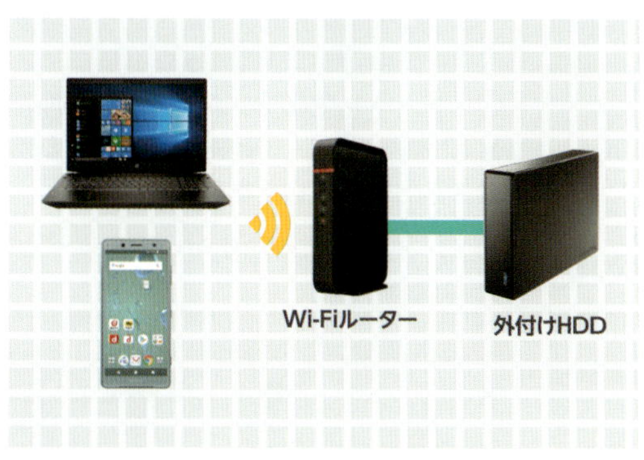


USB端子に外付けハードディスクを接続すれば、ファイル共有サーバーとしての利用が可能になります。

## Wi-Fiの通信規格や暗号化にはどんなものがある?

Wi-Fiにはさまざまな規格が存在します。特に覚えておきたいのが、速度に関わる無線LANの通信規格です。これは、「IEEE802.11」の文字列で始まるもので、末尾のアルファベットによって規格が変わってきます。また、利用する規格によって利用する周波数の帯域に違いがあるのもポイントです。また、Wi-Fiには暗号化の規格も複数の種類があります。暗号化は、やり取りするデータを守るために必要なものなので、覚えておいたほうがいいでしょう。

### Wi-Fiの通信規格

#### 通信規格の最高通信速度と周波数帯

| 通信規格 | ストリーム数 | 最大通信速度 | 周波数帯域 |
|---|---|---|---|
| 11ad | 1ストリーム | 6700Mbps | 60GHz |
| 11ac | 最大8ストリーム | 6900Mbps(8ストリーム)<br>1733Mbps(4ストリーム) | 5GHz |
| 11n | 最大4ストリーム | 600Mbps(4ストリーム) | 2.4GHz/5GHz |
| 11a | 1ストリーム | 54Mbps | 5GHz |
| 11g | 1ストリーム | 54Mbps | 2.4GHz |
| 11b | 1ストリーム | 11Mbps | 2.4GHz |

無線LANには、周波数の帯域やそのほかの違いから6つの規格が利用されており、現在主流となっている規格が「11ac」です。なお、最新規格「11ad」は、まだ対応機器が少ないのが現状です。

#### 周波数帯の特徴

| 周波数帯域 | メリットとデメリット |
|---|---|
| 60GHz | ○ 1チャネルで6700Mbpsの高速通信に対応<br>× 障害物に弱く、電波を遠くに飛ばせない<br>× 11adに対応した機器が必要 |
| 5GHz | ○ 同一の周波数帯を使用する機器がないため、電波干渉が少ない<br>× 障害物に弱い |
| 2.4GHz | ○ 波長が長いため障害物の回りこみなどに強い<br>× 電子レンジ・無線キーボード・マウス・Bluetoothなどと干渉しやすい |

通信規格によって利用する周波数帯が異なります。2.4GHzは障害物に強いが電波の干渉を受けやすい、5GHzは高速通信が可能だが障害物に弱い、といった特徴があります。「11ad」が利用する60GHzは、5GFzを越える高速通信が可能ですが、間に人や障害物が入ると通信が遮断されてしまうため、狭い部屋内といった限定的な利用方法になります。

## Wi-Fiの暗号化規格

### Wi-Fiの暗号化って何？

暗号化とは、WI-Fiでやり取りするデータを暗号化し、中身を読み取られないようにする仕組みです。暗号化対策が脆弱だと、通信内容を読み取られる恐れが高くなります。

### 認証と暗号化の種類

| 認証方式 | 特徴 |
|---|---|
| WPA2 | WPAを改良した規格。暗号化方式にAESが採用されている |
| WPA | WEPの脆弱性対策として策定された規格。暗号化方式にTKIPが採用されている。なお、暗号化方式にAESを利用することも可能 |
| **暗号化方式** | **特徴** |
| AES | 米国商務省標準技術研究所（NIST）が選定した暗号化方式。現時点ではもっともセキュリティ強度が高い |
| TKIP | パケットごとに暗号化キーを変更する機能や、メッセージごとに改ざんを防ぐ機能が盛り込まれているが、脆弱性が指摘されている |
| WEP | Wi-Fiが普及し始めた当初から使われていた暗号化規格。多数の機器が対応しているが、暗号の強度は弱く、容易に解読されてしまう |

暗号化されていないネットワークや「WEP」は非常に脆弱なため、利用しないほうがいいでしょう。もっとも安全なのが、「WPA2」と「AES」の組み合わせです。

### COLUMN 次世代のWi-Fi通信規格「11ax」「11ay」

現在、さらに高速な通信規格の標準化が進められています。「11ax」は「11ac」の後継規格で、最大9.7Gbpsの高速通信に対応、消費電力を低くするための機能なども付加される予定です。また、「11ad」の後継規格として「11ay」の標準化も進められています。どちらも2019年以降に対応したルーターや端末が登場する予定です。

| 通信規格 | 特徴 | 標準化の予定 |
|---|---|---|
| 11ax | 11acの後継規格。11acに比べ、約1.5倍にあたる約9.7Gbpsの最大伝送速度で通信できるようになる。また、電波状況のよいときの通信が高速化されているのも特徴 | 2018〜2019年 |
| 11ay | 11adの後継規格。60GHz帯を利用する11ad規格を拡張し、20Gbpsの通信速度を実現する予定になっている | 2019年 |

「11ax」対応のルーターや端末は2019年頃から登場する予定です。「11ay」の標準化は2019年11月の予定のため、2020年頃から対応製品が出てくるでしょう。

製品の外箱でルーターの性能をチェックしよう

# 使い方にあった Wi-Fiルーターを選ぶには

WI-Fiルーターのパッケージにはさまざまな情報が書かれています。これらの情報はポイントを押さえれば、ルーターの性能が大体わかります。

## Wi-Fiルーターの性能は外箱で見抜ける!

Wi-Fiルーターのパッケージに書かれている情報のほとんどが専門用語で、はじめてルーターを選ぶ人にとってはわかりづらいものでしょう。しかし、適当に選ぶと速度が遅くて使えなかったり、必要以上に高スペックで高価すぎたりということもあります。パッケージの情報は一見わかりづらいように感じますが、ポイントを押さえて読み解けば、ルーターの性能を把握できます。

### 特にチェックしておきたいポイントは?

#### 通信規格と最大通信速度を確認する

必ず確認しておきたいのが、通信規格です。現在主流の通信規格は「11ac」なので、対応した製品を選ぶのがおすすめです。最大通信速度とストリーム数もチェックしておきましょう。

#### 外部アンテナの有無を確認する

製品本体の写真を確認し、外部アンテナの有無を確認します。外部アンテナは電波を飛ばす角度を調整できるので、2階建て以上の家屋に威力を発揮します。

## 推奨環境や付加機能を確認する

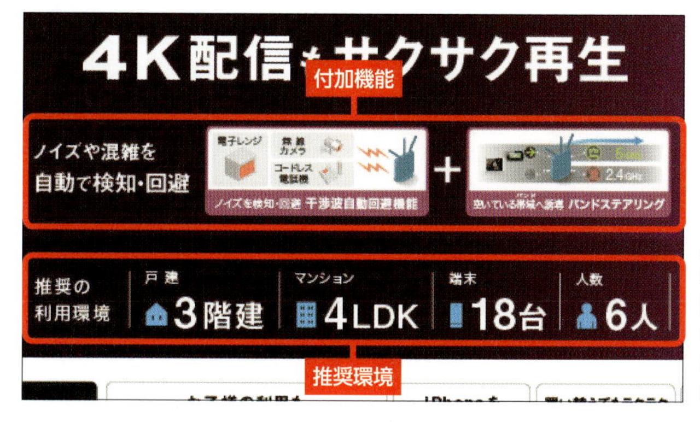


ルーターが対応する推奨環境を確認し、自分の利用環境に合っているかを確認しましょう。また、付加機能にはどのようなものがあるかも確認します。

## 対応OSを確認する

ルーターが対応しているOSが記載されています。自分の使っているパソコンやスマホで利用できるかどうかを確認しておきましょう。

## 有線LANの通信速度もチェック

いくらWi-Fiが高速でも、有線LAN（WAN側）の通信速度が遅いとインターネット接続が低速になってしまいます。できるだけ1000Mbpsに対応した製品を選びましょう。

## Attention!! スペックの表記はメーカーごとに異なる

パッケージなどに書かれているスペックは、メーカーによって記述方法が違うこともあるので注意が必要です。たとえば、ストリーム数は「3×3」のように記述するのが一般的ですが、バッファローの場合はこの数字が「5GHz帯×2.4GHz帯」を示すのに対し、NECの場合は「送信×受信」となっており、意味がまったく異なります。数値だけで単純に比較できない点に留意しましょう。

## 付加機能やストリーム数をチェックしよう

Wi-Fiルーターには、Wi-Fi接続をより快適にするための付加機能があります。特に「ビームフォーミング」や「干渉波自動回避」などの機能は、通信速度の低下を防ぎ、通信を安定させるための機能ですので、有無を確認しておいたほうがいいでしょう。また、ルーターのストリーム数は通信速度と密接に関係しているので要チェックです。家族と同時に使ったり、複数台の子機を同時に接続するシーンが多い場合は、これらの表記も確認しておきましょう。

### ビームフォーミングや干渉波自動回避などの機能をチェック

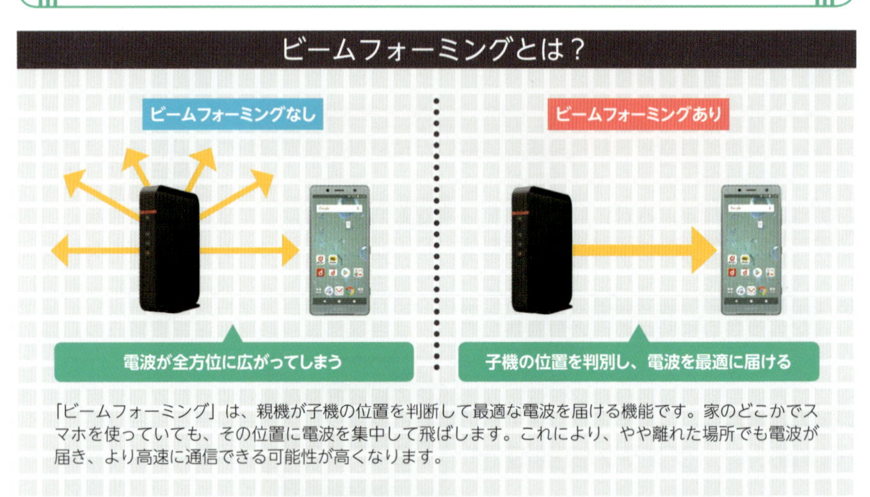


「ビームフォーミング」は、親機が子機の位置を判断して最適な電波を届ける機能です。家のどこかでスマホを使っていても、その位置に電波を集中して飛ばします。これにより、やや離れた場所でも電波が届き、より高速に通信できる可能性が高くなります。

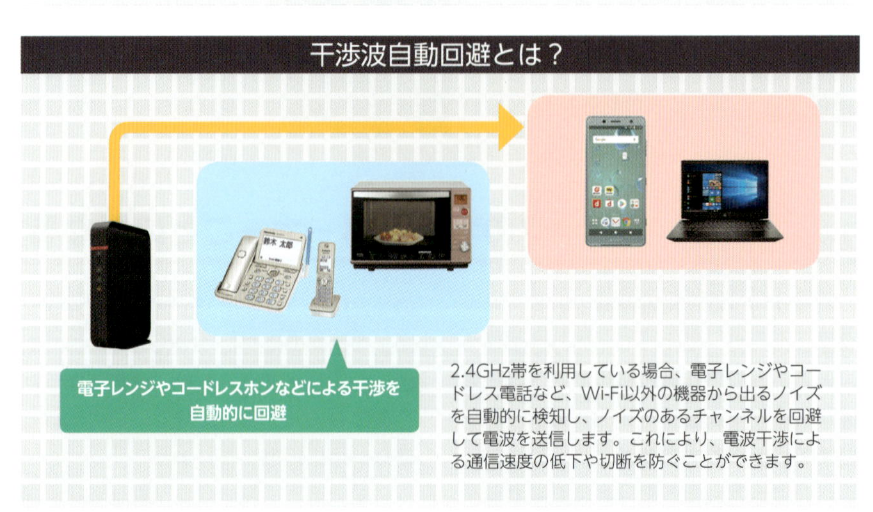


2.4GHz帯を利用している場合、電子レンジやコードレス電話など、Wi-Fi以外の機器から出るノイズを自動的に検知し、ノイズのあるチャンネルを回避して電波を送信します。これにより、電波干渉による通信速度の低下や切断を防ぐことができます。

## 通信速度に密接な関係があるストリーム数をチェック

### ストリーム数が多いほど通信速度が向上

| 通信規格 | ストリーム数 | | | |
|---|---|---|---|---|
| | 1 | 2 | 3 | 4 |
| 11ac (5GHz/80MHz) | 433Mbps | 867Mbps | 1300Mbps | 1733Mbps |
| 11n (2.4GHz/40MHz) | 150Mbps | 300Mbps | 450Mbps | 600Mbps |

同じ通信規格でも、ストリーム数によって通信速度が異なってきます。複数のストリームを束ねて通信できるので、その分高速化します。

「MIMO」のみに対応したルーターは、アンテナがたくさん搭載されていても、一度に通信できるのは1台の子機のみです。一方「MU-MIMO」対応ルーターは、複数の子機と同時に通信ができます。そのため、複数台の子機を同時に使うことが多ければ、「MU-MIMO」対応の製品を選びましょう。

### COLUMN メーカーサイトで製品の詳細をチェックしよう

Wi-Fiルーターのパッケージでもだいたいの性能は把握できますが、より詳細な情報を知りたいときは、メーカーの製品ページを参照するのがおすすめです。購入を検討しているルーターが決まっているなら、型番で検索して製品の仕様をしっかりチェックしておきましょう。

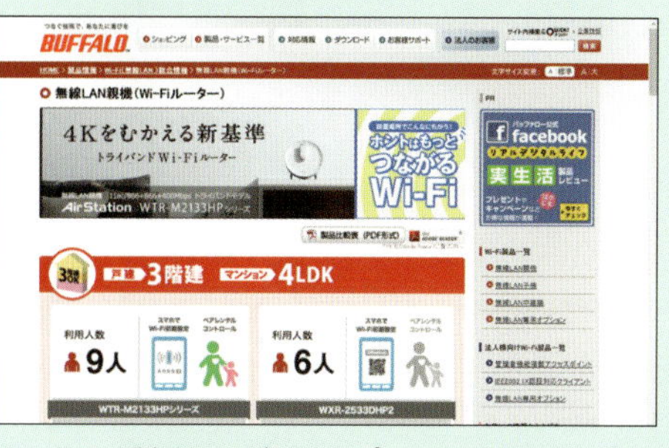


メーカーの製品ページでは、パッケージではわからない細かな仕様も確認することができるので、購入前にチェックしておくのがおすすめです。

実際にWi-Fiルーターを設置してインターネットにつなごう

# Wi-Fiルーターの初期設定をしてみよう

実際にWi-Fiルーターを設置して初期設定を行ってみましょう。ここではバッファローのルーターを使って接続します。

## はじめにWi-Fiルーターを設置する

はじめにWi-Fiルーターの設置場所を検討しましょう。利用する場所の中央付近で、見通しのいい場所に設置すると、まんべんなく電波が届いて快適に利用できます。なお、電子レンジやコードレス電話など、電波干渉するものからは離して設置しましょう。

設置場所が決まったら、ケーブル類を接続し、事前の準備を行います。この際、間違った場所に接続しないように注意しましょう。

ここでは「WTR-M2133HP」（バッファロー）にiPhoneで接続する場合を例に手順を説明します。

### Wi-Fiルーターを設置する

#### 1 ルーターのスイッチを確認する

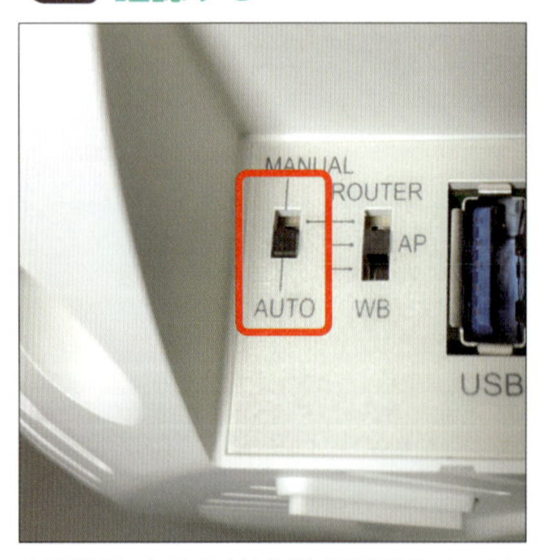


本体背面にある「MANUAL/AUTOスイッチ」を「AUTO」に合わせます。

#### 2 ルーターを電源などに接続する

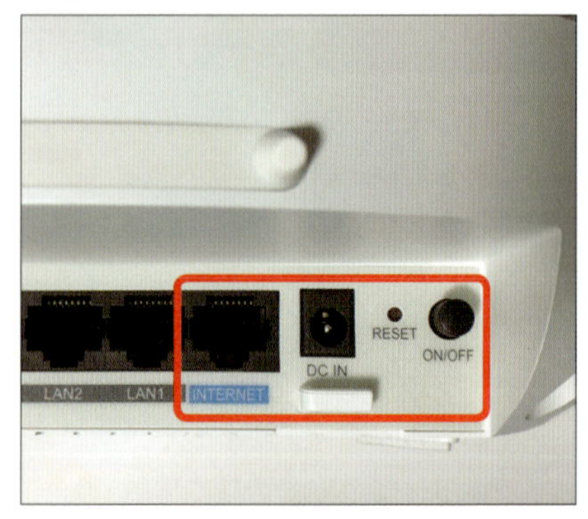


プロバイダーから提供された機器と本機器のINTERNET端子（WANという表記の場合もあります）をLANケーブルで接続します。次にACアダプタを接続し、電源ボタンをオンにします。

## 3 AOSSを有効にする

POWERとWIRELESSのランプが白く点灯したら、AOSSボタンを約1秒間押し続けます。WIRELESSランプが2回ずつ点滅します。

## 4 アクセスポイントに接続する

docomo 19:21
< 設定 Wi-Fi
Wi-Fi
✓ googleAP
インターネット共有
Shigeru Iwabuchi's iPhone6s 4G
Shigeru Iwabuchi's iPhoneX 4G
ネットワークを選択...
!AOSS-4EC0
Buffalo-4EC0
ESSID-AOSS
オフィス.o
テレビ
その他...

接続する機器のWi-Fi画面を表示し、「!AOSS～」とあるアクセスポイントを選択して接続します。

### Point 3本の電波で混雑を解消するWi-Fiルーター

2.4GHz帯、5.2/5.3GHz帯、5.6GHz帯の3つの帯域で同時に通信可能なトライバンドに対応したWi-Fiルーター。指向性アンテナを1本搭載しており、電波のとおりにくい場所へ向けることで、通信品質を向上できるルーターです。

バッファロー
WTR-M2133HP
実勢価格：2万6630円

## 誰でも簡単に接続できるAOSS

「AOSS」はルーターのボタンを押すだけでWi-Fiに接続できる機能です。ただ接続するだけでなく、セキュリティに関する設定も自動で行われるので、専門知識がなくても簡単にWi-Fiの設定を完了させることができます。

AOSSで接続する場合、無線LANルーターに付属されているセットアップカードが必要になります。あらかじめ用意しておきましょう。

なお、環境によってはプロバイダー情報の入力が必要な場合があります。プロバイダーから届いた各種資料も用意しておきましょう。

### AOSSを使って接続する

#### 1 AOSSキーを入力する

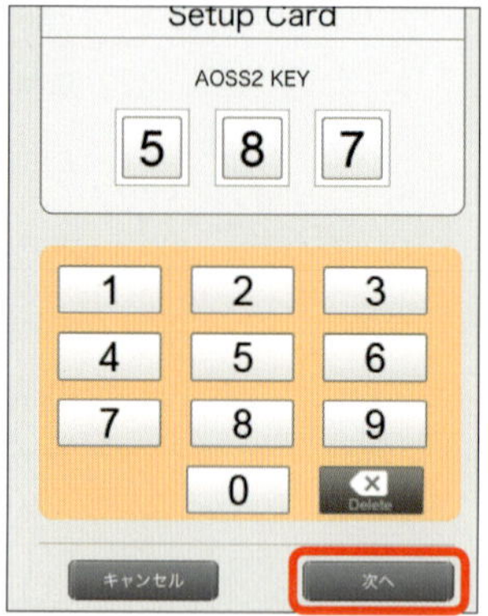


ブラウザーを開き、「http://86886.jp/set/」にアクセスします。AOSSキーの入力画面が表示されるので、セットアップカードに記載された3桁の数字を入力して「次へ」をタップします。

#### 2 Webサイトを開く

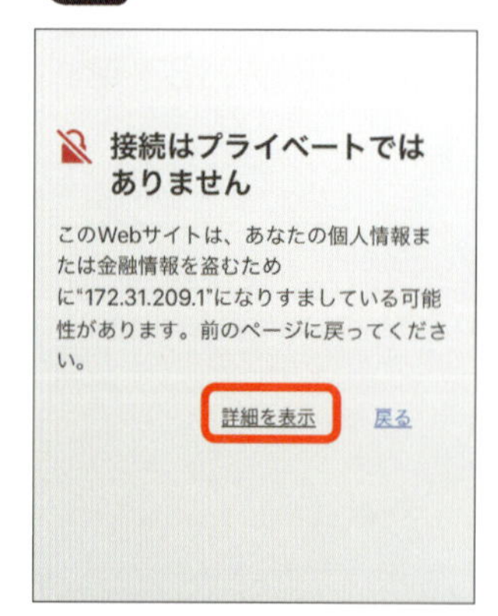


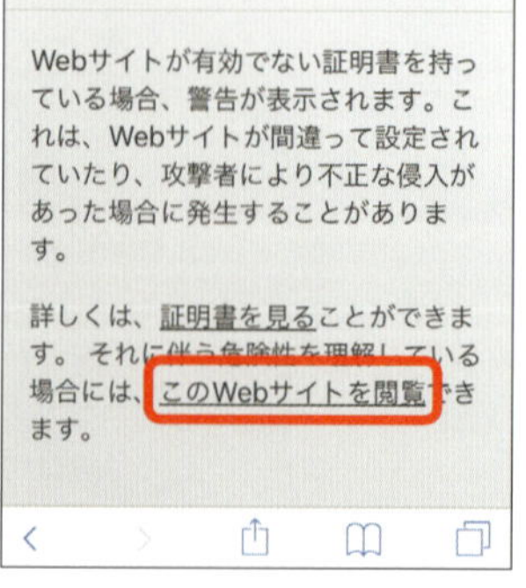


環境によっては「プロバイダー情報の設定」画面が表示されるので、各項目を入力します。次に進むと警告画面が表示されるので、「詳細を表示」→「このWebサイトを閲覧」をタップします。

# 3 Webサイトの閲覧を許可する

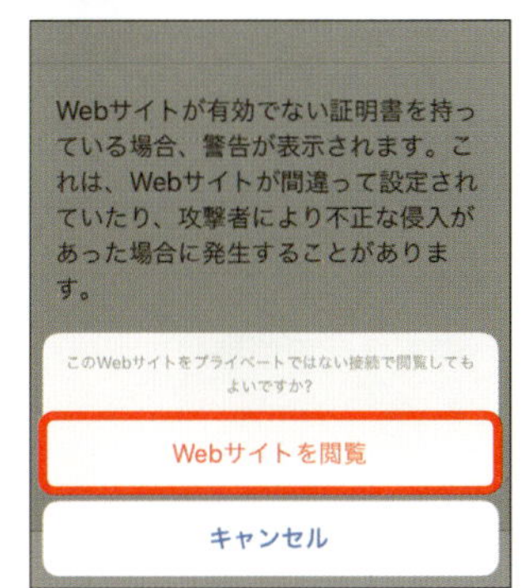


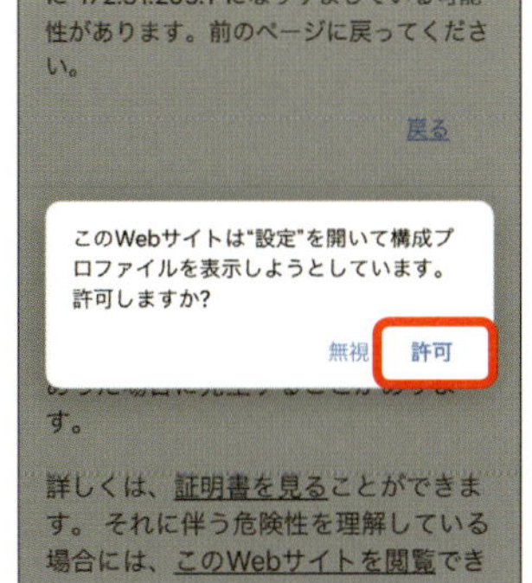


警告メッセージが表示されるので、「Webサイトを閲覧」をタップ。再度確認のメッセージが表示されるので「許可」をタップします。

# 4 構成プロファイルをインストールする

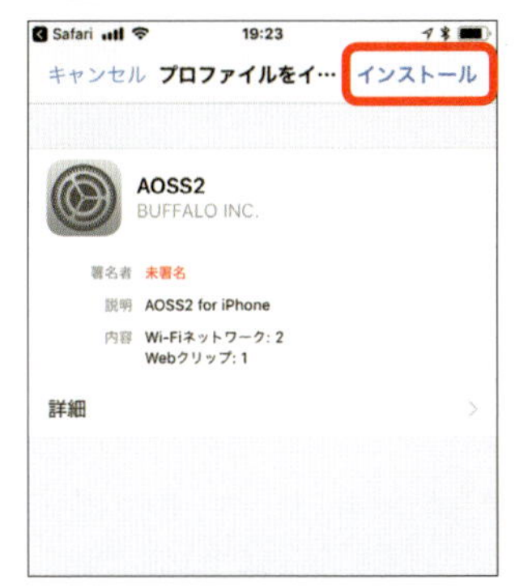


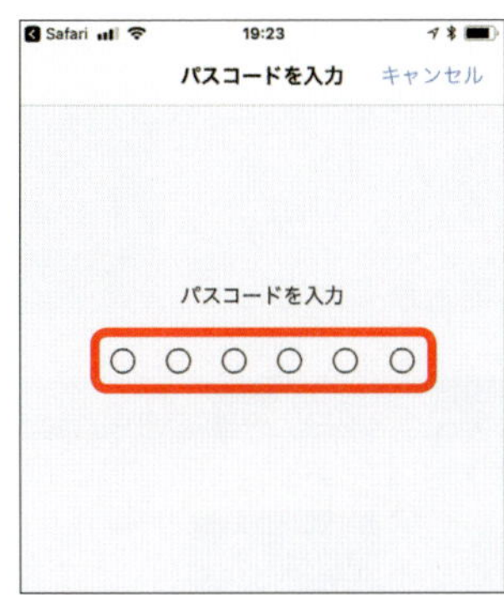


構成プロファイルのインストール画面が表示されるので、「インストール」をタップ。iPhoneに設定したパスコードを入力します。あとは画面の指示にしたがってインストールすれば設定が完了します。

## COLUMN Androidは「AOSS」アプリをインストールする

Androidで接続する場合、「AOSS」アプリをインストールして設定します。AOSSキーを入力したあと、アプリをインストールするためのリンクが表示されるので、ここをタップすればインストールできます。

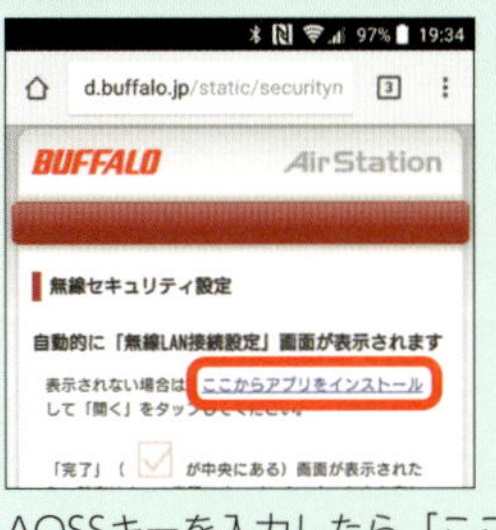

AOSSキーを入力したら「ここからアプリをインストール」をタップします。Playストアに移動するので、表示されたアプリをインストールして開きます。

COLUMN

# 工事不要のホームルーターに過大な期待は禁物?

「ホームルーター」とは、自宅に設置してスマホやパソコンからWi-Fiで接続し、インターネットを利用できるようにする機器です。光回線のような工事や面倒な手続きが不要で、設定も簡単なので、手軽に使い始められるのがメリットです。ただし、接続にはモバイルインターネット回線であるLTEやWiMAXを利用するため、速度が遅かったり、通信が不安定になったりすることもあります。また、通信速度の割に料金が高いことや、スマホのように2年縛りがある場合が多いことも考えると、導入は慎重に検討したほうがよいでしょう。

### ホームルーターのメリットとデメリット

| | |
|---|---|
| メリット | ・工事不要で即使用可能<br>・光回線の届かない地域でも使用できる<br>・Wi-Fiの電波はモバイルルーターより安定している |
| デメリット | ・持ち運ぶことができない<br>・タッチパネルがないので設定が難しい<br>・コンセントがなければ使えない<br>・光回線に比べ通信品質が落ちる |

### ホームルーターのしくみ

ホームルーターは、無線の固定回線という位置付けで、LTEまたはWiMAXでインターネットに接続します。Wi-Fiルーターとしての機能もあるので、自宅内ではWi-Fiでの接続が可能。自宅専用のモバイルルーターと考えるとわかりやすいでしょう。

「SoftBank Air」や「UQ SPEED Wi-Fi L01S」などのクチコミをチェックすると、速度が遅い、つながりにくいといった投稿がよく見られます。また、契約にはスマホのような縛りがあるので、十分な検討が必要です。

Chapter
4

# Wi-Fiの通信速度をアップする

最近、なぜかネットが重いような気がする……。そんなときは、通信速度をチェックしてみましょう。もし本当に遅いようなら、Wi-Fiルーターの置き場所を変更したり、メッシュネットに置き換えたりするといいでしょう。

気になる速度の現状を把握する！

# まずは通信速度をできるだけ精確に測定する

通信速度の改善を図るうえで、まず確認したいのが通信回線の現状速度です。契約している回線プランの最大速度に準じた速度が出るかどうか確認しましょう。

## 現在使っている回線品質を把握しよう

契約している通信回線の本来の能力を確認するために、Wi-Fiではなく、あえてパソコンと回線終端装置を有線接続して速度を測定してみましょう。まず、契約している通信会社（NTTなど）のホームページで、現在利用している通信回線の最大速度を確認しておきます。その後、Wi-Fi機能をオフにしたうえで、有線LANでインターネットに接続し、測定サイトで通信速度を計測します。

### 有線接続で速度を測定して回線能力をチェック

### 1 契約中の光回線のスペックを確認

ここでは、NTT東日本が展開する「フレッツ光ネクスト　ファミリー・ハイスピードタイプ」（プロバイダーは「hi-ho」）の通信回線を測定します。最大速度の理論値を確認すると、下りが200Mbps、上りが100Mbpsとなっています。

### 2 LANケーブルで有線接続

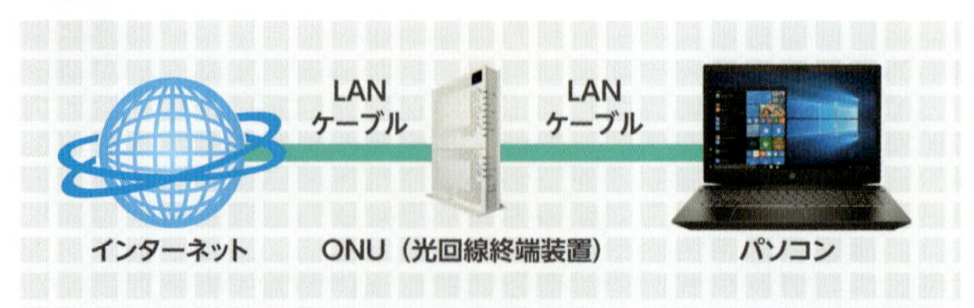


回線の本来の能力を知るために、Wi-Fi機能をいったんオフにして、左図のように回線終端装置とパソコンをLANケーブルで有線接続します。

## 3 計測サイトで通信速度を測定

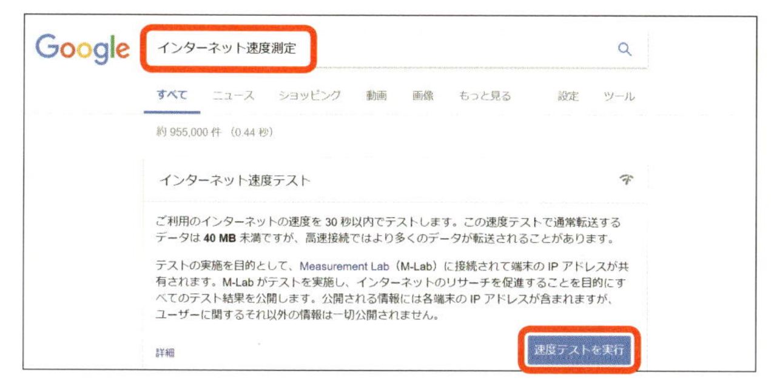


有線LANでインターネットに接続したら、Google検索で「インターネット速度測定」と検索します。検索結果の一番上に表示された「速度テストを実行」をクリックします。

## 4 測定結果が表示される

しばらくすると通信速度の測定結果が表示されます。左側の数字が下り速度、右側が上り速度になります。

## リンクアップ速度で理論上の最大速度を確認

インターネットの速度には、計測による実効速度とは別に、「リンクアップ速度」と呼ばれる数値があります。これは、LANアダプターやケーブルなどの通信関連デバイスが実現しうる理論上の最大速度を示したもので、簡単に調べることができます。

リンクアップ速度は、Windowsの「コントロールパネル」→「ネットワークの状態とタスクの表示」→「アダプターの設定の変更」をクリック。調べたいアダプターをダブルクリックします。この例では最大値が1Gbpsでした。

## Wi-Fiの通信速度を測定する

有線接続で通信回線の品質を把握できたら、いよいよWi-Fi接続で速度を測定してみましょう。手順としては、有線接続のときと同様です。Wi-Fi接続の場合は、使用しているWi-Fiルーターの規格にもよりますが、5GHzの周波数帯で接続したほうが電波干渉などの影響を受けにくく、より精確な速度が測定できておすすめです。また、Wi-Fiの場合も前ページで紹介した方法でリンクアップ速度を調べることができます。なお、ここではIEEE802.11acで接続して速度を計測しています。

### Wi-Fi速度をチェックする

#### 1 ルーターを経由してWi-Fi接続

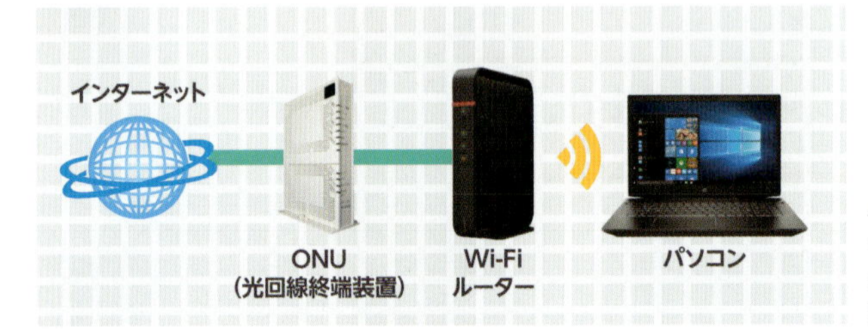


上図のように回線終端装置とWi-Fiルーターを接続し、パソコンとルーターをWi-Fiで接続します。

#### 2 リンクアップ速度を確認

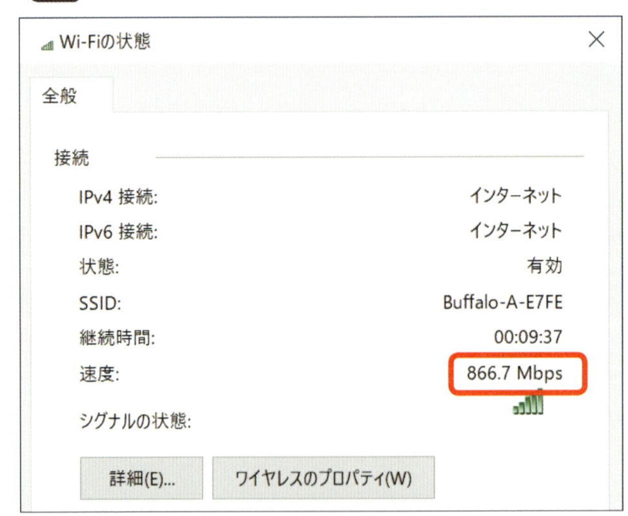


Wi-Fiでインターネットに接続したら、念のためにリンクアップ速度を確認しましょう。「コントロールパネル」→「ネットワークの状態とタスクの表示」→「アダプターの設定の変更」をクリック。調べたいWi-Fi接続をダブルクリックします。この例では、866.7Mbpsでした。

## 3 通信速度を測定する

有線接続のときと同様にGoogleの速度測定サイトから計測しました。この例では下りが180.2 Mbps、上りが90.6Mbpsとなりました。

## 通信速度はタスクマネージャーでも確認可能

Windowsのタスクバーを右クリック→「タスクマネージャー」→「パフォーマンス」タブで、「イーサネット」や「Wi-Fi」を選択するとリアルタイムで通信速度を確認できます。

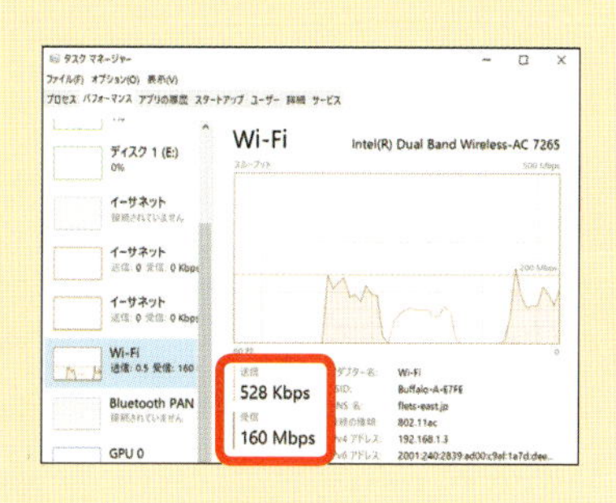


## COLUMN 速度測定はサイトによって異なる結果に

速度計測サイトは多数ありますが、測定結果はサイトによって微妙に異なります。ここでは、実際に有名な計測サイトを使って測定値を比較してみました。できるだけ精確な速度を把握するには、複数のサイトで測定してみて、平均的な数値を求めるのもひとつの手です。ただし、測定する時間帯の違いも速度のブレの要因になるので注意しましょう。

| サイト名 | 有線計測結果 | Wi-Fi計測結果 |
| --- | --- | --- |
| SPEEDTEST<br>(http://www.speedtest.net/) | 下り191.93Mbps<br>上り95.63Mbps | 下り191.19Mbps<br>上り94.87Mbps |
| 速度.jp スピードテスト 高機能版<br>(http://zx.sokudo.jp/) | 下り191.72Mbps<br>上り99.12Mbps | 下り163.59Mbps<br>上り25.52Mbps |
| RBB SPEED TEST<br>(http://speed.rbbtoday.com/) | 下り168.2Mbps<br>上り75.8Mbps | 下り122Mbps<br>上り96.4Mbps |
| NUROオリジナル通信速度測定システム<br>(http://www.nuro.jp/speedup/) | 下り190.0Mbps<br>上り95.87Mbps | 下り162.6Mbps<br>上り94.99Mbps |
| BNRスピードテスト<br>(http://www.musen-lan.com/speed/) | 下り386.91Mbps<br>上り235.29Mbps | 下り287.38Mbps<br>上り94.87Mbps |

計測するタイミングなどによる違いを考慮しても、測定結果にはかなりの違いがあることがわかります。「BNRスピードテスト」は、契約回線の最大速度以上が出てしまうため、正確性には疑問が残ります。

## Wi-Fiのチャンネルの混雑具合を確認しよう

Wi-Fiの周波数帯には、2.4GHz帯と5GHZ帯の２つの周波数帯があります。各周波数帯は、複数の区分に分けられており、このひとつひとつを「チャンネル」と呼びます。一般的なルーターの場合、空いているチャンネルを自動的に選択するようになっていますが、近くの会社や個人宅などで同じチャンネルを使ってWi-Fiを利用していると、電波が干渉して速度低下の原因になってしまいます。まずは、現在使用しているWi-Fiのチャンネルが混雑しているかどうか、Windows用アプリ「Wi-Fi Analyzer」で確認しましょう。

### 「Wi-Fi　Analyzer」でチャンネルを調べる

#### 1 利用地域を選択する

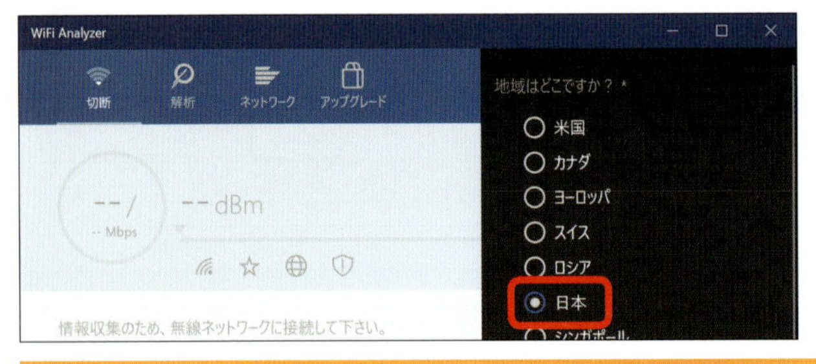


「Wi-Fi Analyzer」を起動したら、地域の選択画面が表示されるので「日本」を選択して「閉じる」をクリックします。

**Wi-Fi Analyzer**
開発者●Matt Hafner　対応OS●Windows 10　価格●無料
URL●https://www.microsoft.com/ja-jp/p/wifi-analyzer/9nblggh33n0n

#### 2 Wi-Fiの状態が表示される

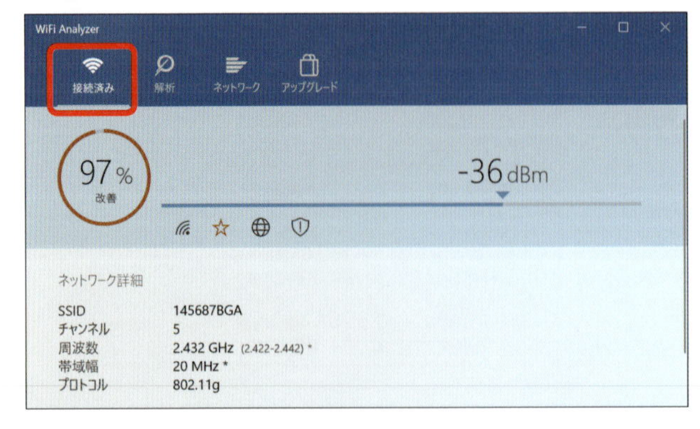


「接続済み」タブを開くと、SSID、使用周波数帯とチャンネル、プロトコルなどの詳細を表示してくれます。

## 3 チャンネルや電波強度を表示する

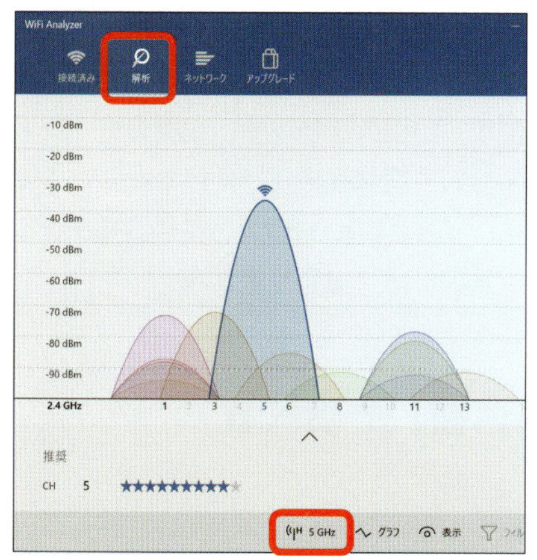

「解析」タブを開くと、2.4GHz帯の混雑具合と電波強度をグラフで表示してくれます。Wi-Fiマークがある山が、自分が接続している親機を示し、山の高さが電波強度を表しています。そのほかの山のひとつひとつが近隣の親機で、この画面の例では、同じチャンネルで多数の親機が利用されているため、非常に混雑しているのがわかります。

## 4 チャンネルや電波強度を表示する

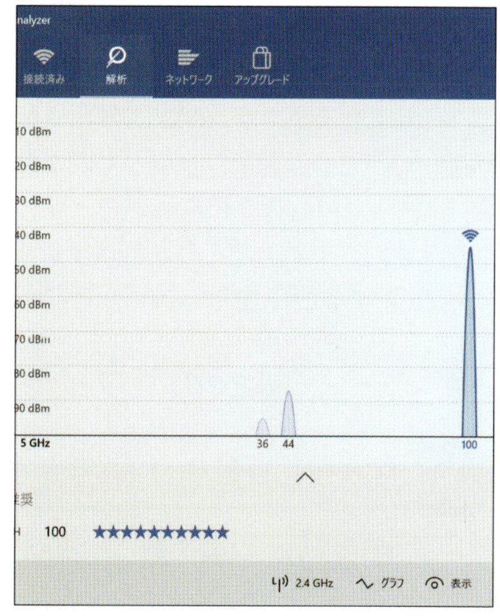

手順3の画面の下部にある「5GHz」をクリックすると、5GHz帯の混雑状況を確認できます。2.4GHz帯に比べると、かなり空いているのがわかります。

### Point 2.4GHz帯は5GHz帯より混雑しやすい

「Wi-Fi Analyzer」でもわかるように、2.4GHz帯は非常に混雑しやすくなっています。2.4GHz帯は13チャンネル（11bは14チャンネル）あるものの、実際には隣接するチャンネルとは周波数帯が重なるため、どうしても混雑しやすいのです。一方、5GHz帯はチャンネルの使用する周波数帯が重ならず、チャンネル数も19個あるので、混雑しにくいのが特徴です。

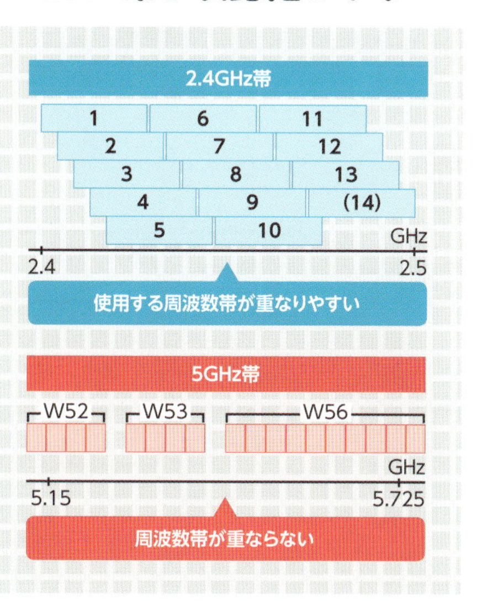

## ツ Macやスマホでもチャンネル状況を調べられる

Wi-Fiに接続しているのがMacやスマホの場合でも、チャンネルの混雑状況を調べることができます。Macの場合は標準で「ワイヤレス診断」という機能が搭載されていおり、Wi-Fiネットワークの状態を表形式で調べることができます。また、スマホの場合は、Androidなら「WiFi見える化ツール - WiFi Visualizer」というアプリが使いやすくおすすめです。山型のグラフで、親機のチャンネル分布や電波強度がひと目で把握できます。なお、iPhoneの場合は残念ながらこの種のアプリはありません。

### Macの「ワイヤレス診断」で調べる

#### 1 ワイヤレス診断を起動する

「option」キーを押しながらWi-Fiメニューをクリックし、「"ワイヤレス診断"を開く」をクリックします。

#### 2 スキャンを実行する

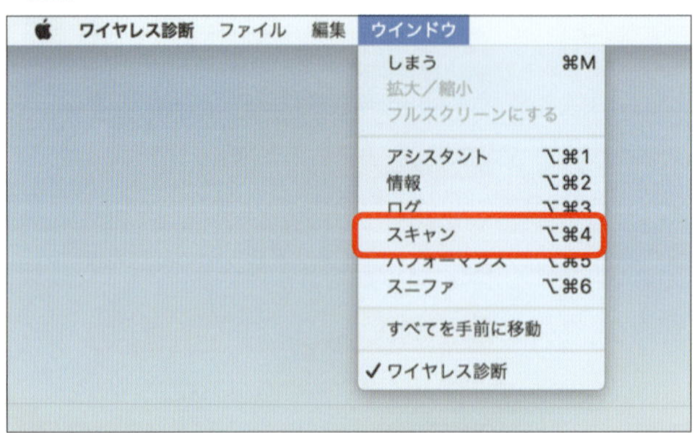


ワイヤレス診断メニューの「ウィンドウ」をクリックし、「スキャン」をクリックします。

## 3 スキャン結果をチェック

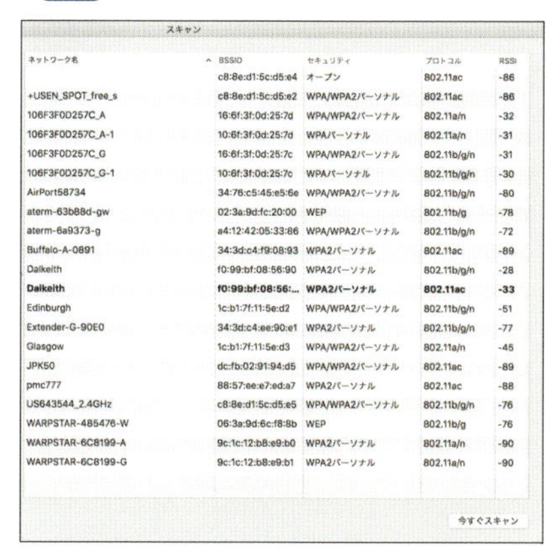


スキャン結果が表示され、現在自分が使用しているネットワークの情報は太字で表示されます。同じチャンネルや近いチャンネルを使用しているネットワークがほかにもたくさんある場合は、混雑しているといえます。

## 4 最適チャンネルがわかる

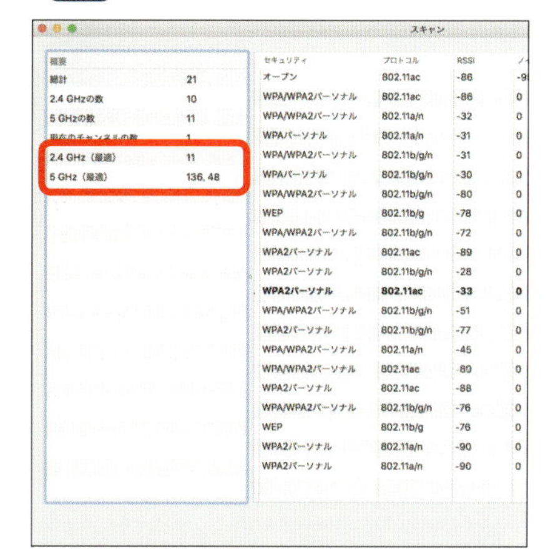


ワイヤレス診断では、スキャン結果の左端で2.4GHz帯、5GHz帯それぞれの最適チャンネルを確認できます。後述する改善方法では、この最適チャンネルを参考にするといいでしょう。

## Android用アプリ「WiFi Visualizer」で調べる

### 1 Wi-Fiの状態を確認する

「WiFi Visualizer」を起動すると、SSIDや使用周波数帯、チャンネルなどのネットワーク詳細が表示されます。

**WiFi見える化ツール - WiFi Visualizer**
開発者●ITO Akihiro
対応OS●Android　価格●無料

### 2 チャンネルの混雑状況を確認

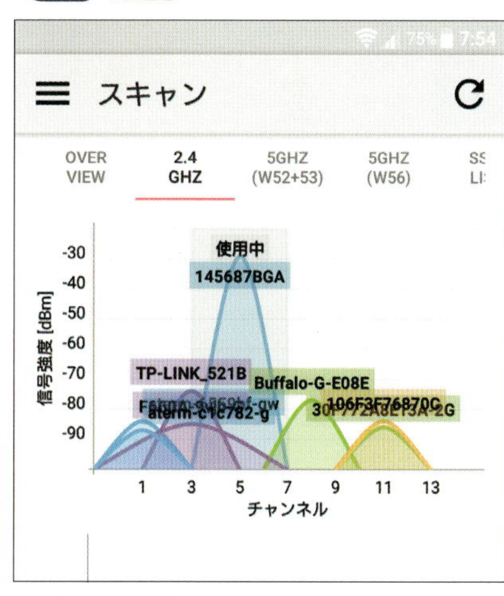


アプリを起動し、画面上部のメニューで「2.4GHZ」をタップすると、このように2.4GHz帯の混雑状況と電波強度をグラフで確認できます。同様に5GHzの状況も確認できます。

速度が出ない理由はどこにある？

# 通信速度が遅い原因を探ろう

回線の最大速度に比べて、実際の速度がかなり低いときは、有線接続、Wi-Fi、それぞれで速度低下の原因を調べてみます。

## 速度低下の要因をひととおりチェック

有線でも実測速度が低い場合は、まずは回線の契約内容や通信機器を確認しましょう。何気なく使っていると、なかなか自分の契約内容を確認する機会はありません。契約回線の種類を勘違いしていたり、家族が契約内容の変更をしていることもありうるので、今いちど契約内容をきちんと見直して最大速度を確認しましょう。契約回線が不満なら、より最大速度が出るプランに乗り換える手もあります。また、パソコンなど使用する通信機器が古いと、せっかくの回線能力が活かせません。こちらもひととおり確認しましょう。

### 通信会社やプロバイダーの契約内容を確認

### 1 回線により最大速度は異なる

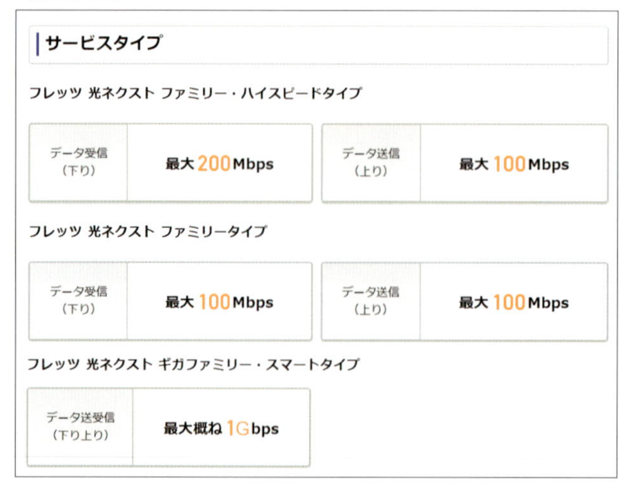


まずはNTTなど利用している通信会社の契約書などを見直して、契約回線の種類と最大速度を確認しよう。たとえばNTTのフレッツ光ネクストでは、「ギガファミリー・スマートタイプ」は上下最大1Gbpsであるのに対し、「ファミリー・ハイスピードタイプ」は下り最大200Mbps／上り100Mbps、「ファミリータイプ」は上下最大100Mbpsと、かなり違いがあります。

## 2 プロバイダーの契約も確認

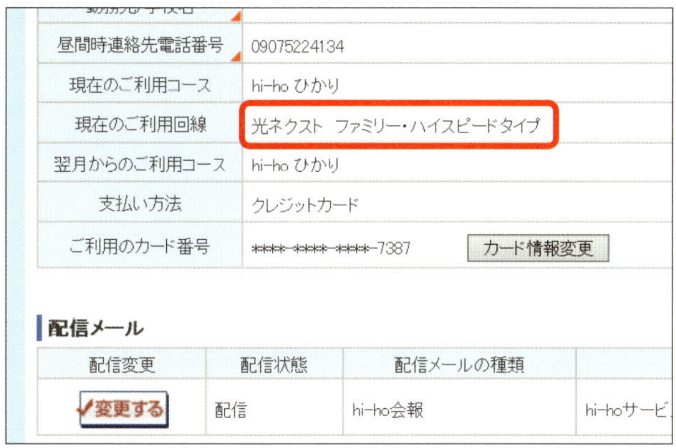


最近は、NTTから光回線サービスの卸提供を受け、パッケージ化したコラボモデルを提供しているプロバイダ もあります。このようなサービスを契約している人は、プロバイダーとの契約内容も確認して、回線種類を調べましょう。

## 3 住居付属のインターネットの場合

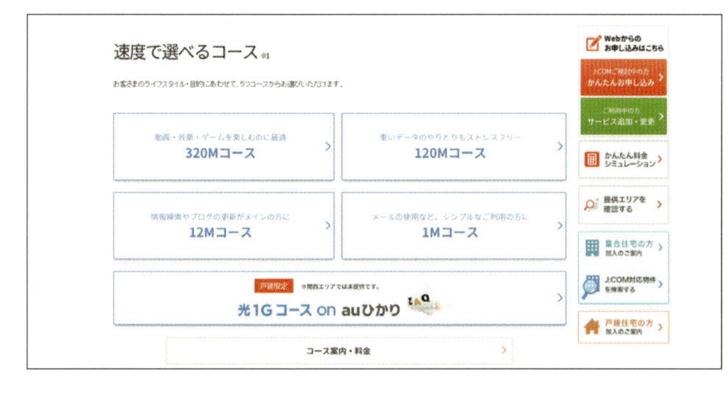


一部のアパートやマンションなどの集合住宅では、建物全体でJ-COMやU-NEXTなどのインターネットサービスに加入していることもあります。入居時から何となく使っているので回線種類をよく知らないという人もいるかもしれません。明細を確認したりサポートに問い合わせて回線の最大速度を確認しましょう。

### COLUMN 提携の高速プランがあることも

ケーブルTV会社が提供しているインターネット回線は総じて速度が低いイメージがありますが、最近では「auひかり」などの大手通信会社と提携した最大速度1Gbpsのプランも登場しています。アパートやマンション備え付けのインターネットを使っている人は変更が可能か問い合わせてみましょう。

ケーブルTVサービスでおなじみのJ-COMでは、工事が必要になりますが、最大速度1Gbpsの「auひかり」のプランが提供されています。

## ツ 有線接続している通信機器の規格をチェック

有線接続でも速度が出ないという場合は、使用しているパソコンやルーター、回線終端装置のLANポート、さらにLANケーブルやハブなどの規格が古い可能性があります。これらの機器には、規格により最大通信速度が定められており、古い規格の製品を使っていると回線の最大速度を発揮できません。

たとえばLANポートの最大速度が1Gbpsなのに、LANケーブルやハブの最大速度が100Mbpsでは、通信速度は100Mbps以上にはなりません。以下の手順で使っている機器の規格を確認して、古い場合は買い替えましょう。

### パソコンやルーターなどのLANポートの規格を確認する

#### 1 規格により最大速度が決まる

| 規格の種類 | 転送速度 | デバイスマネージャーの表示名 |
|---|---|---|
| 1000BASE-T | 最大1Gbps | Gigabit Ethernet |
| 100BASE-TX | 最大100Mbps | Fast Ethernet |
| 10BASE-T | 最大10Mbps | Ethernet |

LANポートは左のように規格の種類により最大速度が決まっています。規格の種類は、デバイスマネージャーの表示名でわかります。

#### 2 パソコンのLANポートを確認

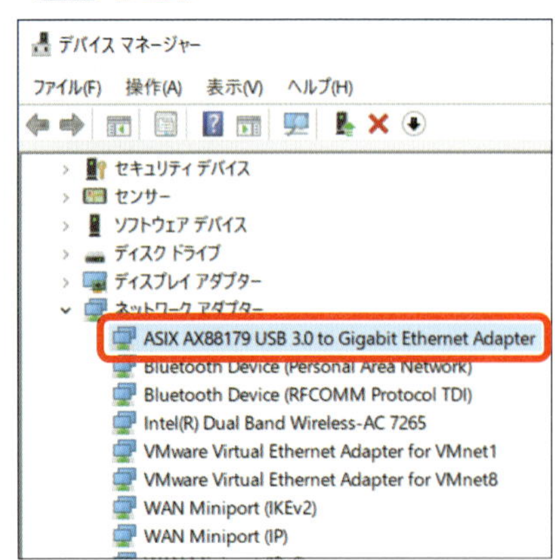


Windowsの「スタート」ボタンを右クリックし、「デバイスマネージャー」をクリック。表示された画面で「ネットワークアダプターを展開」し、LAN端子のデバイス名を確認します。この例では「Gigabit Ethernet」という文字があるので、規格は1000BASE-Tで最大速度は1Gbpsです。

#### 3 ルーターのLANポートを確認

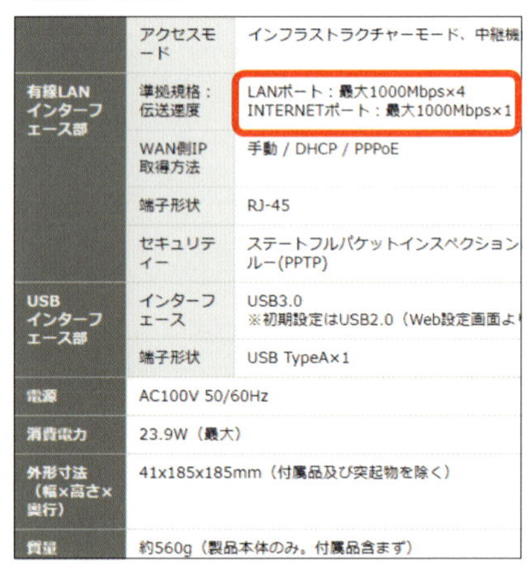

| | | |
|---|---|---|
| 有線LANインターフェース部 | アクセスモード | インフラストラクチャーモード、中継機 |
| | 準拠規格：伝送速度 | LANポート：最大1000Mbps×4<br>INTERNETポート：最大1000Mbps×1 |
| | WAN側IP取得方法 | 手動 / DHCP / PPPoE |
| | 端子形状 | RJ-45 |
| | セキュリティー | ステートフルパケットインスペクション<br>ルー(PPTP) |
| USBインターフェース部 | インターフェース | USB3.0<br>※初期設定はUSB2.0（Web設定画面よ |
| | 端子形状 | USB TypeA×1 |
| 電源 | AC100V 50/60Hz | |
| 消費電力 | 23.9W（最大） | |
| 外形寸法（幅×高さ×奥行） | 41x185x185mm（付属品及び突起物を除く） | |
| 質量 | 約560g（製品本体のみ。付属品含まず） | |

パソコンとルーターを有線接続している場合は、ルーターのLANポートの規格も確認。付属のマニュアルやメーカーの公式サイトで仕様が公開されているので、「有線LANインターフェース」の箇所を確認しましょう。

## 4 回線終端装置のLANポートを確認

■ PR-S300NE

■ ハードウェア仕様

| 項目 | | 仕様 |
|---|---|---|
| LANポート | インタフェース | 1000BASE-T／100BASE-TX／10BASE-T (IEEE802.3ab／IEEE802.3u／IEEE802.3) オートネゴシエーション |
| | コネクタ形状 | 8ピンモジュラージャック（RJ-45） |
| | ポート数 | 4ポート（スイッチングハブ内蔵） |
| 無線LANポート※1 | インタフェース | PC Card Standard（CardBus）Type Ⅱ準拠 |
| | スロット数 | 1スロット |

ルーターと同様に回線終端装置のLANポートの規格も確認しましょう。たとえばフレッツ光でレンタルされる「PR-S300NE」では、搭載している4つのポートすべてが1000BASE-Tに対応しています。

## LANケーブルやハブの規格を確認しよう

## 1 ケーブルの規格を確認

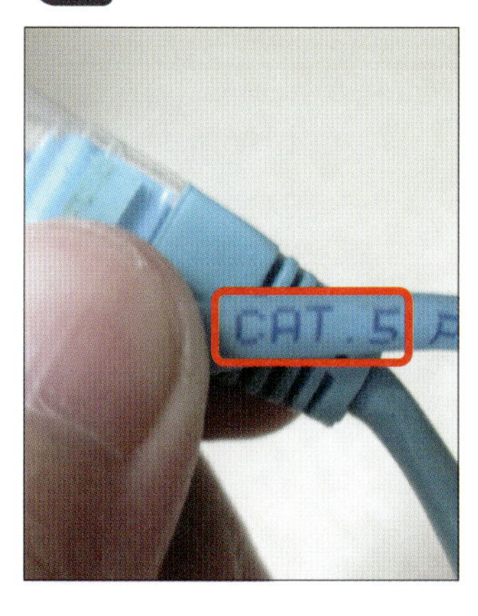


| 規格の種類 | 転送速度 |
|---|---|
| CAT5 | 最大100Mbps |
| CAT5e | 最大1Gbps |
| CAT6 | 最大1Gbps |
| CAT6A | 最大10Gbps |
| CAT6e | 最大10Gbps |
| CAT7 | 最大10Gbps |
| CAT7A | 最大10Gbps |

LANケーブルの規格は「カテゴリ」で分類され、それぞれ最大速度が決まっています。規格の種類は、製品によってはケーブルに記載されているので確認しましょう。記載がない場合は、リンクアップ速度で確認できます。

## 2 ハブは裏面などに記載

LAN用ハブを使っている場合は、製品の裏面や側面に最大速度が記載されています。この例では、「100/10M」とあるので、最大速度は100Mbpsまでしか対応していません。

## Wi-Fiだけ遅い場合は通信規格をチェック

有線では速いのに、Wi-Fiのときだけ遅くなってしまうというケースがあります。そんなときは、使用している親機（Wi-Fiルーター）とノートパソコンなどの子機の規格に原因があるかもしれません。現行のWi-Fiには５種類の規格があり、それぞれ最大速度が異なります。たとえば、親機のWi-Fiルーターが最速の11acに対応していても、子機が11nにしか対応していなければ、11nで通信が行われるため、せっかくの高速ルーターの性能が活かせません。使用している関連機器の規格を確認してみましょう。

### Wi-Fiの現行規格は5種類ある

**Wi-Fiの通信規格**

| 規格 | 周波数帯 | 最大速度（理論値） |
|---|---|---|
| IEEE802.11b | 2.4GHz | 11Mbps |
| IEEE802.11a | | 54Mbps |
| IEEE802.11g | | 54Mbps |
| IEEE802.11n | 2.4GHz／5GHz | 600Mbps |
| IEEE802.11ac | 5GHz | 6.9Gbps |

現行のWi-Fi通信規格は上の表のとおり。速さにこだわるなら11acがダントツです。ただし、理論上の最大速度は6.9Gbpsですが、今のところ最大で1.73Gbpsまでの製品しかありません。また、これ以外に60GHz帯で最大速度6.7Gbpsの「11ad」という規格があるのですが、ほとんど普及していません。

### COLUMN 次世代規格「11ax」も登場予定

Wi-Fiの通信規格は日進月歩。つい数年前に11acが登場したような印象もありますが、2019年には次世代規格の「11ax」に対応した製品が登場する予定です。理論上の最大速度が9.6Gbpsもあるのが特徴で、さらに変調方式やMU-MIMOなどの機能も向上。これらの機能により、多数のユーザーが同時に接続するようなシーンでも、より快適に利用できるようになっています。

## 対応規格が異なると遅い方の規格でつながってしまう

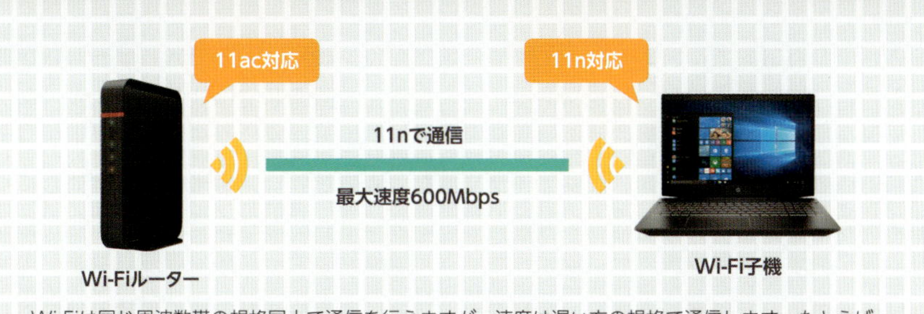


Wi-Fiは同じ周波数帯の規格同士で通信を行えますが、速度は遅い方の規格で通信します。たとえば、Wi-Fiルーターが11acでも子機が11nなら、11nでの通信となり最大速度は600Mbpsしか出ません。

# 使用している親機と子機のWi-Fi規格を確認する

## 1 Wi-Fiルーターの規格を確認

| 無線LANインターフェース部 | | |
|---|---|---|
| | 伝送方式 | CCK、DSSS、OFDM、MIMO |
| | 周波数範囲（チャンネル） | IEEE802.11a : 5.2～5.7GHz（ 36 / 40 / 44 / 48<br>/ 112 / 116 / 120 / 124 / 128 / 132 / 136 / 14(<br>IEEE802.11g / IEEE802.11b : 2.4GHz(1～13ch)<br>※電波法によりW52/53は屋外使用禁止です。 |
| | 準拠規格（最大転送速度） | IEEE802.11ac（1300Mbps）<br>IEEE802.11n（600Mbps）<br>IEEE802.11a/g（54Mbps）<br>IEEE802.11b（11Mbps） |
| | セキュリティー | WPA2-PSK（AES）、WPA/WPA2 mixed PSK（T<br>Any接続拒否、プライバシーセパレーター、MACア |
| | アンテナ | 5GHz/2.4GHz 3本（外付） |

Wi-Fiルーターの規格はメーカーの公式サイトで確認できます。「仕様」や「スペック」の「無線LANインターフェース部」などの項目に記載されています。

## 2 パソコンなど子機の規格を確認

| | |
|---|---|
| M.2 SSD | 256GB SerialATAII M.2規格 |
| ハードディスク | 1TB SerialATAII 5400rpm |
| チップセット | モバイル インテル® HM175 チップセット |
| 液晶パネル | 17.3型 フルHDノングレア (1,920x1,080/ LEDバッ |
| 無線 | IEEE 802.11 ac/a/b/g/n 最大433Mbps対応 + Blu<br>ユール (M.2) |
| その他 | 指紋センサー (スライド式) |
| 保証期間 | 1年間無償保証・24時間×365日電話サポート |

ノートパソコンなどの子機のWi-Fi規格もメーカーの公式サイトで確認します。こちらも「仕様」や「スペック」の「無線」「無線LAN」「Wi-Fi」などの項目に記載されています。

## ストリーム数や周波数帯の違いも速度に影響

Wi-Fi機器には「ストリーム」と呼ばれる通信経路があります。「送信ストリーム×受信ストリーム」の形式で表現され、Wi-Fiルーターの場合なら、パッケージやメーカーの製品紹介ページに「4ストリーム」のように記載されています。ストリームが多いほど通信効率や安定性が向上するため、最大速度もアップします。ただし、親機と子機でストリーム数が異なると、通信速度はストリームが少ないほうの最大速度になってしまいます。また、5GHz帯は2.4GHz帯より混雑しにくいメリットがありますが、遮蔽物があると速度が低下する要因になります。周波数帯による特性を理解して使い分けるとよいでしょう。

### 11nと11acはストリーム数により最大速度が異なる

#### 1 ストリーム数による速度の違い

| ストリーム数 | 最大速度 | |
|---|---|---|
| | 11n | 11ac |
| 1×1 | 150Mbps | 433Mbps |
| 2×2 | 300Mbps | 867Mbps |
| 3×3 | 450Mbps | 1300Mbps |
| 4×4 | 600Mbps | 1733Mbps |

このようにストリームの数が増えるほど、最大速度はアップします。これは、複数のストリームでデータを送受信する「MIMO」という機能によるものです。

#### 2 機器のストリーム数を確認

Wi-Fiルーターの場合、パッケージやメーカー公式サイトの製品紹介ページなどに、「4ストリーム」のようにストリーム数が記載されています。パソコンなどのWi-Fi子機は、仕様表に記載されているWi-Fi規格の最大速度を見ればストリーム数がわかります。

同じ規格でも子機のストリームが少ないと速度が遅い

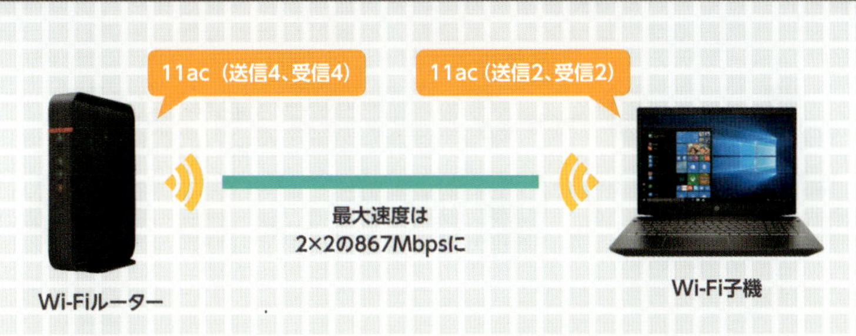


たとえば、同じ11ac対応の親機と子機の通信でも、ストリーム数が異なる場合、ストリーム数が少ないほうの速度（ここでは子機側の867Mbps）に制限されてしまいます。

## Wi-FiルーターのCPU性能は高いほど有利

親機のWi-Fiルーターに搭載されているCPU性能が低いと、速度低下の要因になる可能性があります。性能の高いCPUは処理能力が高く、複数の子機を接続しても速度が低下しにくくなります。製品選びの際は規格だけに目を奪われず、CPUにも注目するようにしましょう。

## 周波数帯によって電波の特性が異なる

遮蔽物が多いと5GHz帯では遅くなることも

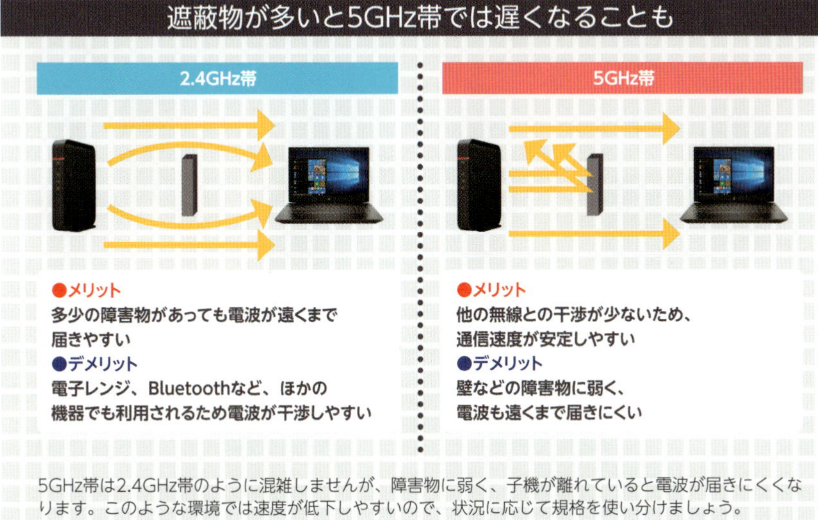


5GHz帯は2.4GHz帯のように混雑しませんが、障害物に弱く、子機が離れていると電波が届きにくくなります。このような環境では速度が低下しやすいので、状況に応じて規格を使い分けましょう。

設置場所を工夫して性能を最大限に引き出す

# ルーターの設置方法を見直して速度を改善する

**Wi-Fiの通信速度を改善するには、いくつかの方法があります。ここではまず、Wi-Fiルーターの設置方法が適切かどうかをチェックしましょう。**

## 電波の特性を理解して設置方法を検討する

契約している光回線の最大速度が十分で、使用しているWi-Fiルーターや子機も11acに対応しているのに、なぜか速度が出にくいことがあります。そんなとき、最初に試したいのがルーターの設置場所の変更です。Wi-Fiの電波はアンテナの上下方向は弱く、水平方向が強いという特性があります。この特性を理解したうえで、少し高い場所に設置しましょう。また、子機を別フロアで利用するような場合は、アンテナの向きを調整すると速度が安定しやすくなります。

### ルーターの設置方法で注意すべきポイント

**Wi-Fiの電波は水平方向が強い**

Wi-Fi
ルーター

Wi-Fiルーターから出るWi-Fi電波は、一般的にはアンテナに対して上下方向が弱く、水平方向に強いという特性があります。

**床への直置きはなるべく避ける**

Wi-Fiルーターを床の上に直接置くと、電波が床に反射して減衰しやすくなります。部屋の状況によって設置場所が限られるケースもありますが、なるべく避けたほうがよいでしょう。

### 家の中心で少し高い位置に設置

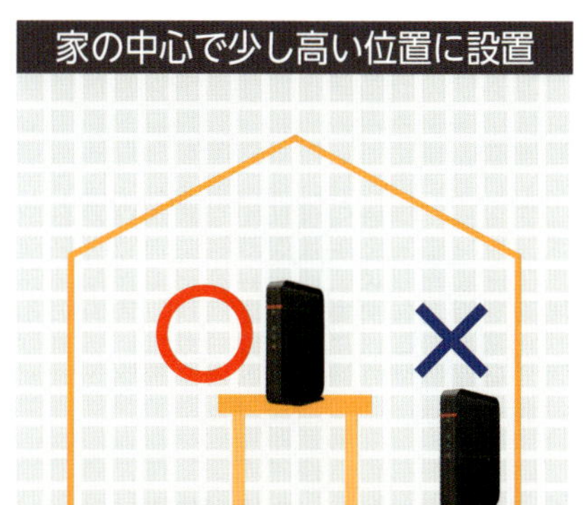

Wi-Fiの電波は同心円状に飛ぶため、使用するエリアの中心付近に置くと効率的です。水平方向に強いことも考慮すると、部屋の中心で高めの場所に設置するのがおすすめです。

### 2階の子機には アンテナの向きを調整

可動式の外部アンテナがある機種なら、角度を調整してみましょう。特に、Wi-Fiルーターが1階、子機が2階というように別のフロアで使用する場合は、角度を変えることで電波が届きやすくなることがあります（写真はバッファロー「WXR-1750DHP2」）。

## 障害物による電波の減衰を防ぐ

Wi-Fiの電波は障害物に弱く、特に金属やコンクリートの壁は、電波を反射・吸収するために減衰してしまいます。2.4GHz帯は5GHz帯よりは障害物には強い傾向がありますが、これも限界があります。Wi-Fiルーターと子機の間は、なるべく障害物をなくし、電波が通りやすいようにしましょう。

### ルーターと子機の間で電波の遮蔽を防ぐ

#### 障害物があると電波は減衰してしまう

コンクリート壁は電波を遮蔽（しゃへい）してしまう代表的な障害物です。また、金属類も電波を反射しやすいため、子機が受信しにくくなっていまいます。

#### 家具の隙間など 狭い場所は避ける

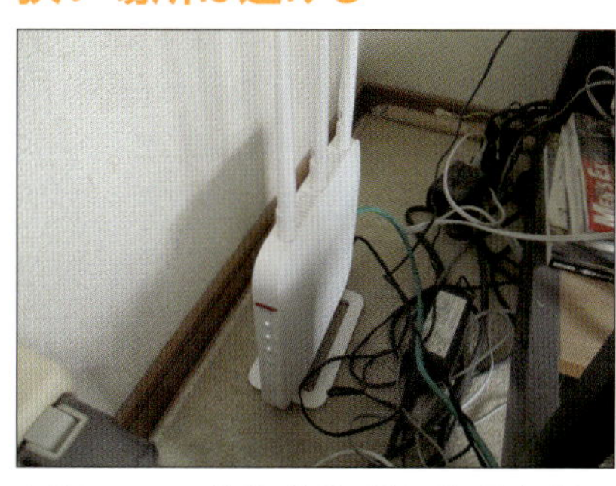

本棚やタンスの隙間、壁際の隅などは電波が遮られてしまうので、Wi-Fiルーターの設置にはふさわしくありません。距離的に近くてもWi-Fiがつながりにくくなります。

## 電波が干渉する家電の近くに置かない

Wi-Fiルーターをキッチンに置きたいという人もいるでしょう。しかし、キッチン家電の定番である電子レンジは、2.4GHz帯の強力な電磁波を発します。そのため、Wi-Fiルーターを近くに設置すると、電波の干渉でつながりにくくなります。

キッチンには、ほかにも金属の塊ともいえる冷蔵庫やコンロがあり、Wi-Fiの電波を遮る障害物の巣窟です。Wi-Fiルーターの設置場所としては、避けたほうが無難です。

### 相性最悪! キッチン周りには設置しないのが無難

#### 電子レンジは干渉の大きな原因

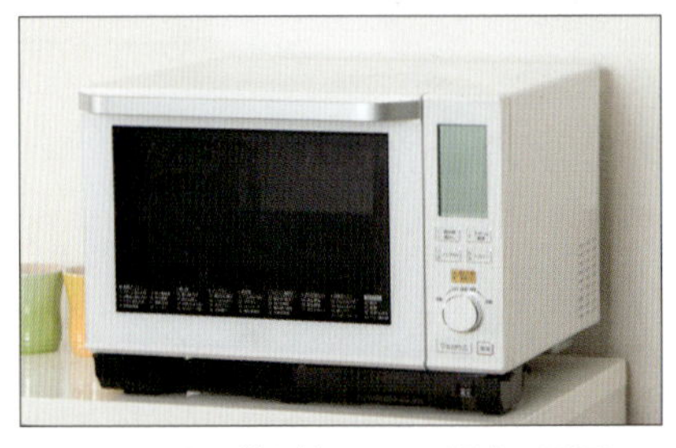

Wi-Fiで2.4GHz帯を使っている場合、電子レンジが近くにあると、使用時の電波の干渉で通信が途切れやすくなります。

#### 大きな冷蔵庫は金属の塊

大型の冷蔵庫なども、電波を反射・遮蔽してしまうため、通信が不安定になる原因になります。

### COLUMN 台所や水槽など水回りも意外な落とし穴

Wi-Fi電波の障害となるのは、硬い物や厚い物ばかりではありません。生活に欠かせない水にも、電波を吸収してしまう性質があるのです。台所や洗面所に溜めている水や、水槽などは電波の障害となる可能性もあります。このような場所の近くでは、Wi-Fiルーターを置かないほうが賢明です。

水道を普通に使う程度なら問題ありませんが、大量に水を溜める場合は要注意です。

電波の通り道に大きな水槽があると、つながりにくくなります。

チャンネルや周波数を変更して混雑を回避

# 電波の混雑を解消して速度の低下を防ぐ

電波の混雑は、Wi-Fiの通信速度を低下させる大きな原因です。これを避けるには、チャンネルや周波数帯の変更が効果的です。

## チャンネルの変更で電波の混雑を解消

Wi-Fiの普及にともなって、電波が混雑することが多くなりました。混雑がひどくなると、Wi-Fiが接続しにくくなったり、頻繁に切れてしまいます。特に2.4GHz帯は利用機器が多いため、電波の混雑が常態化しています。すでに本書で紹介した「Wi-Fi Analyzer」で混雑状況を把握できたら、チャンネルや周波数帯を変更して混雑を回避しましょう。一般的なWi-Fiルーターの場合、初期状態では自動的にチャンネルが選択されますが、これを手動で変更することで好きなチャンネルを指定できます。

### 2.4GHz帯と5GHz帯では混雑状況がまったく違う

**2.4GHzでは電波の混雑が日常的**

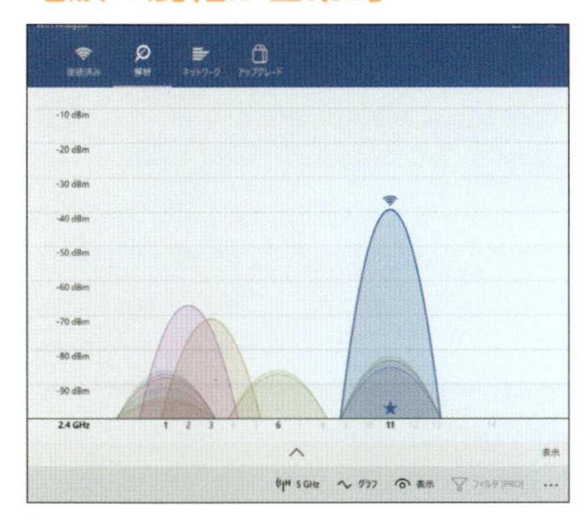


2.4GHz帯は電子レンジやコードレス電話など、他の機器でも利用されるので、電波の干渉が起こりやすくなります。「Wi-Fi Analyzer」で分析すると、2.4GHz帯の混雑は一目瞭然です。

**5GHz帯は空いている**

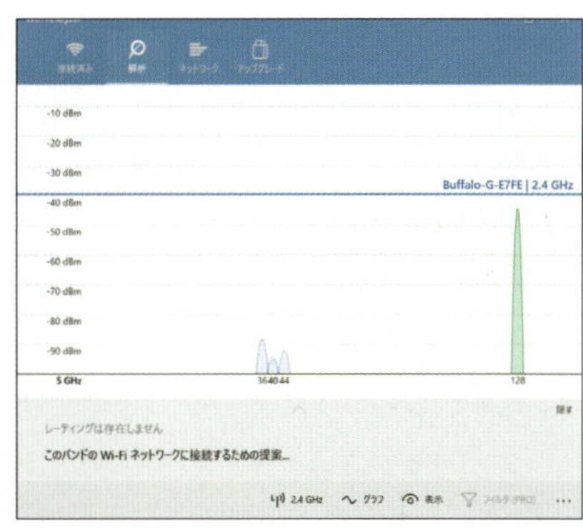


5GHz帯は家電製品などでは使われていないので、電波の干渉が少ないのがメリットです。19のチャンネルすべてが干渉なしに使えるので、混雑による不具合を気にせず利用できます。

## ツ 混雑の少ないチャンネルに切り替える

電波の混雑状況を把握できたら、Wi-Fiルーターの設定を変更して、混雑の少ないチャンネルを利用できるようにしましょう。具体的な手順は機種によって異なりますが、ブラウザーから設定画面を開いて操作するのが一般的です。ここではバッファローの製品「WXR-1900DHP2」を例に説明します。

### Wi-Fiルーターの設定を手動で変更

#### 1 Wi-Fiルーターの設定画面を表示する

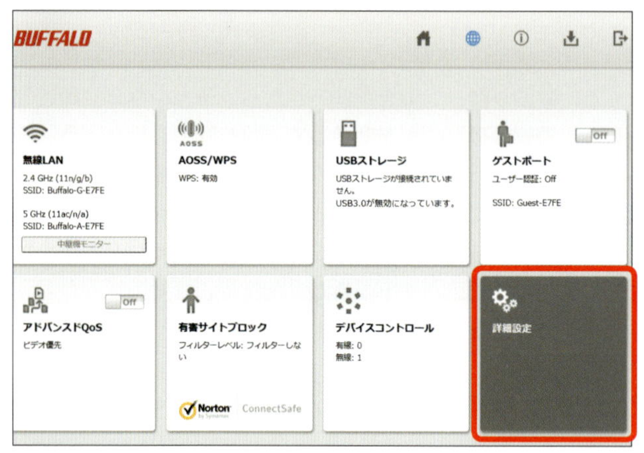


Wi-Fiルーターの取扱説明書を参考にして、ブラウザーからルーターの設定画面を表示します。今回利用したバッファロー製のルーターでは、設定画面の「詳細設定」をクリックします。

#### 2 チャンネルを変更する周波数帯を選択

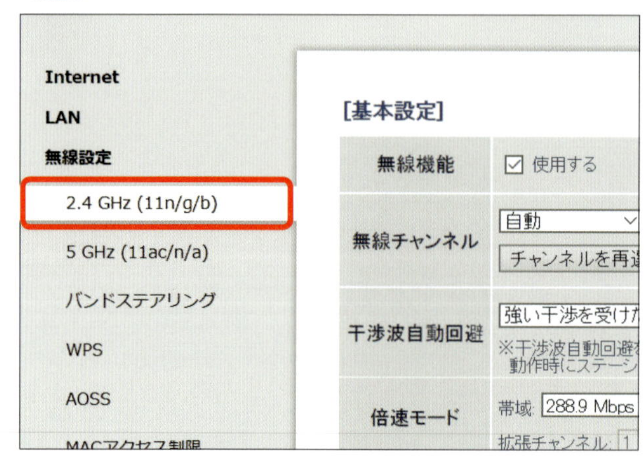


左側に操作メニューが表示されるので、チャンネルを変更したい周波数帯（ここでは「2.4GHz」）をクリックします。

## 3 チャンネルを指定する

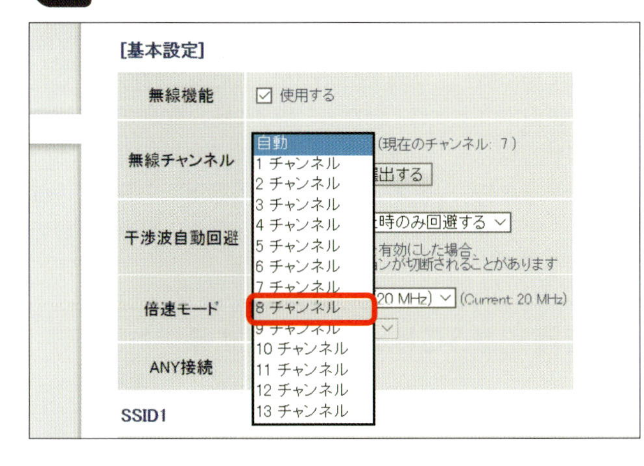


表示された画面にある「無線チャンネル」のプルダウンメニューをクリックして、使用したいチャンネル（ここでは「8チャンネル」）を選択します。このあと「設定」ボタンをクリックし、変更内容が反映されるまで待ちます。

## 4 変更したチャンネルを確認する

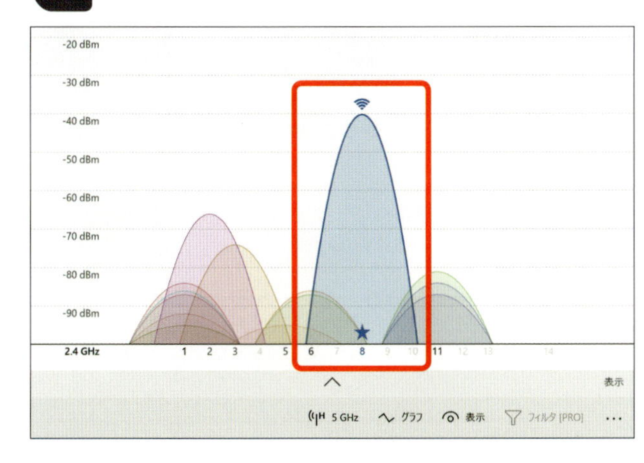


「Wi-Fi Analyzer」を起動して、チャンネルの変更を確認します。Wi-Fiマークが付いているのが接続中のチャンネルです。

### COLUMN 5チャンネル以上空けるのが理想

2.4GHz帯のチャンネル数は13チャンネル（11bは14チャンネル）あります。しかし、ひとつのチャンネル幅が20MHzなのに対して、チャンネルとチャンネルの間は5MHzしか離れていません。そのため、電波干渉を回避したい場合は、1、6、11や2、7、12のように、5チャンネル以上の間隔を空けて割り当てるのが理想とされています。

## 5GHz帯に変更して速度を劇的に改善

5GHz帯は2.4GHz帯よりも新しい帯域であることなどから、使用している機器は多くありません。2.4GHz帯のように家電で使われることはありませんし、Wi-Fi以外では気象レーダーで使用されている程度です。Wi-Fiルーターと子機の両方が11acなどの5GHz帯を使用する通信規格に対応しているなら、迷わず接続先を5GHz帯に変更して利用しましょう。ただし、5GHz帯の電波は障害物や距離の長さに弱い傾向があります。そのため、ルーターの設置場所や子機との位置関係に注意して、電波の遮断や減衰を防ぐことが重要です。

### Wi-Fiの接続先を5GHz帯に変更する

#### 1 周波数帯ごとのSSIDを確認する

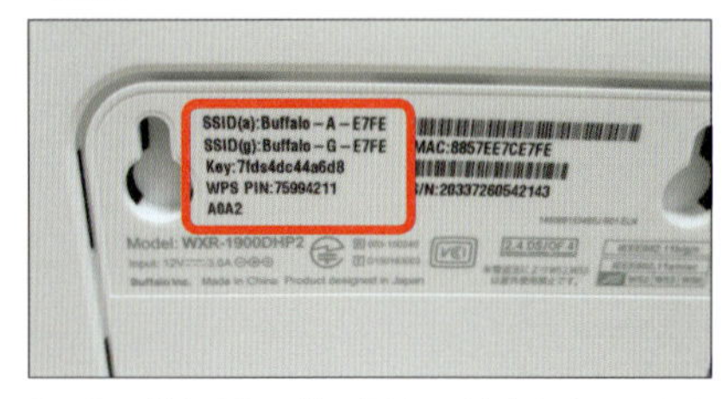


2.4GHz帯と5GHz帯の両方に対応したWi-Fiルーターの場合、それぞれのSSIDが製品の裏面などに記載されています。この製品の例では、「SSID（a）」が5GHz帯になります。

#### 2 接続先を5GHz帯のSSIDに変更

子機の設定を変更し、5GHz帯のSSIDを選んで接続します。Windows 10の場合は、タスクバーの「Wi-Fi」アイコンをクリックしてSSIDを選択しましょう。

### COLUMN チャンネルボンディングで最大速度を拡大

最近のWi-Fiルーターには、「チャンネルボンディング」という機能に対応した製品が増えています。ひとつのチャンネルの帯域は20MHzですが、2つのチャンネルを束ねて40MHzの帯域として速度をアップできるしくみです。ただし、リンクアップ速度は約2倍になりますが、実効速度がそのまま2倍になるということはありません。

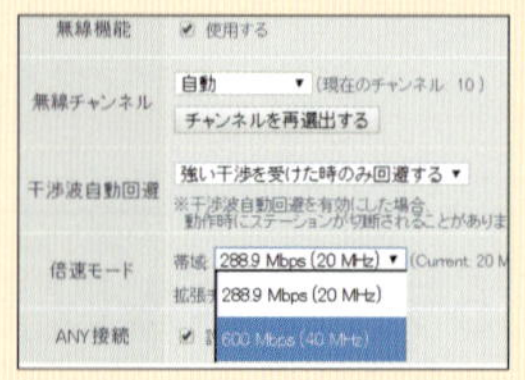


バッファロー製の対応ルーターの場合、設定画面の「無線設定」→「周波数帯」→「倍速モード」から設定できます。

帯域を「40MHz」にすると、変更前に比べてリンクアップ速度が約2倍になります。

## USB 3.0のノイズによる干渉にも注意!

現在販売されている外付けハードディスクなどは、USB 3.0に対応した製品が主流になっていますが、2.4GHz帯の無線通信に影響を及ぼすノイズの発生源になるというデメリットがあります。このノイズがWi-Fiの電波に干渉し、通信速度を低下させる原因になります。USB 3.0対応機器の周辺だけでなく、パソコンと接続するコネクタやケーブルからもノイズが発生するため、設置場所を工夫しても干渉を避けるのは困難です。特に顕著な影響があるのは、Bluetooth以外の2.4GHz帯使用機器です。

対策としてもっとも効果的なのは、影響のない5GHz帯のWi-Fiを使用することです。また、ノイズを防ぐためのシールドを施したUSB 3.0ケーブルも販売されています。どうしても2.4GHz帯を使いたい場合は、このようなケーブルを利用するとよいでしょう。

### 2.4GHz帯に強いノイズが発生

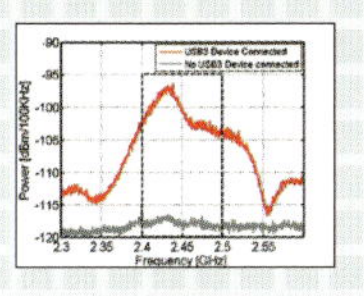

赤い折れ線は、USB 3.0接続の外付けHDDを使ったときのノイズを示したものです。Wi-Fiと同じ2.4GHz帯に強いノイズが発生していることがわかります。
出 典：USB 3.0* Radio Frequency Interference on 2.4 GHz Devices（インテル）

### 干渉の防止に効果的な対策

**①5GHz帯のWi-Fiを使う**

USB 3.0のノイズは、5GHz帯の電波にはほとんど影響しません。ルーターと子機の両方が対応していれば、ぜひ5GHz帯を使いましょう。

**②ノイズ対策済みのケーブルを使う**

3重のシールドでノイズの干渉を低減するUSBケーブル「KU31-CA10」(サンワサプライ、実勢価格：1880円)。2.4GHz帯を使う場合は、こういった製品の利用を検討しましょう。

## Bluetoothとの干渉を避けるには

Bluetoothには、「AFH（Adaptive Frequency Hopping)」という機能があります（バージョン1.2以降)。同じ2.4GHz帯で別の機器が無線通信を行っている場合、空いている周波数帯を自動的に検出して接続する機能です。AFHによる周波数帯の切り替えは状況に応じて随時行われるため、通常はユーザーが意識する必要はありませんが、もしWi-Fiとの干渉が気になる場合はBluetooth機器の電源をいったんオフにして、再度オンにしてみるとよいでしょう。

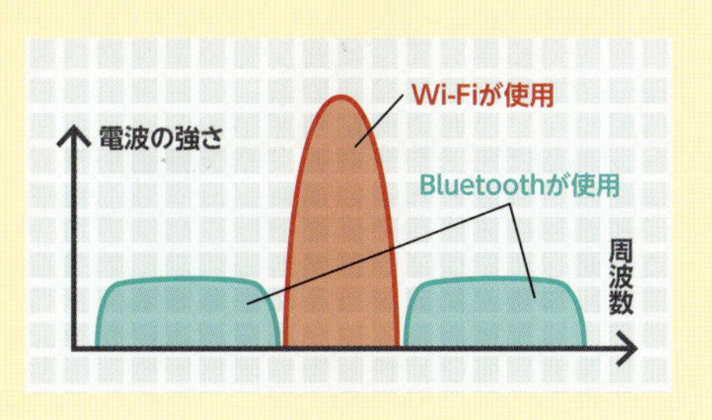

Section 05

ルーター自体が速度低下の原因の場合も

# ルーターの不具合を解消して通信速度を改善する

Wi-Fiルーターに何らかのトラブルが起こると、通信速度が極端に低下することがあります。疑わしい場合は、ここで紹介する方法を試してみましょう。

## Wi-Fiルーターの再起動も有効な改善策

設置場所も完璧、チャンネル混雑も改善したけれど、それでもつながりにくかったり、速度が異常に低いような場合は、Wi-Fiルーターに不具合が起こっている可能性もあります。デジタル機器全般にいえることですが、不具合が疑われる場合には、機器を再起動してみるのも有効な手段です。

一般的なルーターの場合、電源ボタンをいったん切って再度オンにすれば再起動できます。電源ボタンがない場合は、ACアダプタの抜き差しを行いましょう。また、ブラウザーの設定画面から再起動できる機種もあります。

### Wi-Fiルーターを再起動する

#### 1 電源ボタンで再起動する

まず、Wi-Fiルーターの背面や側面にある電源ボタンを押してオフにします。1分ほどたってから再度オンにしましょう。

#### 2 ACアダプタの抜き差しで再起動

Wi-Fiルーターには電源ボタンのない機種もあります。その場合は、ACアダプタを抜き、1分ほどのちに再度差し込めば再起動できます。

## 設定画面から再起動を実行する方法もある

### 1 設定から再起動を実行する

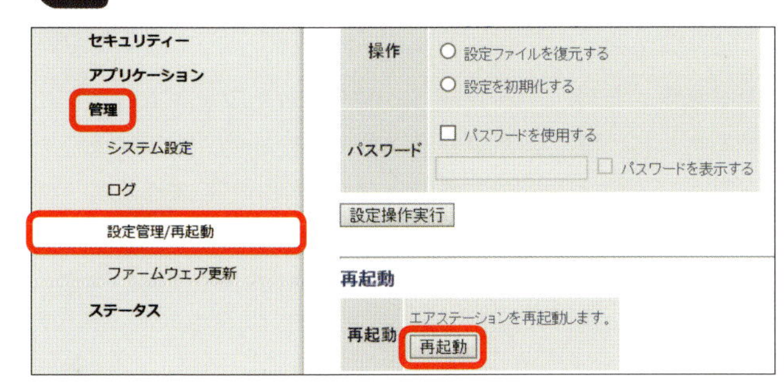


バッファロー製のルーターの場合、設定画面の「管理」メニューにある「設定管理／再起動」→「再起動」をクリックします。

### 2 完了するまで待機する

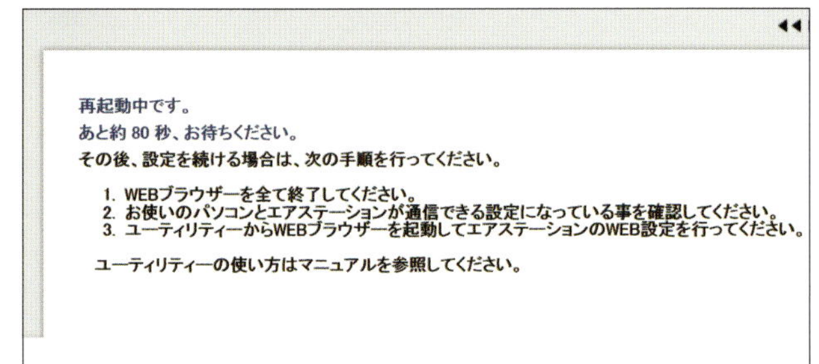


再起動が実行されると、「あと約○秒お待ちください。」と待機時間の目安が表示されるので、そのまま待ちましょう。完了すると元の画面に戻ります。

### COLUMN 初期化を実行してすべての設定をリセット

再起動でも不具合が改善されない場合は、Wi-Fiルーターを初期化する方法もあります。初期化するとルーター内部の設定が完全に削除され、製品出荷時の状態にリセットできます。いざというときに備えて方法を覚えておきましょう。なお、初期化したあとは最初から設定をやり直す必要があります。

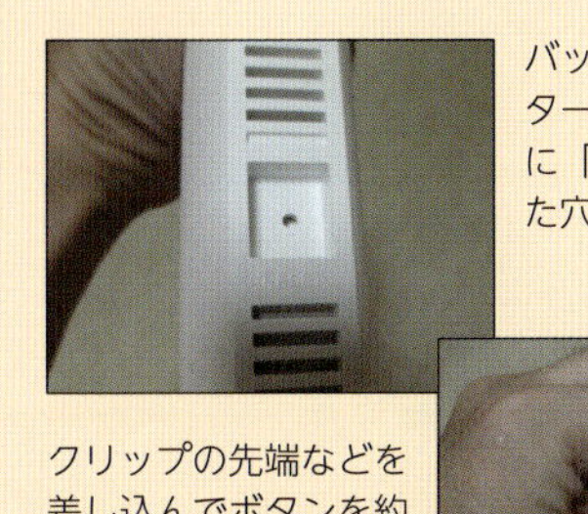

バッファロー製のルーターの場合、本体底面に「RESET」と書かれた穴があります。

クリップの先端などを差し込んでボタンを約3秒間押し続け、本体前面のPOWERランプが緑色に点灯したらスイッチを離します。

## ファームウェアは常に最新のものを利用する

Wi-Fiルーターには、動作を制御するための「ファームウェア」というプログラムが内蔵されています。ファームウェアは、脆弱性などの不具合を修正したり、最新の機能に対応したりするために、随時アップデートされます。ファームウェアが古いままになっていると、Wi-Fiルーターの性能が適切に発揮できない場合があるので、最新のものに更新しておきましょう。ファームウェアは手動で更新できますが、ほとんどの機種は自動更新にも対応しています。

ただし、配布されたファームウェアにバグが含まれていた場合、更新することで逆にトラブルを招いてしまうため、注意が必要です。自動更新を有効にする場合は、メーカーからのバグ情報に注意しましょう。

### ファームウェアを手動で更新する

#### 1 更新画面を表示する

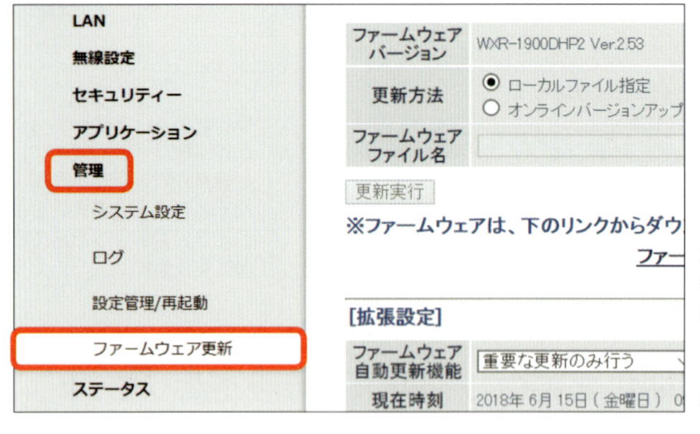


たとえば、バッファロー製のルーターでは、設定画面の「管理」メニューの「ファームウェア更新」をクリックすると、更新用の画面を表示できます。

#### 2 更新を実行する

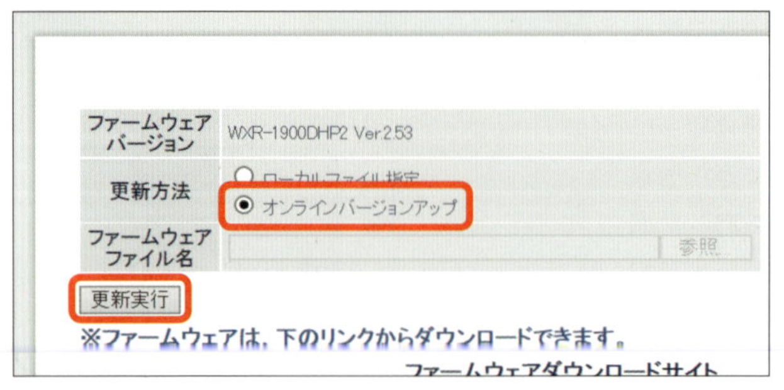


ファームウェアを手動で更新する場合は、更新方法で「オンラインバージョンアップ」を選択します。「更新実行」をクリックし、画面の説明にしたがって操作しましょう。

# ファームウェアを自動で更新する

## 1 「常に最新版に更新する」を選択

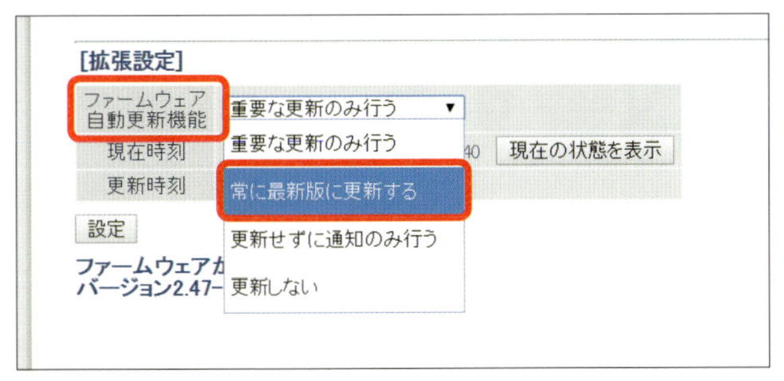


最近のWi-Fiルーターなら、ほとんどの機種が自動更新に対応しています。バッファロー製のルーターでは、「ファームウェア自動更新」のプルダウンメニューから「常に最新版に更新する」を選択します。

## 2 更新時刻を設定できる場合もある

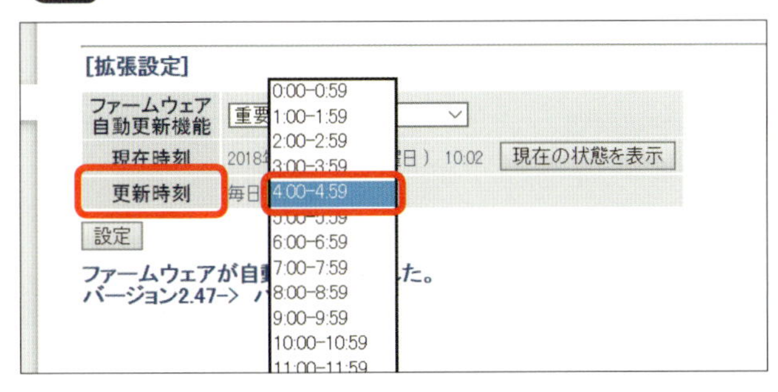


機種によっては自動更新する時刻を指定することもできます。ルーターの電源が入っていれば、指定時刻に自動的に更新してくれます。

## Attention!! 緊急のファームウェアが配布される場合もある

Wi-Fiのセキュリティに関する脆弱性が発見された場合などは、緊急のファームウェアが配布されます。自動更新をオンにしてあれば指定時刻に適用されますが、オフにしている場合はアップデートに気づくまでに時間がかかってしまいます。緊急事態にすばやく対応するためにも、自動更新を利用したほうが安心です。

■対象製品

【現行販売製品】

| 製品カテゴリ | 製品名 | 備考 |
|---|---|---|
| 無線LAN親機 | WXR-2533DHPシリーズ | 対策したファームウェアを公開しました。WXR-2533DHP Ver.1.33はこちらより、WXR-2533DHP2 Ver.1.43はこちらよりダウンロードし、アップデートをご実施ください。 |
| | WSR-2533DHPシリーズ | 対策したファームウェア Ver.1.03を公開しました。ファームウェアをこちらよりダウンロードし、アップデートをご実施ください。 |
| | WSR-1166DHPシリーズ | 対策したファームウェアを公開しました。WSR-1166DHP Ver.1.13はこちら、WSR-1166DHP2 Ver.1.13はこちら、WSR-1166DHP3 Ver.1.12はこちらよりダウンロードし、アップデートをご実施ください。 |
| | WHR-1166DHPシリーズ | 対策したファームウェアを公開しました。WHR-1166DHP Ver.2.91はこちら、WHR-1166DHP2 Ver.2.93はこちら、WHR-1166DHP3 Ver.2.93はこちら、WHR-1166DHP4 Ver.2.93はこちらよりダウンロードし、アップデートをご実施ください。 |
| | WMR-433Wシリーズ | 対策したファームウェア Ver.1.51を公開しました。ファームウェアをこちらよりダウンロードし、アップデートをご実施ください。 |

2017年10月にWi-Fiの暗号化技術「WPA2」の脆弱性が発見されたときは、対象製品に対策ファームウェアが一斉に配布されました。

離れた場所まで電波を飛ばす！

# 中継機で電波状況を改善する

Wi-Fiルーターの性能や設置場所によっては、どうしても電波が隅々まで飛ばないこともあります。そんなときに使うと便利なのが「中継機」です。

## 広い場所でも隅々まで電波を飛ばしてWi-Fiを快適に！

Wi-Fiルーターから離れた場所で子機を利用する場合、電波が届きにくくなります。最新の高性能ルーターでは、「3階建て、4LDK」など、広い範囲までカバーできる製品もありますが、壁や遮蔽物の影響がある場合は、電波が弱くなります。そんなときにオススメなのが「中継機」です。その名のとおり、Wi-Fi電波を中継し、より遠くまで送信できる機器です。Wi-Fi電波をキャッチして増幅・再送信してくれるので、今まで繋がりにくかった場所でも快適にWi-Fiでインターネットが楽しめます。

Wi-Fi電波を中継して送信してくれる

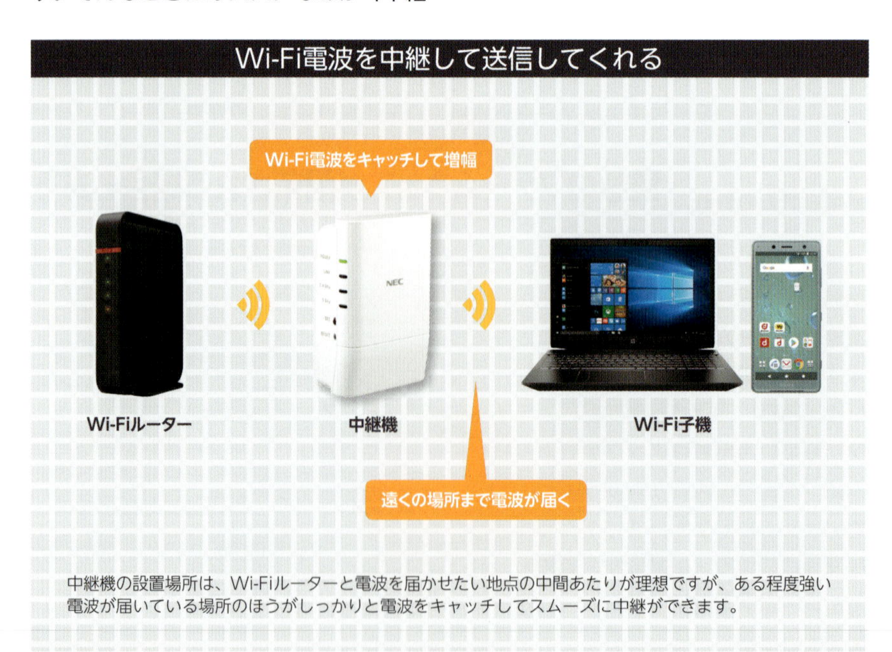


中継機の設置場所は、Wi-Fiルーターと電波を届かせたい地点の中間あたりが理想ですが、ある程度強い電波が届いている場所のほうがしっかりと電波をキャッチしてスムーズに中継ができます。

## オススメの中継機をチェック

バッファロー
**WEX-1166DHPS**
実勢価格：5100円前後

従来製品より高速・広範囲にWi-Fi到達範囲を延長できるコンパクトな中継機。無料アプリ「StationRadar」で親機・中継機・子機の通信状態がひと目でわかり、最適な設置場所を探せます。

NEC
**Aterm W1200EX**
実勢価格：5500円前後

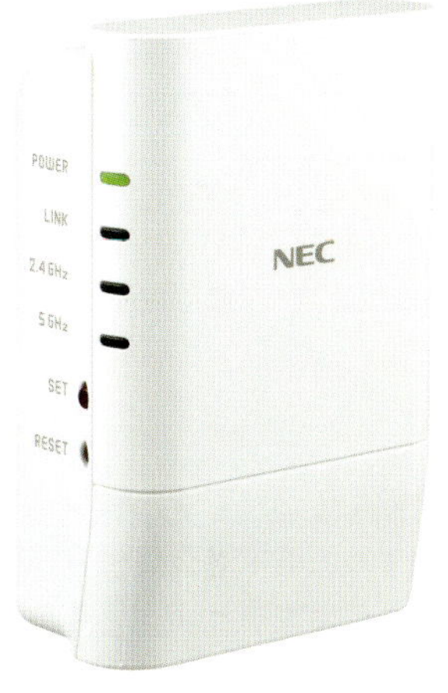


μ（マイクロ）SRアンテナの採用で、電波を360度全方位へしっかり飛ばせるコンパクトな中継機。親機との電波強度は3段階のランプ表示で確認しながら最適な設置場所を探せます。

### コンセント直挿しで利用するタイプが多い

最近の中継機は筐体もコンパクトで、コンセントに直接挿して使えるため、配線不要でスッキリ設置できます。

### 中継機能付きのルーターも便利

Wi-Fiルーターの中には、中継機能を搭載しているものがあります。スイッチひとつで簡単に中継機として利用できるので、ルーターとしても使う予定があるなら、中継機単体の製品よりも便利です。

Google Wifiでメッシュネットワークを構築しよう

# メッシュネットワークを構築する

日本でも徐々に普及してきている「メッシュネットワーク」。家全体をWi-Fiエリアで覆うので、インターネットがより快適に利用できるようになります。

## メッシュネットワークとは?

従来のルーターでは、電波の届く範囲を拡張するには中継機を利用していました。しかし中継機と使ったネットワークの場合、アクセスポイントに接続すると、家の中を移動しても電波が途切れない限りそのアクセスポイントに接続したままになるなど、柔軟性に欠ける欠点がありました。「メッシュネットワーク」はそのような欠点を克服した技術で、複数のアクセスポイントを相互に接続し、幅広いエリアをカバーするのが大きな特徴です。また、移動して電波の強度が変わったら、その場に適した電波状況のアクセスポイントに自動的に切り替わるので、快適にインターネットを利用できます。

### メッシュネットワークと中継機の違い

#### メッシュネットワークは相互に連携して接続

メッシュネットワークは、親機にあたる機器がなく、すべて同一機種を利用します。ルーター同士が相互に通信してカバーエリアを広げることで、電波の届きにくい場所をなくします。端末の場所によって最適なアクセスポイントに自動的に切り替わるので安定した通信が可能になります。

#### 従来の中継機は「子機」として接続

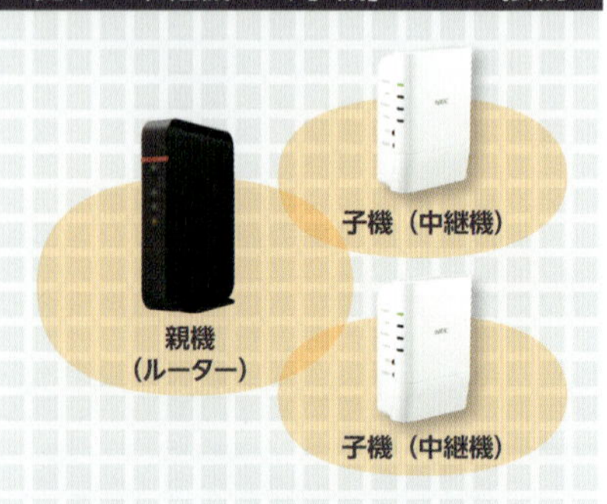


中継機はルーターの子機という扱いになり、親機との通信が途絶えると利用できなくなります。端末が移動しても先に接続したアクセスポイントに接続されたままになるので、通信が不安定になることもあります。

## 通信速度が低下しないメッシュネットワーク

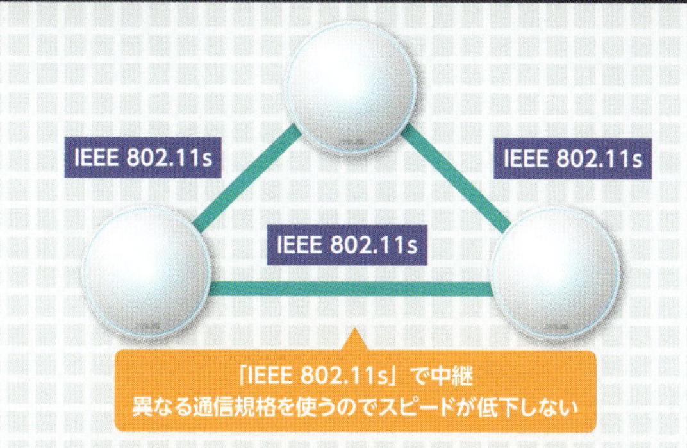


メッシュネットワークは、ルーター間の通信には「IEEE 802.11s」を使います。端末との接続とは別の帯域を利用しているので、通信速度が低下しません。

## 通信速度が低下する中継機

中継機によっては、端末と同じ帯域を使って親機に接続するケースがあります。この場合、通信処理に2倍の時間がかかるため、通信速度が半減します。

### Point メッシュネットワークのメリットとデメリット

メッシュネットワークは、アクセスポイントの設置の自由度が高く、多段接続の制限も小さいメリットがあります。ただし、従来のルーターのような詳細設定ができず、価格も中継機と比較すると高価というデメリットもあります。

| | |
|---|---|
| メリット | ・Wi-Fiの切替がスムーズ<br>・通信速度が低下しにくい<br>・多段接続の制限が小さい<br>・設定が簡単 |
| デメリット | ・価格が中継機よりも割高<br>・従来のルーターのような詳細設定ができない<br>・ブリッジモードで接続すると一部機能が利用できない |

## Google Wifiでメッシュネットワークを構築する

「Google Wifi」は、Googleが開発したメッシュネットワーク対応のWi-Fiルーターです。Google Wifiの大きな特徴はスタイリッシュなデザイン性。従来のルーターとは異なり、非常にシンプルで、部屋のどこに置いても違和感がありません。また、冷却ファンなどがないので、動作音も非常に静かです。設定やネットワーク管理は、「Google Wifi」アプリに集約されており、従来のルーターのような複雑な設定が必要なく、簡単に設置できるようになっています。

### Google Wifiとは?

#### メッシュネットワークに対応したWi-Fiルーター

Google
**Google Wifi**
実勢価格：
1台 1万6200円
3台セット 4万2120円

画像提供：Google

IEEE802.11acに対応し、公式には発表されていませんが、5GHz帯では最大876Mbps、2.4GHz帯では最大300Mbpsの無線通信に対応していると推測されます。1台で最大85m²、2台構成では最大170m²、3台構成では最大255m²をカバーします。

#### Google Wifiの特徴

| | |
|---|---|
| 「Google Wifi」アプリ | 初期設定やネットワークの管理をアプリに集約。優先接続、ファミリーWi-Fi、通信テストなどの機能も利用できる |
| ネットワークアシスト機能 | ユーザーの環境に応じて混雑していないWi-Fiのチャネルと、より高速な帯域（2.4GHz帯か5GHz帯）に自動で接続 |
| セキュリティ機能 | ソフトウェア更新で常にセキュリティを最新の状態に保つ。Googleが認証したアプリのみ動作させる「セキュアブート」も採用 |

Google Wifiは、メッシュネットワークに対応しているだけでなく、より快適に、より安全に利用できるしくみを搭載しているという特徴があります。

## Google Wifiを準備する

### 1 「Google Wifi」アプリをインストールする

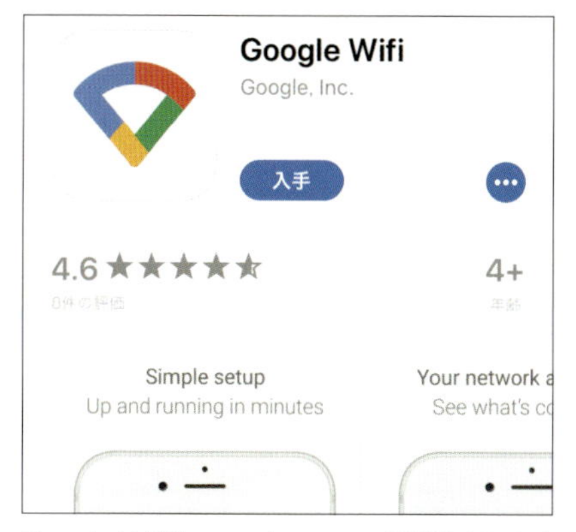


Google Wifiはスマートフォンで初期設定します。そのため、設定を始める前に、ストアからアプリをダウンロードしておきます。

Android

iOS

Google Wifi
開発者●Google LLC
価格●無料

### 2 Google Wifiを電源などに接続する

メインのアクセスポイントになるGoogle Wifiは、プロバイダーから提供された機器とGoogle Wifiの地球アイコンの端子をLANケーブルで接続します。次に電源を接続しますが、2台目以降は電源だけ接続します。

### Point スマートフォンのBluetoothを有効にする

「Google Wifi」アプリは、Google Wifi本体とスマホをBluetoothで接続して設定します。そのため、スマホ側ではあらかじめBluetoothを有効にしておく必要があります。

iPhoneは「設定」画面→「Bluetooth」を開き、「Bluetooth」をオンにします。Androidは「設定」画面→「機器接続」を開き、「Bluetooth」をオンにします。

## ツ Google Wifiのアクセスポイントを設定する

準備ができたら、Google Wifiを設定していきましょう。アプリで設定するのは、QRコード、Wi-Fiの設置場所、SSID、パスワードの4項目です。これらの設定はウィザード形式なので、画面の指示にしたがって操作すれば設定が完了します。複数台のGoogle Wifiを設定する場合も、画面の指示に従って操作すれば設定が完了。すぐにメッシュネットワークが構築されます。

### Google Wifiをセットアップする

#### 1 メインのアクセスポイントを選択する

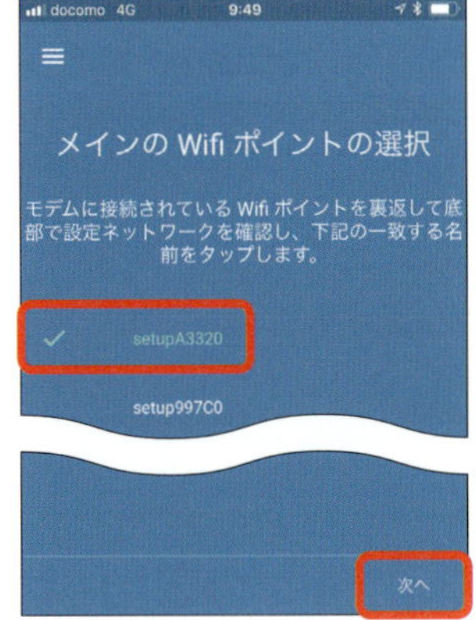


アプリを起動して「ログイン」をタップし、Googleアカウントでログインします。次にメインにするGoogle Wifiの底面に記載されている「ネットワークの設定」を選択し、「次へ」をタップします。

#### 2 QRコードを読み取る

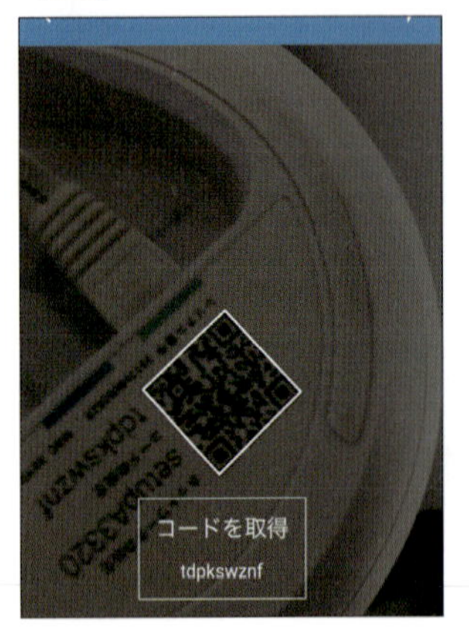


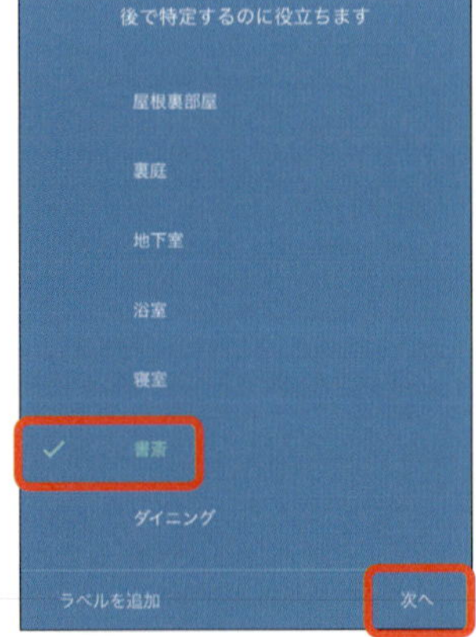


「コードをスキャン」をタップし、Google Wifi底面のQRコードを読み取ります。「Wifiポイントの場所」が表示されたら、アクセスポイントの設置場所を選択して「次へ」をタップします。

## 3 SSIDとパスワードを設定する

設定するSSIDを入力して「次へ」をタップします。次に設定するパスワードを入力して「次へ」をタップします。

## 4 クラウドサービスを設定する

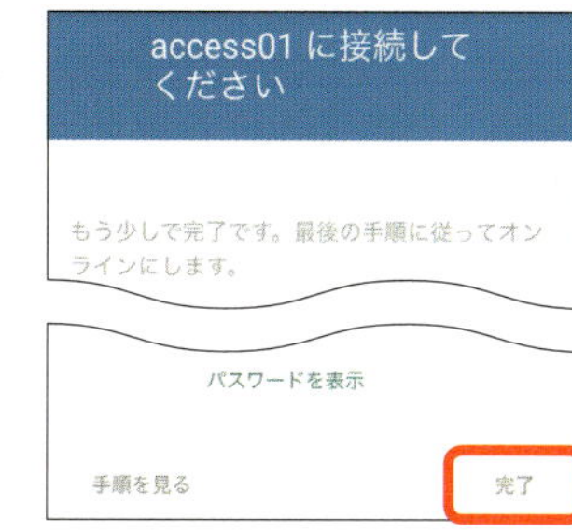


Google Wifiのデータを送信して分析に利用してもよければ「有効にする」、利用しない場合は「スキップ」をタップします。「完了」をタップし、画面の指示にしたがって進めれば設定が完了します。

### COLUMN 初期設定で2台目以降を設定するには?

1台目の設定が完了すると、2台目以降の設定に進みます。2台目以降のGoogle Wifiがある場合、設定する台数を選択します。あとは1台目と同様の手順ですすめれば設定が完了します。なお、2台目以降はメッシュWi-Fiポイントになるので、QRコードコードの撮影やSSID、パスワードの設定は不要です。

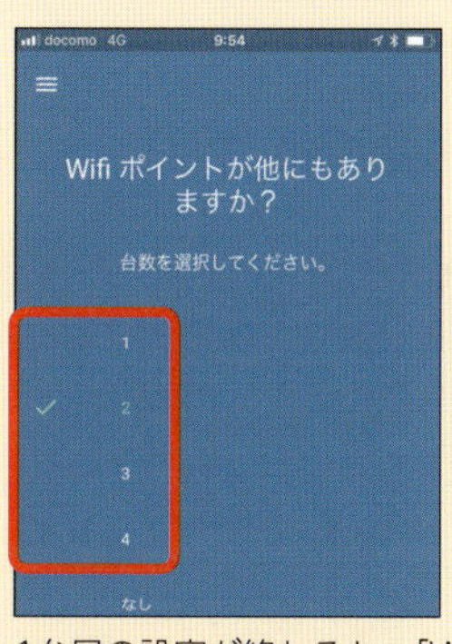

1台目の設定が終わると、「Wifiポイントが他にもありますか?」と表示されます。設定するポイントの台数を選択し、「次へ」をタップ。あとは同様の手順で操作します。設定が完了すると、メッシュネットワークが正常に動作しているかチェックが実施されます。

## メッシュネットワークを管理する

新しくアクセスポイントを追加したり、ネットワークを管理したりする場合も「Google Wifi」アプリを利用します。ネットワークの管理では、アクセスポイントの状況やメッシュネットワークのテスト、ネットワークに接続している端末の状態、ネットワークの通信速度のチェック、優先的に利用する機器の設定など、多岐にわたる管理が可能です。ネットワーク内にスマートホーム機器があれば、その機器の操作をすることもできます。

### ネットワーク構築後にGoogle Wifiを追加する

#### 1 Wi-Fiポイントの設定を表示する

アプリを起動したら、画面左上の「≡」→「Wifiポイントの設定」をタップします。

#### 2 接続するSSIDを選択する

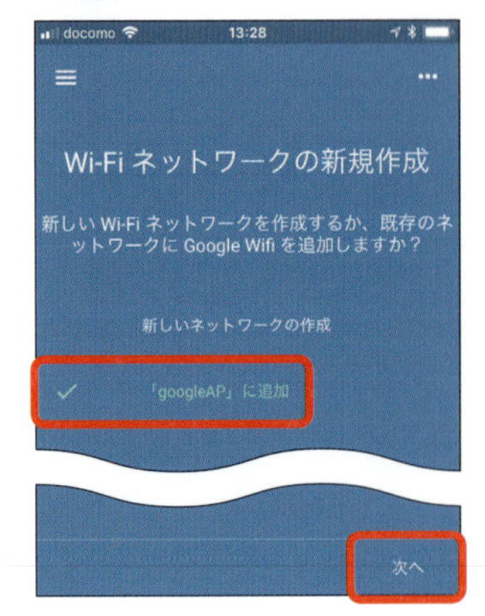


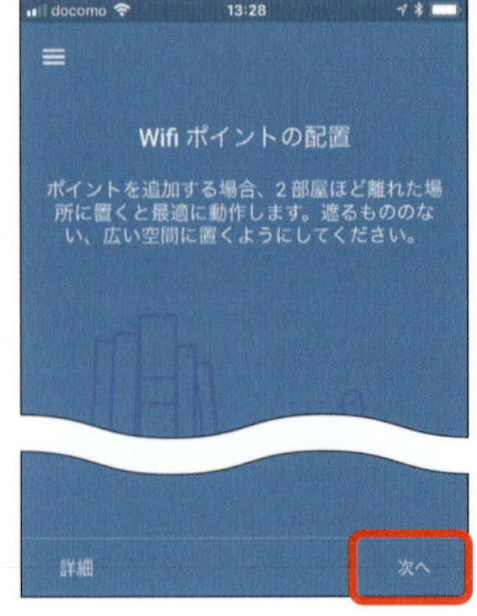


ネットワークの作成画面が表示されるので、現在のネットワークのSSIDを選択して「次へ」をタップします。あとは画面の指示にしたがって設定を進めます。

# アプリでネットワークを管理する

## 1 アクセスポイントの状態を確認する

地球アイコン→「Wifiポイント」をタップします。ネットワーク上のWifiポイントの状況が表示されます。「メッシュをテスト」をタップすると、メッシュネットワークの状態をテストできます。

## 2 ネットワークの状態を確認する

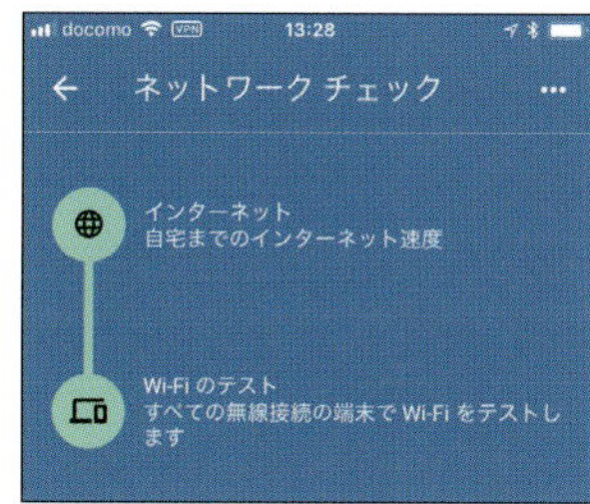


設定アイコン→「ネットワークのチェック」をタップします。すべての端末とWifiポイント間の通信速度をチェックする場合は「Wi-Fiのテスト」をタップします。

### COLUMN ゲストWi-Fiを設定する

Google Wifiはゲスト専用のネットワークを作成できます。友人などが自宅のネットワークに接続する機会があるときは、ゲストネットワークを設定しておくと便利です。また、スピーカーなど、メインのネットワークに接続されている機器にアクセスできるように設定することも可能です。

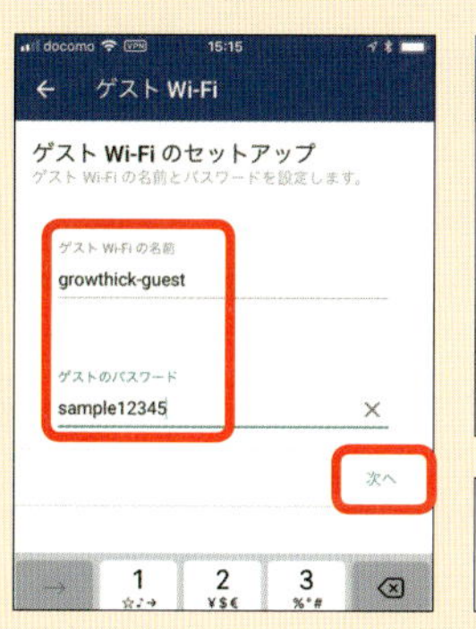

アプリの設定アイコン→「ゲストWi-Fi」をタップします。ゲストネットワーク用のSSIDとパスワードを入力し、「次へ」をタップします。ゲストが接続できる機器にチェックを付け「作成」をタップすると、ゲストネットワークが作成されます。

Section 08

ネット回線そのものの速度を上げるには

# 光回線の速度をアップする

**Wi-Fiでの通信速度に不満があるとき、もしかするとその先の光回線に問題があるのかもしれません。**

## なぜ光回線の速度低下は起こるのか?

光回線で時間帯によって通信速度が大きく低下する場合に原因として考えられるのが、回線中の特定箇所で発生する混雑です。たとえばNTT東西のフレッツ回線の場合、各家庭に敷かれた光ファイバーは都道府県ごとに基地局に集約され、そこから各プロバイダーに接続されます。フレッツ光で採用されているPPPoEとよばれる接続方式では、プロバイダーへの出口部分に網終端装置という装置が設置されており、ここを経由する際に回線の混雑が起こりやすくなります。

ただし、本当に網終端装置で混雑して速度が低下しているのか、プロバイダーから先で速度が低下しているのかは調べてみる必要があります。

## 網終端装置が混雑しているのかを知る

### 1 サービス情報サイトにアクセスする

NTT東日本の営業地域でフレッツ回線を契約していれば、フレッツのサービス情報サイト (https://flets-east.jp/) にアクセスし、速度の確認ページに移動します。

### 2 契約している回線を選択する

この画面では、利用回線を選択します。回線種別がわからない場合は、契約書などで確認します。

## 3 フレッツ網までの速度を計測する

測定結果が出ました。これはフレッツのネットワークに接続された速度計測用サーバまでの通信速度を表します。フレッツ網の外側までの通信速度ではありません。

## 4 インターネットまでの速度を計測する

次に、インターネットの速度計測サービスを利用して速度を計ります。ここでは、P81で紹介したGoogle提供のサービスを利用しました。手順3で計測したダウンロード速度と大きな違いがなければ、網終端装置は混雑していません。

## 通信方式の切り替えで混雑を回避する

もしフレッツのサービス情報サイトで計測した速度よりも、インターネット上の速度計測サイトで測った速度の方がずっと遅い場合は、網終端装置での混雑が考えられます。この理由での速度低下は、主に夜間など利用が集中する時間帯に生じやすいといえます。

この場合、PPPoEではなく、IPoEと呼ばれる接続方式への切り替えを行う（切り替え方法は次のページ参照）ことによって、混雑している網終端装置を回避し、直接プロバイダーが提供するネットワークに接続でき、速度の低下は起こりにくくなります。

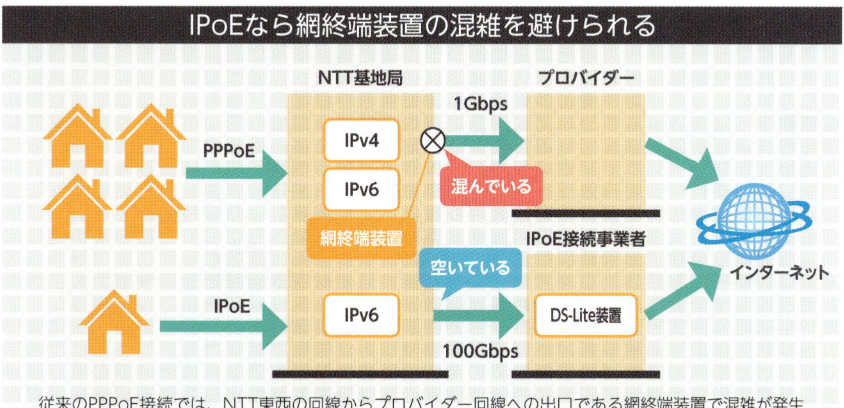


従来のPPPoE接続では、NTT東西の回線からプロバイダー回線への出口である網終端装置で混雑が発生し、回線の通信速度が低下します。これに対し、IPoEによる接続では、網終端装置を回避できるので、通信速度が高速になります。IPoE接続にはDS-Liteのほかにv6プラスなどがあります。

## 通信方式の切り替えが必要かどうかを確認する

光回線の中には、フレッツ光などとは別の通信方式を採用しているため、そもそも網終端装置を通過しないプロバイダーもあります。それらは、IPoE方式への切り替えも不要です。

| | |
|---|---|
| 網終端装置を回避すべきプロバイダーなど | フレッツ光ネクスト、OCN光、@nifty光、ドコモ光、ソフトバンク光など |
| 網終端装置を通過しないプロバイダーなど | NURO光、auひかり、eo光ネットなど |

## 通信方式の切り替えが必要かどうかを確認する

まず契約しているプロバイダーがIPoE方式に対応しているかどうかを確認しましょう。対応していれば、プラン変更またはオプション追加で切り替えが可能です。次に、ルーターまたはONUを取り替えますが、取り替え不要の場合もあるので注意しましょう。詳しくは、契約しているプロバイダーに問い合わせます。

### 1 プラン変更または オプションの追加を行う

| プロバイダー | プラン | 追加料金（月額） |
|---|---|---|
| IIJmio | IIJmioひかり IPoE オプション | 800円 |
| @nifty | v6プラス | 無料 |
| ソフトバンク | IPv6 IPoE + IPv4 (IPv6高速ハイブリッド) | 467円（※） |
| So-net | v6プラス | 無料 |

主なIPoE対応プロバイダーが提供するオプションの名称と月額料金です。　※光BBユニットのレンタル代

### 2 IPoE対応の ルーターを用意する

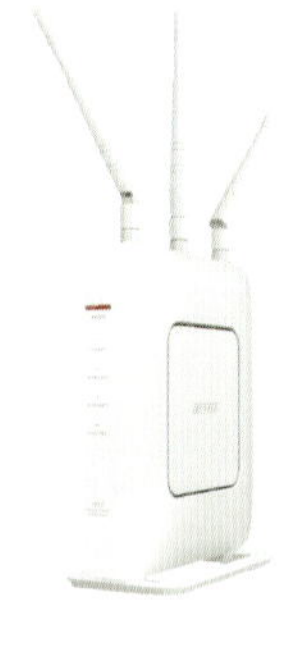

IPoE対応のWi-Fiルーター、またはONUを用意します。いずれの機器が必要になるかはプロバイダーによって異なります。写真はIPoE対応の「WXR-1901DHP3」（バッファロー）。

### 3 IPv4 over IPv6方式に 対応したプロバイダー

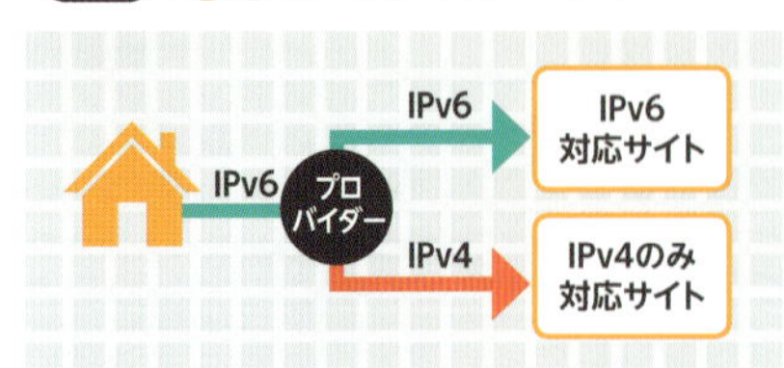


IPoE方式に切り替えるとき、IPv4 over IPv6方式に対応しているプロバイダーであれば、自宅のルーターとプロバイダーの間はIPv6で統一できます。IPv4専用のサイトには、自動的にIPv4が使われます。

### 4 IPv4 over IPv6方式に 非対応のプロバイダー

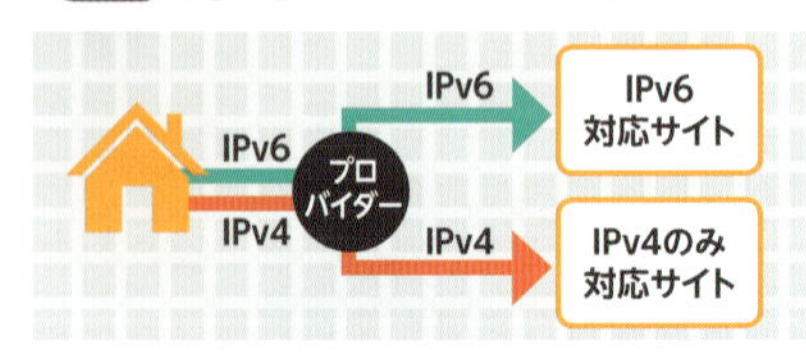


IPv4 over IPv6方式に対応しないプロバイダーでは、自宅のルーターが接続先はIPv6に対応しているかどうかを判別して接続方法を選択します。この場合、IPv4接続では、網終端装置の混雑の影響を受けることになります。

Chapter
5

# Wi-Fi対応機器を活用する

Wi-Fiでパソコンやスマホ、あるいはインターネットに
接続できる電子機器には、いろいろなものがあります。
本章ではプリンターやスキャナー、レコーダーといった
代表的なWi-Fi機器について接続方法などを紹介します。

好きな場所に置いたプリンターで印刷しよう！

# プリンターをWi-Fiで接続する

**Wi-Fi接続に対応したプリンターならパソコンと離れた場所に置いても、パソコンやスマホから印刷することができます。**

## Wi-Fi対応プリンターなら設置場所が自由に

Wi-Fi対応プリンターは、Wi-Fiルーターと接続することができます。プリンターの初期設定を完了させると、パソコンと離れた場所に設置し、写真や文書をプリントすることが可能になります。

Wi-Fiルーターの電波が届けば、2階のパソコンを使って1階のリビングに設置したプリンターで写真を印刷する、といった使い方もできます。

また、Wi-Fi対応プリンターの多くは、プリンターとスマホを直接接続して印刷を実行する「Wi-Fi Direct」に対応しています。Wi-Fi Directを使えば、Wi-Fiルーターやパソコンがない環境でもスマホで撮った写真をプリントすることができます。

### Wi-Fi対応プリンターで印刷する

文書
パソコン
プリンター
Wi-Fiルーター
スマホ
写真

パソコンはWi-Fiルーター経由でWi-Fi対応プリンターに接続し、文書や写真を印刷します。スマホはWi-Fiルーター経由での印刷だけでなく、直接接続して印刷することも可能です。

## キヤノン「TS8130」をWi-Fi接続する

キヤノン
**PIXUS TS8130**
実売価格：1万7280円

5色の染料インクとブラックの顔料インクを採用したA4プリンター。ネットワークは2.4GHz帯のIEEE 802.11b/g/nに対応しています。

### 1 ファイアウォールを解除しておく

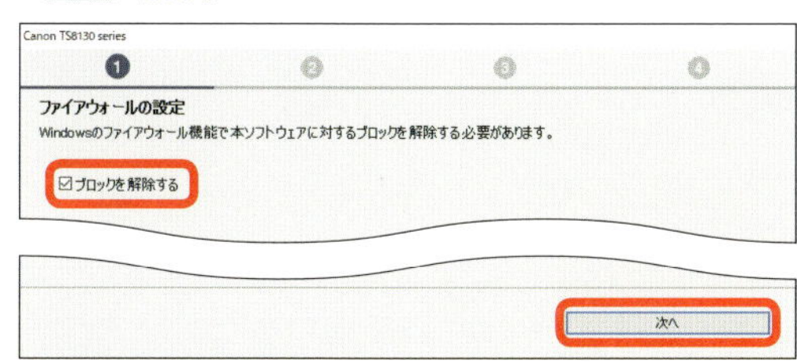


パソコンでセットアップソフトを起動し、設定を進めていきます。「ファイアウォールの設定」が表示されたら、「ブロックを解除する」をチェックした状態で「次へ」をクリックします。

### 2 「無線LAN接続」を選択する

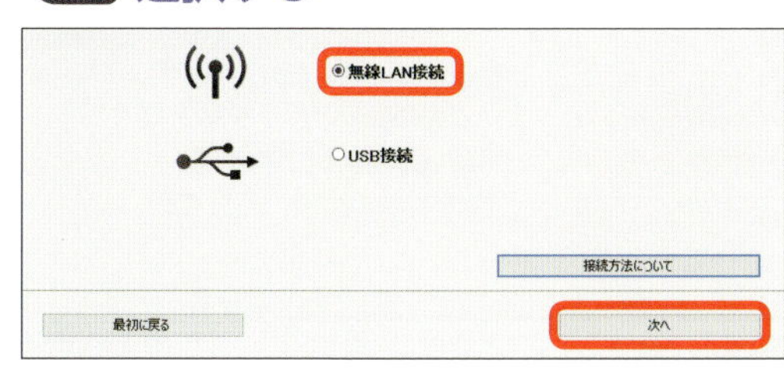


「接続方法の選択」が表示されたら、「無線LAN接続」を選択して「次へ」をクリックしましょう。

### 3 プリンターを起動する

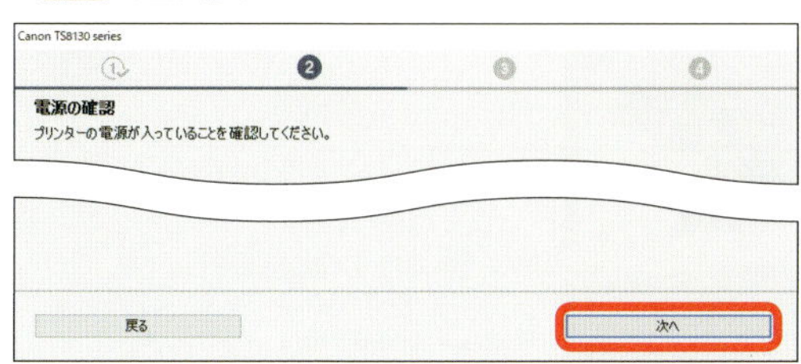


Wi-Fiルーター経由でプリンターを検索するため、プリンターの電源を入れます。プリンターが起動したら、「次へ」をクリックします。

## 4 ガイドを利用してプリンターを探す

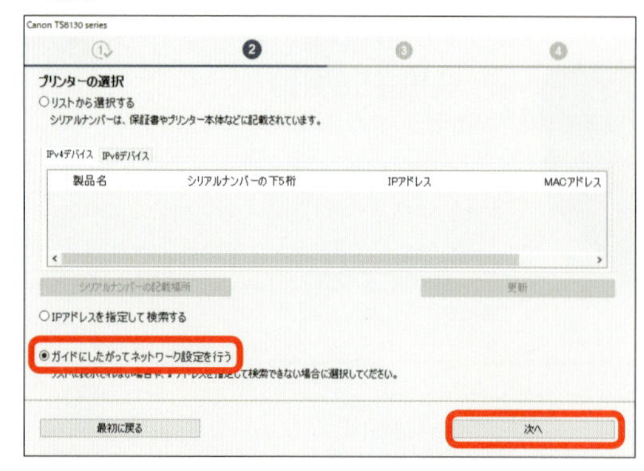


プリンターがリストに表示されず、面倒な作業なしに接続したいときは、「ガイドにしたがってネットワーク設定を行う」を選択して「次へ」をクリックします。

## 5 プリンターとWi-Fiルーターを接続する

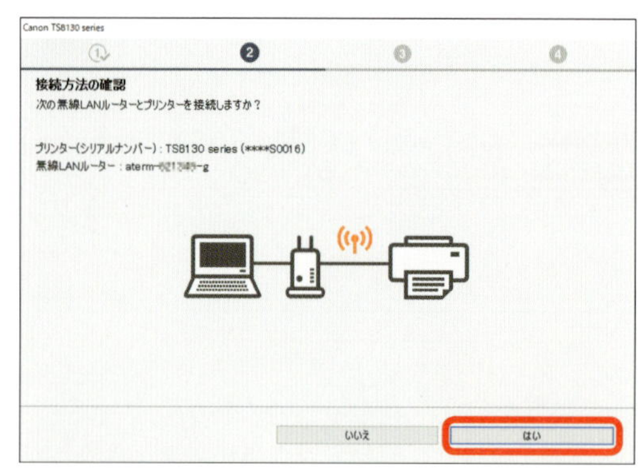


プリンターが見つかり「接続方法の確認」が表示されたら、「はい」をクリックします。これでWi-Fiルーターとプリンターの接続設定が実行されます。

## 6 アプリケーションから印刷する

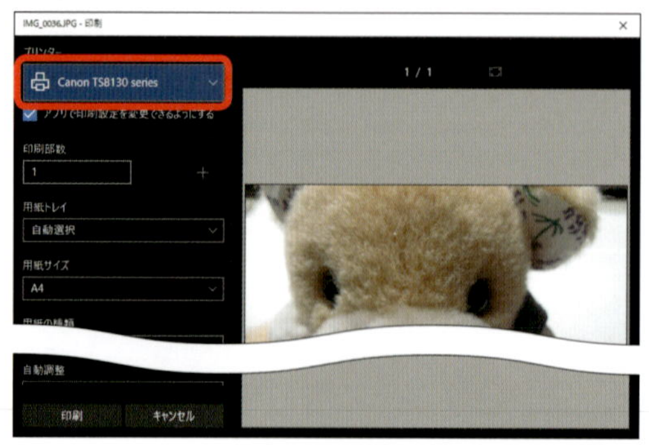


続くソフトウェアのインストールが完了したら、好きなアプリケーションで写真や文書を開き、印刷を実行します。「プリンター」で「Canon TS8130 Series」を選択し印刷を開始しましょう。

# エプソン「EP-880AW」をWi-Fi接続する

エプソン
**EP-880AW**
実売価格：1万7580円

6色の染料インクを備えて、前面2段＋背面の3つの給紙方法を採用。ネットワークは2.4GHz帯のIEEE 802.11b/g/n、および有線LANに対応しています。

## 1 Wi-Fi Directを選択する

プリンターで「ネットワーク接続設定」を開き、「Wi-Fi Direct」を選択します。プリンターのSSIDとパスワードを表示し、メモしておきます。

## 2 プリンターに直接接続する

スマホで「設定」を開き、Wi-Fiの設定でプリンターのSSIDを選択。パスワードを入力して接続しておきます。

## 3 プリンターを選択する

「Epson iPrint」を起動します。プリンターが選択されていない場合は、「プリンターの設定」に進んでプリンターを指定しておきます。

**Epson iPrint**
開発者●Seiko Epson Corporation
価格●無料

## 4 スマホの写真をプリントする

iPrintで「写真」を選択して、印刷したい写真を選択し「印刷」を実行します。

Wi-Fiならどこでも文書をスキャン可能

# ドキュメントスキャナーをWi-Fiで接続する

**ドキュメントスキャナーをWi-Fi接続すれば、好きな場所に設置可能になります。コンパクトなモデルを使用すれば、外出先でもスキャンできます。**

## ドキュメントスキャナーの活用度アップ

Wi-Fi対応のドキュメントスキャナーは、Wi-Fiルーター経由でパソコンと接続します。USBケーブルなどで接続する必要がないため、好きな場所に設置して文書をスキャンできます。また、Wi-Fiルーター経由で通信することで、スマホからもスキャン機能を利用することが可能です。

Wi-Fi対応のドキュメントスキャナーのなかには、バッテリーを搭載したコンパクトボディのモデルもあります。こういったモデルを使用すれば、外出先でもパソコンやスマホで文書をスキャンすることが可能です。

### Wi-Fi対応ドキュメントスキャナーを使う

外出先

スマホ

ドキュメントスキャナー

自宅

パソコン

Wi-Fi
ルーター

ドキュメントスキャナー

自宅ではWi-Fiルーター経由でWi-Fi対応ドキュメントスキャナーと接続して、文書をスキャンします。外出先では直接接続して、文書をスキャンすることができます。

## 外出先で「ScanSnap iX100」を使ってスキャン

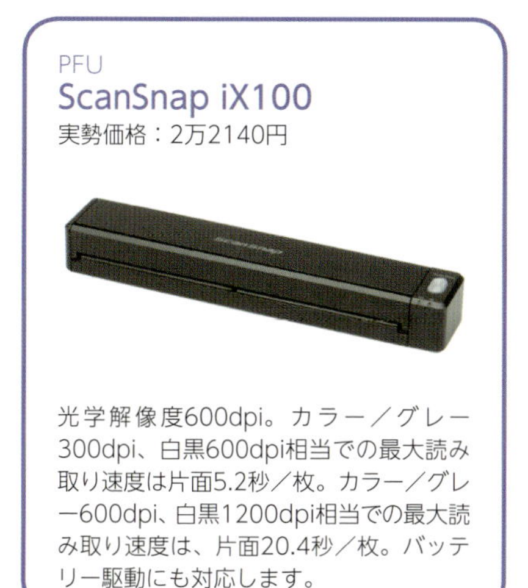

PFU
ScanSnap iX100
実勢価格：2万2140円

光学解像度600dpi。カラー／グレー300dpi、白黒600dpi相当での最大読み取り速度は片面5.2秒／枚。カラー／グレー600dpi、白黒1200dpi相当での最大読み取り速度は、片面20.4秒／枚。バッテリー駆動にも対応します。

ScanSnap Connect Application
開発者●PFU LIMITED
価格●無料

### 1 ScanSnap iX100とWi-Fi接続する

ScanSnap iX100背面のWi-Fiスイッチを「ON」にして電源を入れます。スマホのWi-Fi設定でScanSnap iX100底面に記載されているSSIDとパスワードを確認して接続します。

### 2 アプリでiX100に接続する

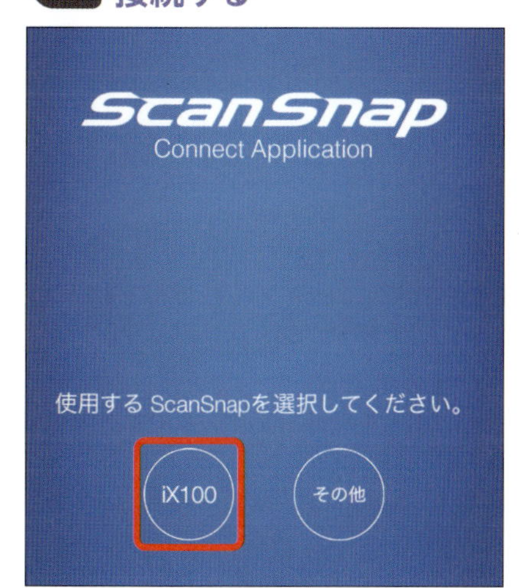


「ScanSnap Connect Application」で「セットアップウィザード」を表示し、「使用するScanSnap」で「iX100」をタップして選択します。

### 3 パスワードを入力する

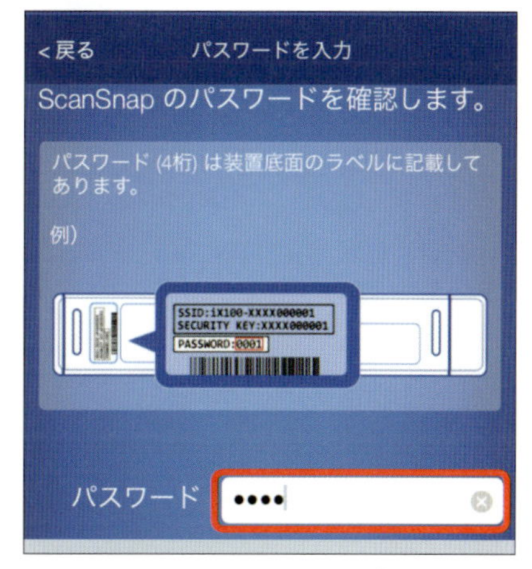


ScanSnap iX100と接続すると、パスワードの入力画面が表示されます。ScanSnap iX100底面に記載されているパスワードを入力することで、ScanSnap iX100を利用できるようになります。

## 4 文書のスキャンを開始する

「ファイル一覧」が表示されたら、原稿の読み取りが可能になっています。ScanSnap iX100に原稿をセットし、「Scan」をタップしましょう。

## 5 スキャンを完了する

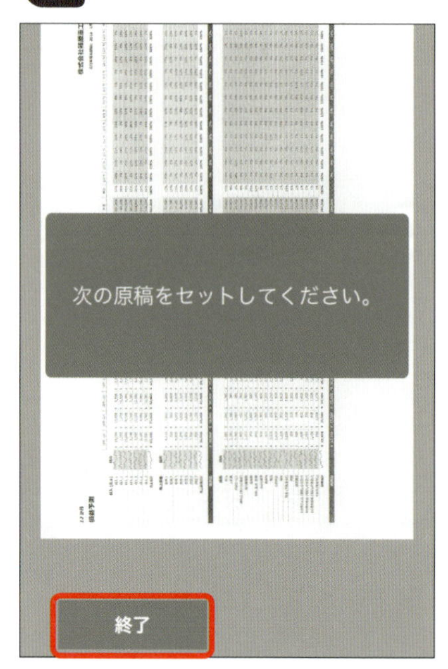


ScanSnap iX100が読み取った原稿が表示されます。すべての原稿を読み取り終えたら、「終了」をタップします。読み取った原稿はPDFファイルとして保存されます。

## エプソン「DS-360W」でスキャンする

エプソンの「DS-360W」は、A4対応のコンパクトドキュメントスキャナーです。25枚/分の高速スキャンが可能で、パソコンやスマートフォンとWi-Fi接続して文書をスキャンできます。レバー切り替えによるカード原稿のスキャンにも対応しています。

エプソン
DS-360W
実勢価格：3万9950円

光学解像度600dpi。カラー300dpiでの最大読み取り速度は25枚/分です。

**Epson DocumentScan**
開発者●Seiko Epson Corporation
価格●無料

# ブラザー ADS-2800Wでスキャンする

ブラザー
ADS-2800W
実勢価格：3万9950円

光学解像度600dpi。カラー300dpiでの最大読み取り速度は片面約40枚/分、80面/分です。原稿搭載枚数は50枚です。

Android

iOS

**Brother iPrint&Scan**
開発者●Brother Industries, LTD.　価格●無料

## 1 スキャナーを選択する

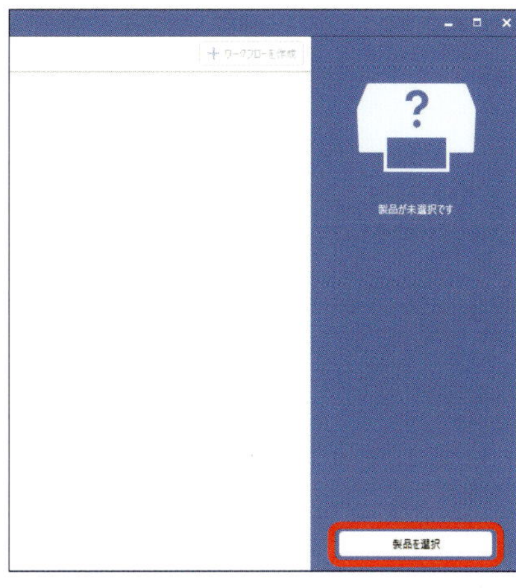


「Brother iPrint&Scan」を起動します。スキャナーが選択されていない場合は、まず「製品を選択」を実行します。リストから「ADS-2800W」を選択しましょう。

## 2 スキャンを実行する

「スキャン」を選択し、「カラー設定」などを確認して「スキャン」をクリックします。

## 3 スキャンした文書を保存する

スキャンが終わったら、ファイルを保存します。「クラウドサービスへ保存」など、利用したい環境に合わせて保存方法を選択しましょう。

ネット接続でできることが広がる

# TVやレコーダーをWi-Fiで接続する

**TVやレコーダーをネットに接続すると、さまざまな機能が利用できるようになります。Wi-Fi対応モデルなら、LANケーブルを配置する手間も不要です。**

## TVやレコーダーの機能をフル活用する

Wi-Fi対応のTVでは、ネットワークに接続することで、コンテンツ視聴などさまざまなオンラインサービスを利用することができます。

レコーダーにも、Wi-Fiに標準対応したモデルがあります。Wi-Fi接続すると、スマートフォンなどから録画予約などを行えるようになります。

TVやレコーダーはリビングなどネットワーク環境のない部屋に設置されていることも多い家電です。Wi-Fi接続を利用すれば、長いLANケーブルをリビングまで延ばすことなく、ネットワークに接続できます。

**Wi-Fi対応のTVやレコーダーをネットワーク接続する**



Wi-fi対応のTVやレコーダーなら、Wi-Fiルーターなどのないリビングに設置していても、簡単にネットワーク接続できます。

## TVをWi-Fi接続してコンテンツを楽しむ

ソニー
KJ-55X7500F
実勢価格：15万6530円

4K液晶を採用した「ブラビア」。Android TVを搭載しており、多数のコンテンツを4K画面で楽しめます。IEEE802.11b/g/n/a/acにも標準対応。

### Netflix

現在、有料動画配信サービスの中でもっとも加入者が多いといわれているのがNetflix（ネットフリックス）です。通常の映画やドラマの配信もありますが、オリジナルコンテンツ制作に注力しているのが特徴です。また、1アカウントで同時に複数の端末から利用できるのも便利でしょう。

| プラン | ベーシック | スタンダード | プレミアム |
|---|---|---|---|
| 月額（税抜） | 650円 | 950円 | 1450円 |
| 解像度 | SD | HD | 4K |
| 同時視聴数 | 1 | 2 | 4 |
| 無料視聴 | 1カ月 | 1カ月 | 1カ月 |

### Hulu

海外ドラマに強く、また映画やドラマだけでなく、アニメも楽しみたい人にピッタリなのがHulu（フールー）です。1アカウントでの同時視聴は1台までですが、視聴可能な作品数は多く、しかもラインナップへの追加までの時間が短いのが特徴です。

| 月額（税抜） | 933円 |
|---|---|
| 解像度 | HD |
| 同時視聴数 | 1 |
| 無料視聴 | 2週間 |

### YouTube

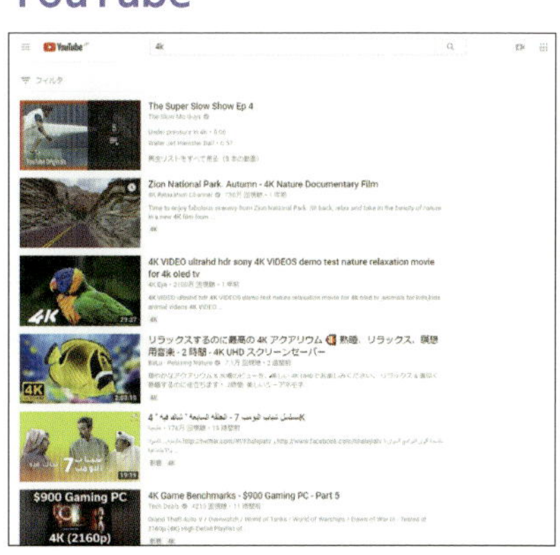


無料の動画共有サイトといえば、YouTube（ユーチューブ）がダントツに有名で、動画の数も抜群に多いといえます。また、4K対応動画も徐々に増えています。

| 月額（税抜き） | 無料 |
|---|---|
| 解像度 | 4K |

## 「DMR-BRW1050」をWi-Fi接続する

パナソニック
**DMR-BRW1050**
実勢価格：3万9860円

1TBのハードディスクを搭載したブルーレイディスクレコーダー。地上デジタル×2、BS/CS×2のチューナーを装備、4Kアップコンバートにも対応します。

### 1 ネットワーク設定を開始する

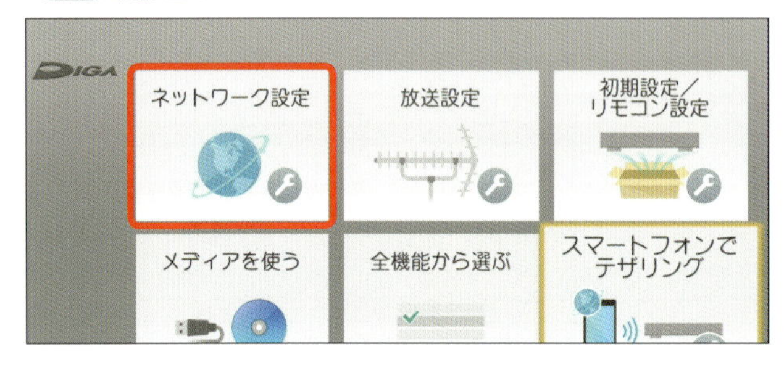


メニューを表示し、ネットワーク設定を選択。設定を開始します。

### 2 かんたんネットワーク設定を選択

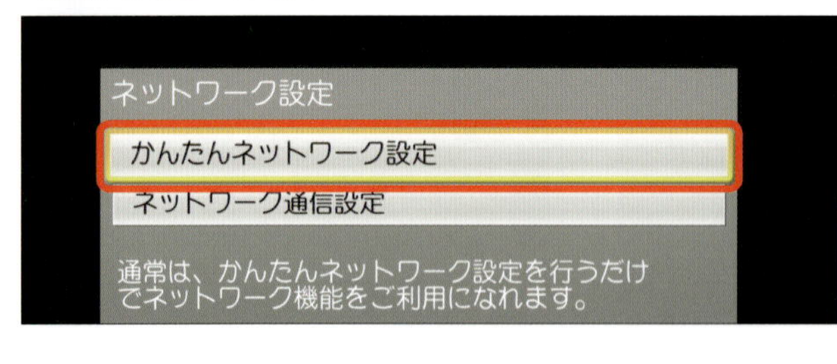


通常の環境なら、「かんたんネットワーク設定」を選択して次へ進みます。

### 3 WPSによる設定を選択する

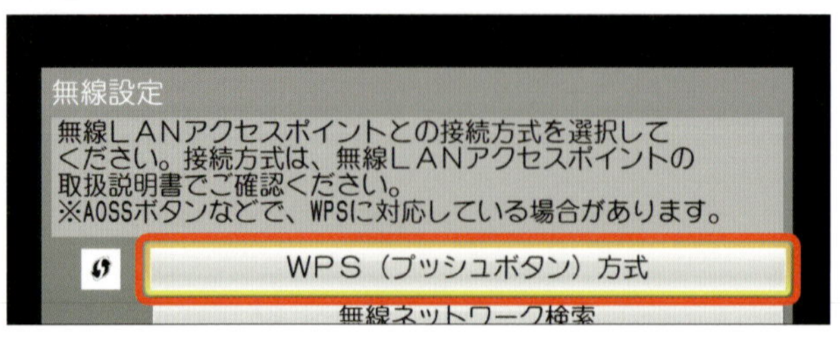


Wi-FiルーターがWPSによる自動設定に対応している場合は、「WPS（プッシュボタン）方式」を選択します。

## 4 WPSによる設定を開始する

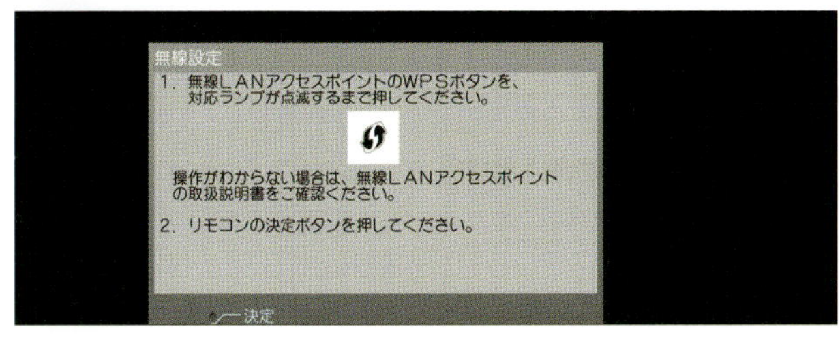


WPSボタンを対応するランプが点滅するまで押します。点滅を確認したら、リモコンの「決定」ボタンを押します。

## 5 ネットワーク設定を完了させる

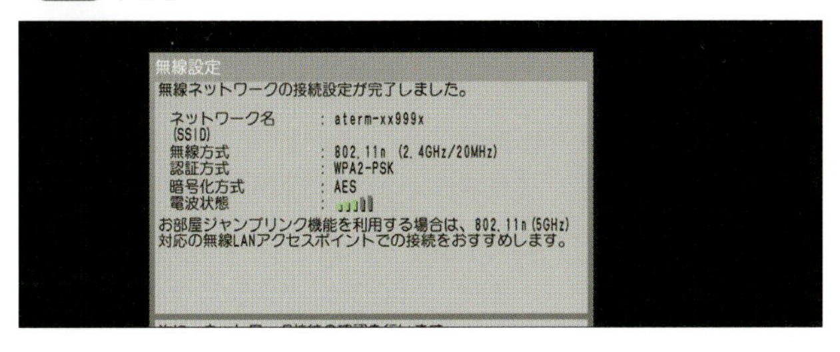


Wi-Fiルーターとの自動接続が完了したら、設定内容が表示されます。もう一度リモコンの「決定」ボタンを押します。

## 6 ネットワーク設定を完了させる

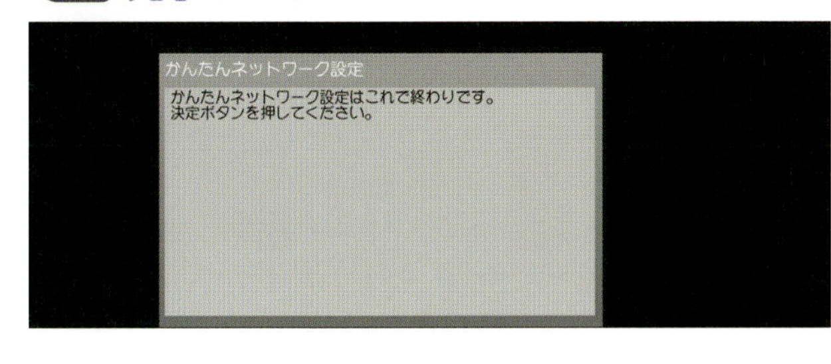


ネットワークの接続確認が終了するとこの画面が表示されるので、リモコンの「決定」ボタンを押して設定を完了させます。

## 7 ディモーラの利用登録を実行する

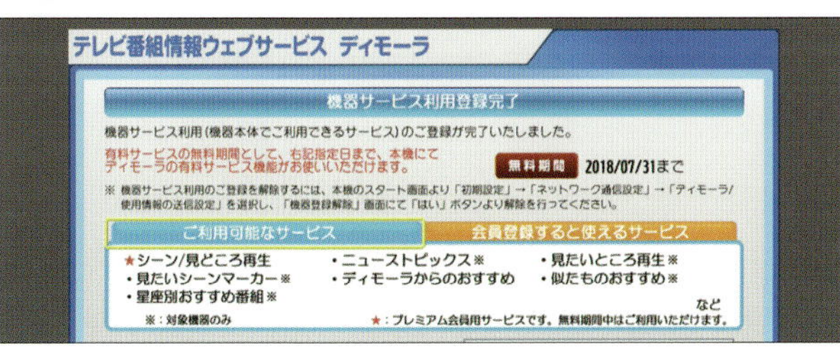


テレビ番組情報ウェブサービス「ディモーラ」に機器を登録すると、スマートフォンなどからの番組表表示、番組予約が行えます。

さまざまな接続方法でデータをやり取りする

# ハードディスクなどストレージをWi-Fiで接続する

**ハードディスクなどのストレージもWi-Fi接続することによって自宅でどこでも利用できるようになります。ポータブル型なら外出先でも使えます。**

## 環境によって接続方法を選択する

ハードディスクなどのストレージを利用する方法はいくつかあります。ひとつは、アクセスポイント機能を持つハードディスクを使って、直接アクセスするという方法です。

もうひとつは、Wi-Fiルーターに直接ハードディスクを接続してアクセスするという方法です。Wi-Fiルーターの代わりに、ハードディスクやメモリーカードなどのストレージを接続可能な「ワイヤレスモバイルストレージ」も使用することもできます。

また、自宅でのアクセスならNAS（ネットワーク対応のハードディスク）を購入し、Wi-Fiルーター経由でアクセスするという方法もあります。

### Wi-Fi接続可能なストレージ

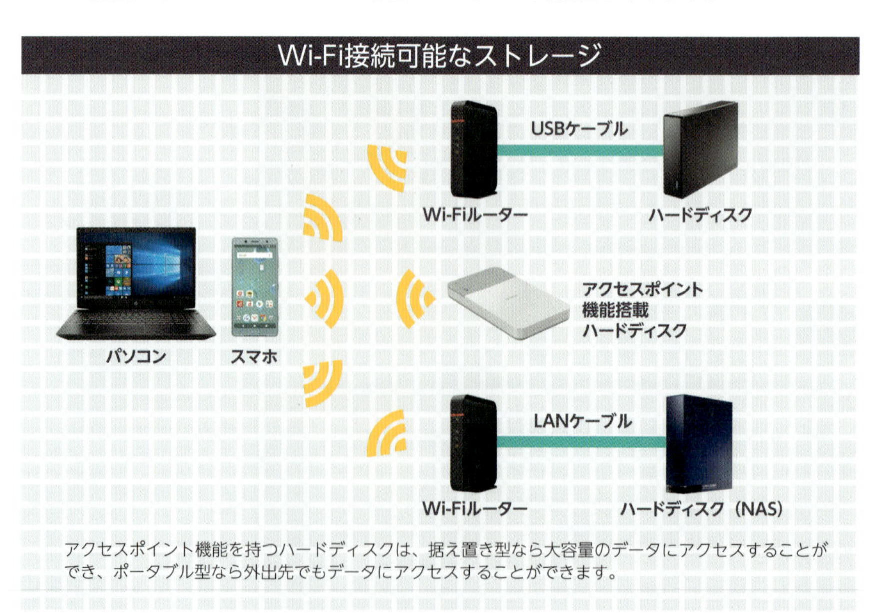


アクセスポイント機能を持つハードディスクは、据え置き型なら大容量のデータにアクセスすることができ、ポータブル型なら外出先でもデータにアクセスすることができます。

## Wi-Fi接続でストレージにアクセス

バッファロー
**HDW-PD1.0U3-C**

実勢価格：1万9090円

1TBの容量を持つWi-Fi接続ポータブルハードディスク。パソコンとはUSBケーブルで、スマホとはWi-Fi＋専用アプリで接続します。Wi-Fiは2.4GHz帯のIEEE802.11b/g/nに対応しています。

### 1 QRsetupで設定を開始する

「QRsetup」を起動し、「読み取りを始める」をタップします。カメラのアクセスを許可してQRコードを読み込んで設定を進めます。

### 2 プロファイルをインストールする

iPhoneでは、プロファイルをインストールすることによって、設定を完了させせます。

### 3 転送するファイルの種類を選択する

HDW-PD1.0U3-Cに接続し、「MiniStationAir2」を起動します。メニューを表示し、「写真」など転送したいファイルの種類を選択します。

## 4 転送する写真を選択する

写真の一覧などを表示してファイルを選択します。アイコンをタップするとファイルが転送リストに追加され、転送が実行されます。

## 5 転送状況を確認する

メニューから「転送リスト」を選択すると、ファイルの転送状況を確認することができます。

### 「AeroCast」で大容量データを持ち歩く

東芝のポータブルHDDシリーズ「キャンビオ」に、海外販売のみのWi-Fi対応HDDモデル「AeroCast」があります。海外版なので、日本語のマニュアルなどは添付されておらず、大手家電量販店では入手できず、ネット通販に頼るしかありませんが、信頼性には折り紙つきです。

東芝
Canvio AeroCast
実勢価格：2万7000円

容量は1TB、IEEE802.11b/g/n（2.4GHz帯）対応で、パソコンとはUSB 2.0/3.0で接続できます。バッテリー内蔵で、満充電なら数時間程度動作します。

## 「ShAirDisk」でファイルを転送する

プリンストン
ShAirDisk PTW-SDISK1
実勢価格：
3310円

10/100BASE-TX対応のLANポートとUSBポートを搭載、Wi-Fiは2.4GHz帯のIEEE802.11b/g/nに対応しています。スマホからは専用アプリでアクセス可能です。パソコンではアクセス補助用のサポートツールが用意されており、バッテリーは非搭載です。

Android　iOS
ShAirDisk2
開発者●Princeton Technology, Ltd.　価格●無料

### 1 ShAirDiskに接続する

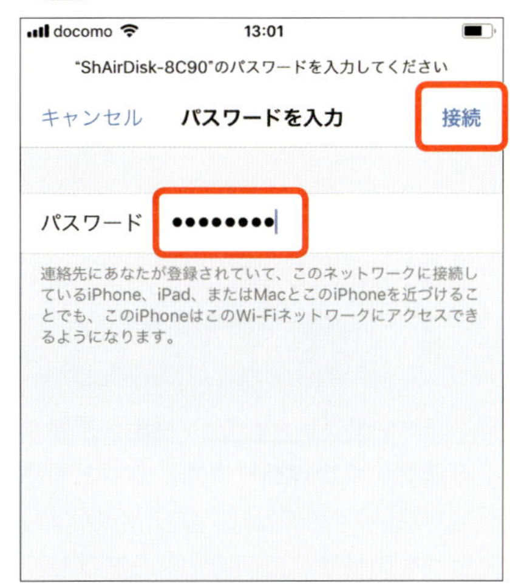


Wi-Fi設定でShAirDiskのSSIDを選択し、マニュアルに記載されているパスワードを入力して接続しておきます。

### 2 転送するファイルを選択する

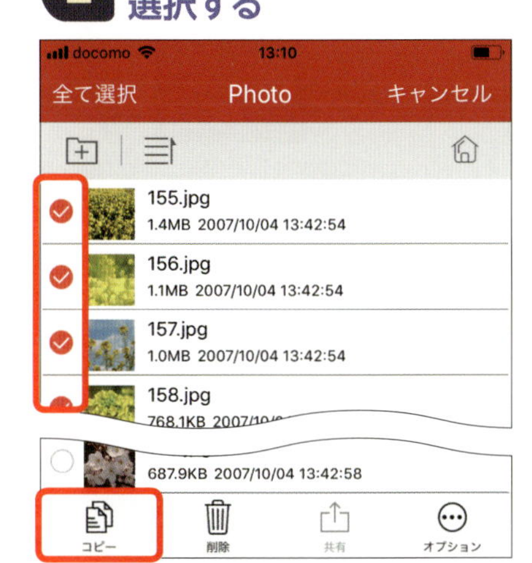


「ShAirDisk2」アプリで「ファイルを開く」をタップし、「My ShAirDisk」「iPhone」「ローカル」のいずれかを選択。転送したいファイルを指定して「コピー」をタップします。

### 3 ファイルの転送を実行する

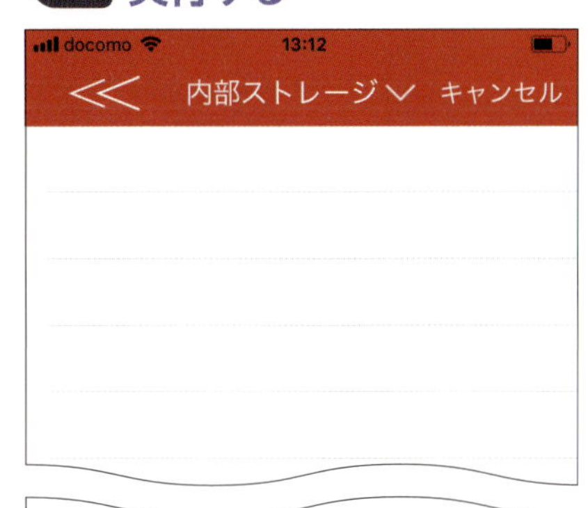


コピー先のフォルダーを選択する画面表示されるので、フォルダーを新規作成するなどして指定します。「貼り付け」を実行すると、ファイルがコピーされます。

好きな場所でTV番組を視聴

# TV番組をスマホやタブレットで視聴する

スマホやタブレットにアプリを導入することで、TV番組を視聴することができます。また、レコーダーやSTBと連携して視聴することも可能です。

## 見たい番組に合わせて方法を選択

スマホやタブレットでTV番組を視聴する方法はいくつかあります。もっとも手軽な方法はTV局の公式アプリを利用するというものです。この方法ならアプリを導入するだけでOKです。

すでにネットワーク対応のレコーダーを持っているなら、対応するアプリを使ってTV番組を視聴できます。レコーダーと連携すれば、録画した番組も視聴可能です。また、専用のSTB（セットトップボックス）を設置して、専用アプリで番組を視聴するという方法もあります。

スマホやタブレットでTV番組を見る方法

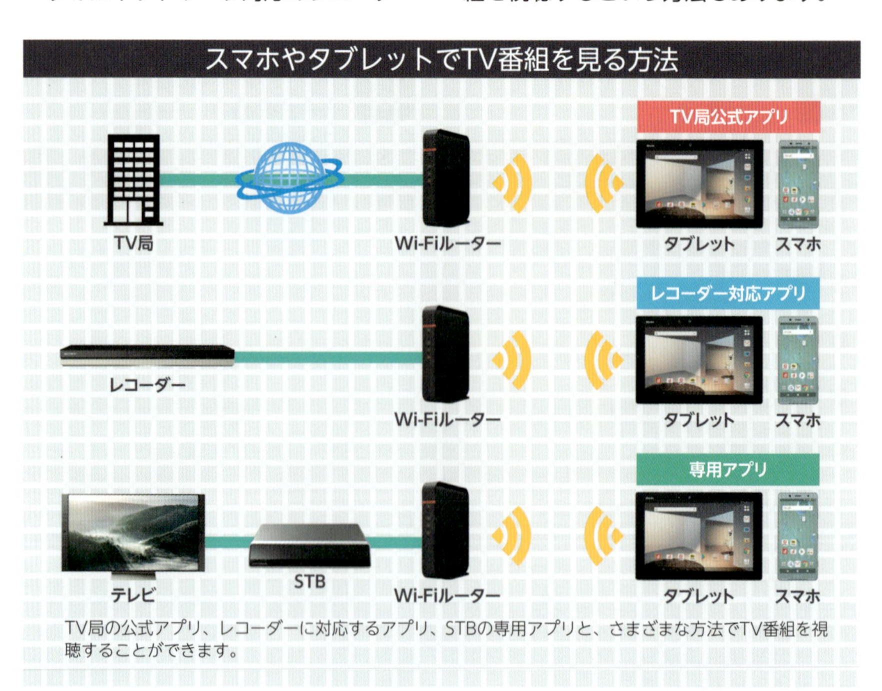


TV局の公式アプリ、レコーダーに対応するアプリ、STBの専用アプリと、さまざまな方法でTV番組を視聴することができます。

# レコーダーと対応アプリを接続する

1TBのハードディスクを搭載したブルーレイディスクレコーダー。地上デジタル×2、BS/CS×2のチューナーを装備、4Kアップコンバートにも対応します。

どこでもディーガ
開発者●Panasonic Corporation　価格●無料

## 1 自宅の視聴環境をチェックする

「どこでもディーガ」を起動すると、最初に「リモート視聴チェック」が表示されます。「確認する」を選択して「チェックする」をタップ、リモート視聴可能であることを確認しておきます。

## 2 接続するレコーダーを選択する

「登録可能な機器」に自宅のレコーダーが表示されたら、タップして選択します。

## 3 ログインして続行する

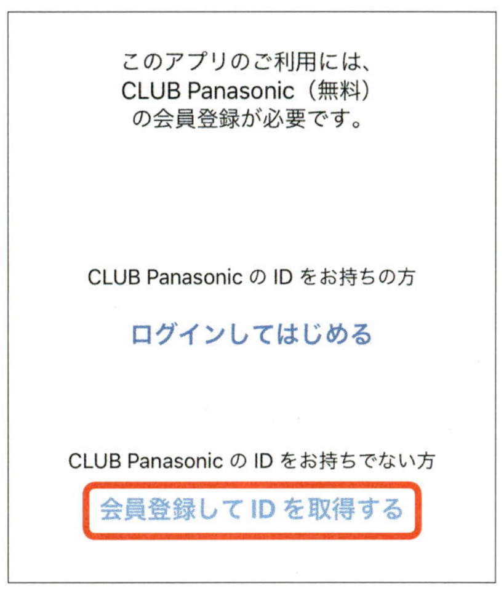


アプリ利用にはログインが必要となるのでログインして続行します。アカウントを持っていない場合は「会員登録してIDを取得する」を選択します。

## アプリでTV番組を視聴する

### 1 登録を完了し利用を開始する

ログインとレコーダーの登録が完了すると、TV番組視聴が可能になります。「次へ」をタップしてアプリの利用を開始します。

### 2 視聴したい番組を選択する

「番組表」タブを選択すると、現在放送中の番組が表示されます。視聴したい番組をタップして選択します。

### 3 TV番組を視聴する

レコーダーから映像が転送され、スマートフォンやタブレットで番組を視聴することができます。

### 4 視聴する画質を調整する

メニューを表示すると「宅内視聴画質」を選択することができます。電波環境が悪い場合はここから調整してみましょう。

## TV番組の視聴が可能なアプリを選択する

前ページではパナソニックのブルーレイディスクレコーダー「DIGA」とアプリによる視聴方法を解説しましたが、他社のレコーダーも、対応アプリによる視聴に対応しています。ここでは各社のアプリと、民放共通で番組を選択して視聴できるアプリを紹介しますので、視聴環境に合わせて選択してください。

なお、TV番組の視聴には大量のデータの転送が必要になります。屋外で視聴する場合は、LTE回線ではなくWi-Fiを利用するといいでしょう。

**ソニー**

Android　iOS

**Video & TV SideView**

開発者●Sony Network Communications Inc.　価格●無料（プラグイン500円）

**東芝、シャープなど**

Android　iOS

**DiXiM Play**

開発者●DigiOn, Inc.　価格●無料（スマホ月額プラン108円、買い切りプラン1404円）

**民放共通**

Android　iOS

**TVer**

開発者●PRESENTCAST INC.
価格●無料

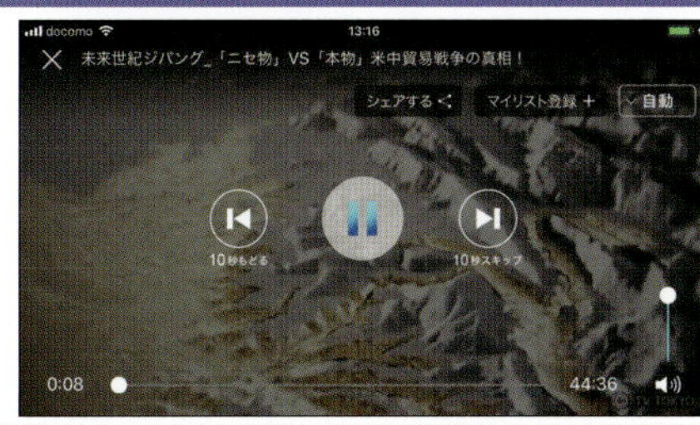

## STBを利用してTV番組を視聴する

TV番組の視聴を可能にするSTBの定番が「Slingbox」です。Slingboxはレコーダーなどの機器をコントロールし、映像を出力することで、スマホなどでの視聴を可能にしています。自宅はもちろん、外出先でもリアルタイムの番組、録画番組を視聴できます。

Sling Media
**Slingbox M1 HDMI SET**
実勢価格：4万4800円

コンポーネント、コンポジットでの映像出力に対応したSTB。有線LANは10/100BASE-TX対応、パッケージは専用「HDMIコンバーター」とのセット。

Android　iOS

**Slingplayer**

開発者●Sling Media L.L.C.
価格●無料

Section 06

大画面TVでYouTubeを楽しむ

# ChromecastでYouTubeをTV視聴する

Chromecastを使えば、YouTubeの動画を大画面TVで再生することができます。家族で楽しむのにピッタリです。

## TVに接続するだけで利用できる

ChromecastはGoogleが発売している、TVに接続する小型デバイスです。TVのHDMI端子に接続することで、TVにスマートフォンなどの画面を映すことができます。Chromecastは単体でWi-Fiルーターと通信することができ、リビングなど有線LANのない部屋でもYouTubeの動画を大画面で楽しめます。

Chromecast用のアプリが対応しているのはiPhoneやAndroidといったスマートフォン、iPadなどのタブレット、パソコンです。なお、Androidスマートフォンでは、OS自体にも画面を出力する機能が備わっています。

Chromecast＋TVでコンテンツを楽しむ

ChromecastをTVに接続するだけで、インターネット接続機能のないTVでも大画面でYouTubeなどのコンテンツを楽しめます。

## Chromecastをセットアップする

直付けされたHDMIケーブルをTVに接続して利用するデバイス。新モデルでは2.4/5GHz帯のIEEE802.11b/g/n/acに標準対応。

### 1 ChromecastをTVに接続する

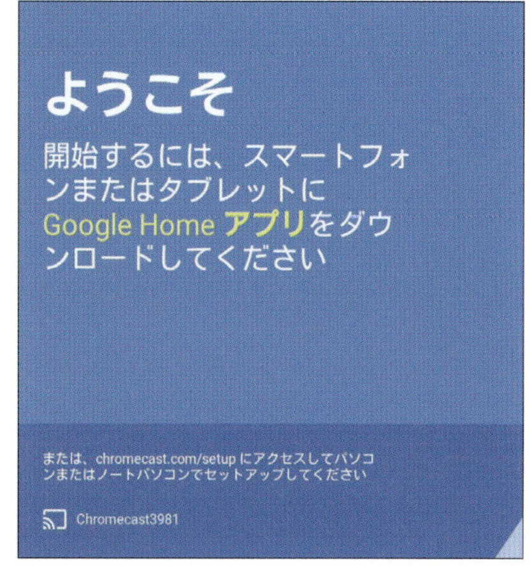


ChromecastのHDMIケーブルをTVのHDMI入力に接続し、電源ケーブルをコンセントに接続します。正しく接続できていれば、「ようこそ」画面が表示されます。

### 2 Google Homeで設定を開始する

「Google Home」を起動します。設定を開始し、Googleアカウントにログインしていない場合はログインし、Bluetoothがオフになっている場合はオンにしておきます。

### 3 セットアップするChromecastを確認

「Chromecast○○が見つかりました」と表示さしたら、4桁の数字がTV画面左下の数字と一致しているか確認します。合っていれば、「次へ」をタップして設定を進めます。

## ChromecastをWi-Fi接続する

### 1 画面のコードを確認する

TV画面とスマホの画面に同じコードが表示されていることを確認して、「はい」をタップします。情報送信の確認にも回答します。

### 2 Chromecastの場所を設定する

「このデバイスの場所の選択」で「リビング」などChromecastを設置する場所をタップして指定し、「次へ」をタップします。

### 3 Chromecastを接続するネットワークを選択

Chromecastを接続するWi-FiルーターのSSIDを選択してパスワードを入力、「接続」をタップします。

### 4 Chromecastの設定が完了

Wi-Fiネットワークへの接続が完了すると、Chromecastの利用が可能になります。続けてチュートリアルが表示されますが、スキップしてもかまいません。

## ChromecastでYouTube動画を再生

### 1 Google Homeでアプリを選択する

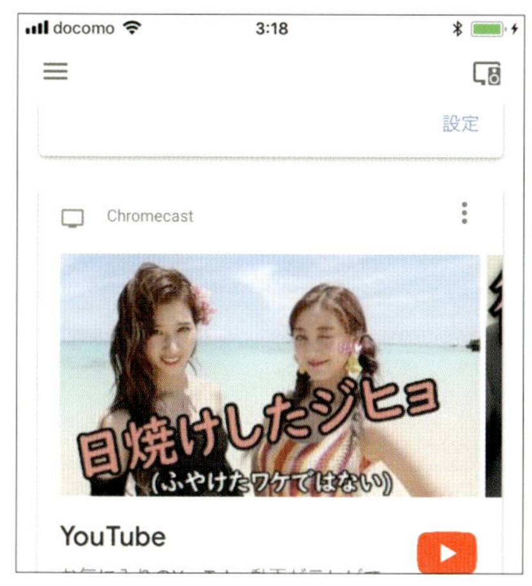


Chromecastに対応したアプリは「Google Home」アプリで探せます。「探す」タブで「YouTube」の「アプリを入手」をタップし、インストールを実行します。

### 2 YouTubeで動画を選択する

YouTubeアプリを起動し、視聴したい動画を検索などで選択します。

### 3 Chromecastで再生を実行する

YouTubeの動画の画面でキャストアイコンをタップし、表示されたメニューで再生するChromecastを指定します。

### 4 TVでYouTubeの動画が再生される

TV画面でYouTubeの動画の再生が開始されます。再生を終了するときは、再びメニューを表示し「接続を解除」を選択します。

大画面TVでプライムビデオを楽しむ

# AmazonのプライムビデオをTVで視聴する

Amazonのプライムビデオを簡単にTVで視聴できるデバイスが「Fire TV Stick」です。プライム会員なら必携のアイテムです。

## TVに接続するだけで設置完了

Fire TV Stickはアマゾンが発売している、TVに接続する小型デバイスです。本体にHDMI端子やWi-Fi機能が内蔵されているので、TVのHDMI端子に接続しWi-Fi設定を行うだけで、プライムビデオを視聴することができます。

Fire TV Stickは、付属のリモコンで操作します。また、スマートフォン用のリモコンアプリも用意されています。リモコンアプリは、セットアップが完了したあと、ペアリングを実行することで利用可能になります。

Fire TV Stick単体でWi-Fiルーターと接続してコンテンツを再生できます。スマートフォンのリモコンアプリも使えます。

TVのHDMI端子に直接接続して利用します。Wi-Fiは2.4/5GHz帯のIEEE802.11b/g/n/a/ac対応。音声認識リモコンも付属しています。

## Fire TV Stickでプライムビデオを再生

### 1 リモコンを接続し設定を開始

Fire TV StickをTVに接続し、リモコンのホームボタンを10秒間押してペアリングします。再生ボタンを押して設定を開始、表示言語で日本語を選択します。

### 2 ネットワークを設定する

次にネットワーク設定を実行します。WPS対応のWi-Fiルーターを使っていれば、「WPSボタンで接続」などを選択して接続します。

### 3 アマゾンのアカウントでログインする

すでにアマゾンのアカウントを持っている場合は、「登録」を選択しメールアドレスとパスワードを入力してログインします。

### 4 プライムビデオをTVで再生する

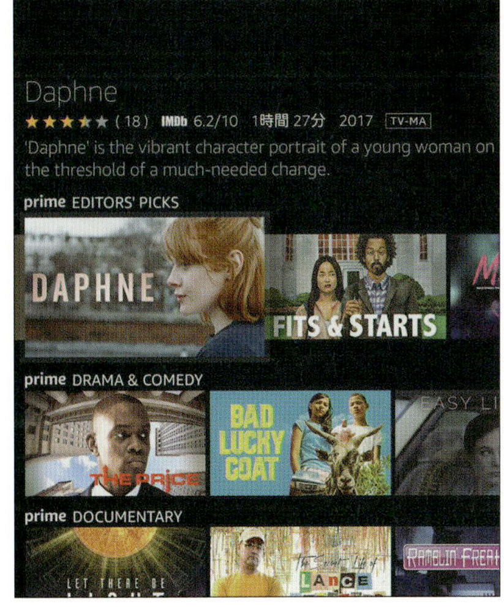


ホーム画面が表示されたら、好きなタイトルを選択して再生しましょう。

Section 08

ケーブルなしで自由に音楽を楽しむ

# 音楽をワイヤレスで楽しむ

**音楽をワイヤレスで楽しむ方法としては、Bluetoothが一般的です。また、一部のスピーカーなどはWi-Fi接続にも対応しています。**

## 接続方法を使い分けて快適音楽ライフを

自宅でも外出先でもワイヤレスで音楽を楽しみたい、というときに便利なのがBluetooth接続のイヤホン、ヘッドホンです。スマートフォンなどと接続することで、どこでも周囲を気にせず音楽再生ができます。

スピーカーやコンポなどには、Wi-Fi対応製品がラインアップされています。また、BluetoothとWi-Fi両対応の製品もあります。

オーディオルームやリビングなど、余計な配線を増やしたくない場所でパソコンやスマートフォンの音楽を楽しみたいとき、これらの製品を活用しましょう。

### ワイヤレスでの音楽機器接続方法

**Wi-Fi／Bluetoothで接続する**

スマホなどと単体で接続するBluetooth対応製品と、Wi-Fiルーターと接続してコンテンツを再生するWi-Fi対応製品をうまく使い分けましょう。

ソニー
**h.ear go 2 SRS-HG10**
実勢価格：2万6870円

Bluetooth/Wi-Fi両対応のワイヤレスポータブルスピーカー。対応コーデックはSBC/AAC/LDAC。Wi-Fiは2.4/5GHz帯のIEEE802.11b/g/a/n対応、カラーラインアップは5種類。スマートフォン用コントロールアプリ「Music Center」で再生操作が可能です。

アンカー
**SoundBuds Slim**
実勢価格：2230円

Bluetooth 4.1対応のイヤホン。約7時間の連続再生が可能、IPX4防水規格にも対応。

## ワイヤレススピーカーで音楽を再生

### 1 スピーカーをWi-Fi接続

スピーカーの電源を投入し、WPSを使用してWi-Fiルーターに接続しておきます。スマホに「Music Center」アプリをインストールします。

Android iOS

Sony | Music Center
開発者●Sony Video & Sound Products Inc.　価格●無料

### 2 ネットワークを設定する

「はじめる」をタップし「デバイス&グループ」に表示された「hear go 2」を選択します。「ネットワークサービス設定」とスピーカーの名称設定をしておきます。

### 3 再生したい楽曲を選択する

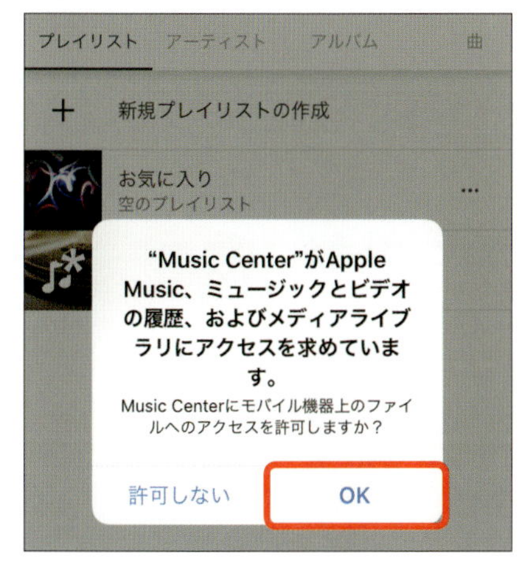


アクセス許可で「OK」をタップすると、スマートフォンに保存されている楽曲にアクセスできるようになります。ワイヤレススピーカーで再生したい楽曲を選択します。

### 4 スピーカーで音楽を再生する

再生を実行すると、スピーカーから楽曲が再生されます。

対応ドライブがあればスマホでも楽しめる

# DVDビデオや音楽CDをスマホで再生する

**DVDビデオや音楽CDを再生するためのドライブは、スマホに直接接続することはできません。Wi-Fi対応ドライブを使用して再生しましょう。**

## DVDビデオまでなら転送可能

DVDビデオや音楽CDを再生するためには、DVDドライブやCDドライブが必要になります。しかし、スマホはDVDドライブやCDドライブを直接接続できないものが大半です。

こういったスマホでもDVDビデオや音楽CDを再生できるのが「Wi-Fi対応ドライブ」です。Wi-Fi対応ドライブなら、スマホとケーブルで接続する必要はありません。Wi-Fiのデータ転送速度も以前と比べると向上しているため、データ転送量の多いDVDビデオの再生についても、対応可能となっています。ただし、ブルーレイは再生不能です。

**ワイヤレスで光学ドライブを接続**

Wi-Fi対応光学ドライブ

タブレット

スマートフォン

モバイルバッテリー

スマートフォンやタブレットとWi-Fi対応光学ドライブをワイヤレス接続することで、DVDビデオや音楽CDを再生します。モバイルバッテリーを使用すれば、移動中などでも再生が可能です。

## 光学ドライブをWi-Fiで接続する

アイ・オー・データ機器
**DVDミレル DVRP-W8AI2**
実勢価格：1万4860円

音楽CDとDVDビデオに対応した光学ドライブ。Wi-Fiは2.4/5GHz帯のIEEE 802.11b/g/a/n/acに標準対応。モバイルバッテリー用の接続ケーブルを同梱、「DVDミレル」のシリアルコードも付属。

**DVDミレル(DVRP-W8AI2、DVRP-W8AI用)**
開発者●sMedio, Inc.　価格●無料（要シリアルコード）

### 1 ドライブのSSIDを選択する

ドライブの電源をオンにすると、Wi-Fi設定にSSIDが表示されます。使用する環境に合わせて「2G」「5G」のどちらかを選択します。

### 2 パスワードを入力して接続する

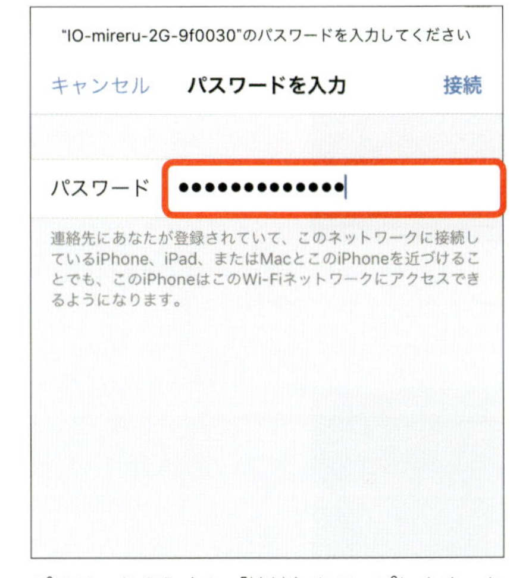


パスワードを入力し「接続」をタップします。なお、SIDとパスワードは、ドライブ底面に記載されています。

### 3 ドライブとのWi-Fi接続が完了

ドライブに接続できました。うまく接続できなかった場合は、もうひとつのSSIDを選択してみるなどしましょう。

# DVDビデオを再生する

## 1 シリアル番号を入力する

DVDミレル初回起動時は、シリアル番号の入力画面が表示されます。同梱されているシリアル番号を入力して進みます。

## 2 ドライブを認識させる

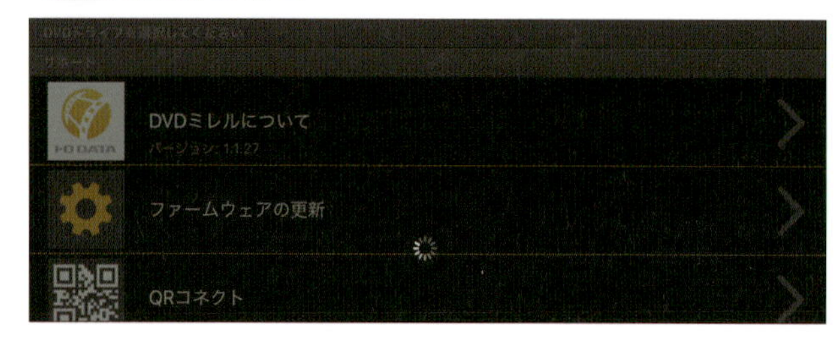


ホーム画面が表示されると、ドライブの認識が行われます。ドライブが見つからない場合は手動で指定しましょう。

## 3 DVDビデオのディスクを挿入する

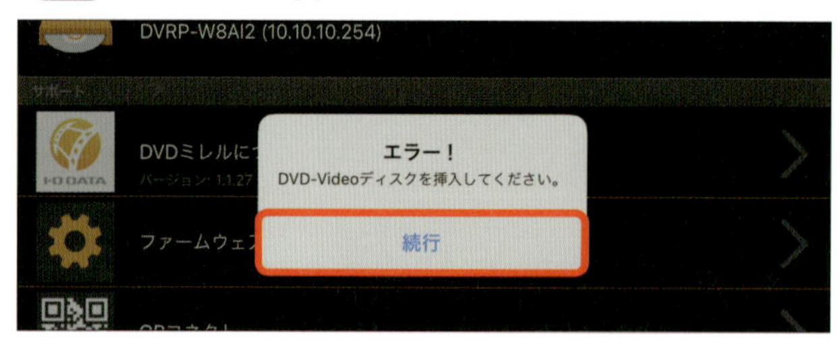


DVDミレルはDVDビデオのディスクを自動読込みするので、ディスクが挿入されていないとエラーが表示されます。再生したいDVDビデオを挿入して「続行」をタップします。

## 4 DVDビデオの再生が開始される

挿入したディスクがDVDビデオの場合、自動的に再生が開始されます。

## 5 バーチャルコントローラーを使う

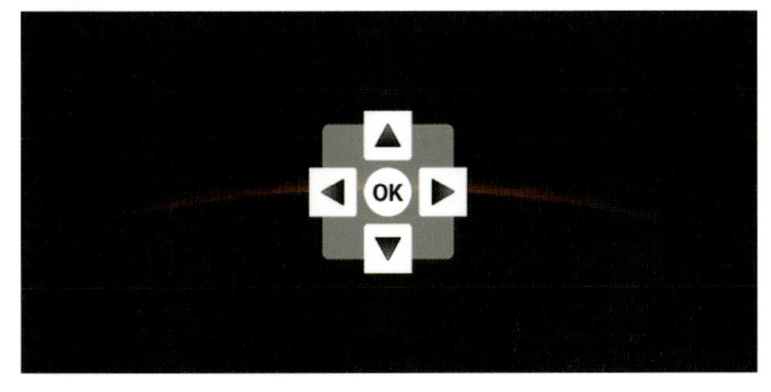


DVDミレルでは、画面にバーチャルコントローラーを表示することができます。バーチャルコントローラーは操作しやすい場所に移動可能です。

## 6 DVDビデオのメニューを操作する

DVDビデオのメニューをバーチャルコントローラーで操作して、チャプターや特典メニューなどを選択することができます。

### その他の活用方法をチェック

DVDミレルは「VRモード」にも対応しています。ハコスコ社製ビューアーと組み合わせることで、臨場感あふれるVR映像を楽しめます。また、DVRP-W8AI2で音楽CDの再生、取り込みを行うには、「CDレコ」を使用します。CDレコの対応機種はアプリ内から確認できます。

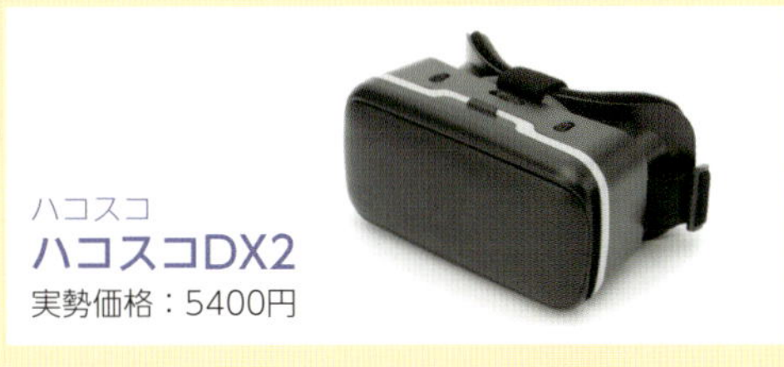

ハコスコ
**ハコスコDX2**
実勢価格：5400円

170mm×80mm×12mmまでのサイズのスマートフォンを装着可能。

Android　iOS

**CDレコ**
開発者● I-O DATA DEVICE, INC.
価格●無料

声だけで室内のさまざまな作業をしてくれる

# スマートスピーカーをWi-Fiで接続する

スマートスピーカーを使うと、話しかけるだけでさまざまな作業を実行できます。スマートスピーカーで未来の生活を一足先に体験しましょう。

## ニュースも音楽も家電もおまかせ

対話型のAIアシスタントを搭載したスピーカー、それがスマートスピーカーです。スマートスピーカーはニュースを読み上げる、音楽をかける、検索するといった定番作業から、家電の操作といった、ほかの機器との連携作業まで、幅広く対応しています。

それぞれの作業はスマートフォンなどと同等にこなせます。たとえば音楽ならジャンルやアーティストを指定して再生することが可能です。

さらに、標準の作業を実行するだけでなく、自分で新しい作業を追加することも可能になっています。

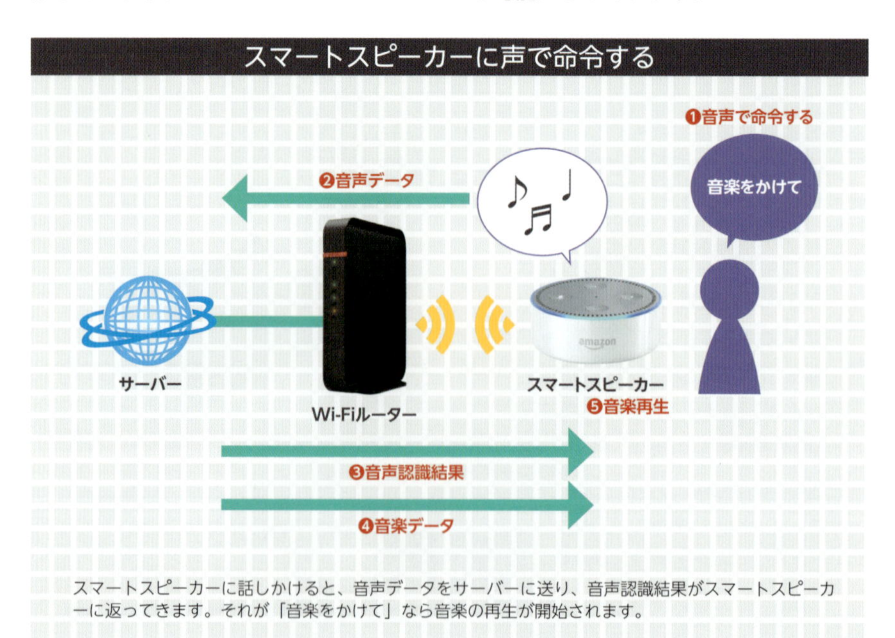


スマートスピーカーに話しかけると、音声データをサーバーに送り、音声認識結果がスマートスピーカーに返ってきます。それが「音楽をかけて」なら音楽の再生が開始されます。

# Echo DotをWi-Fi接続する

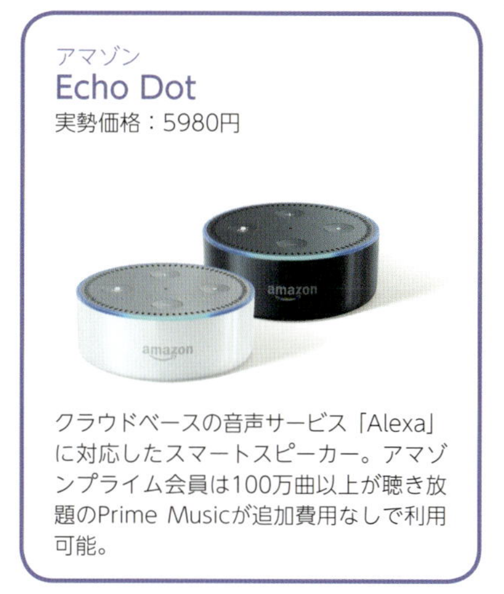

アマゾン
Echo Dot
実勢価格：5980円

クラウドベースの音声サービス「Alexa」に対応したスマートスピーカー。アマゾンプライム会員は100万曲以上が聴き放題のPrime Musicが追加費用なしで利用可能。

## 1 セットアップを開始する

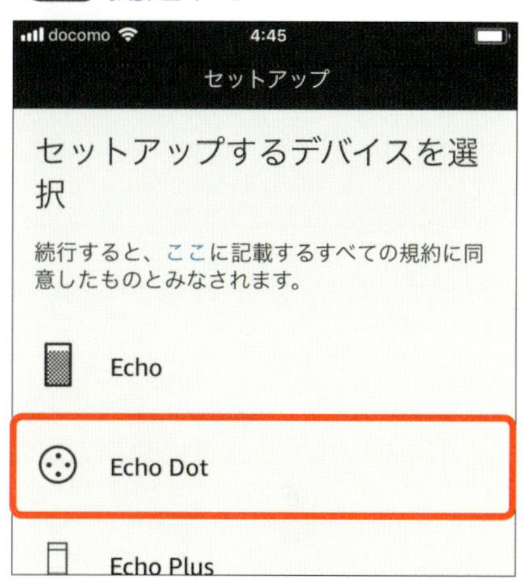


Amazon Alexaアプリを起動し、アマゾンのアカウントでログインします。「新しいデバイスをセットアップ」に進んでセットアップするデバイスを選択し、言語を選びます。

## 2 Echo Dotの電源を入れる

Echo Dotの電源を入れ、リングがオレンジ色に点灯するまで待ちます。点灯したら、「続行」をタップし「設定」を開きます。

## 3 Echo DotのWi-Fiに接続

設定で「Wi-Fi」を開き、Echo DotのSSIDを選択して接続します。Amazon Alexaアプリに戻ったらWi-FiルーターのSSIDとパスワードを入力して接続し直します。

## 4 Echo Dotの構成を選択する

セットアップが完了したら、Echo Dotの構成を選択します。Echo Dot以外のスピーカーで音楽を再生したい場合はここで設定します。

## 5 よく実行する作業をまとめる

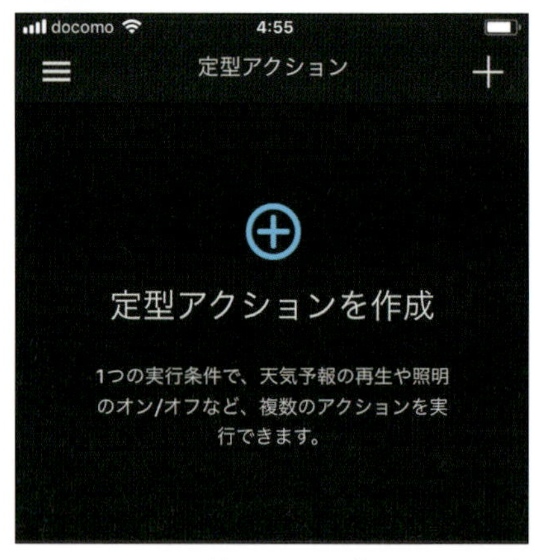


チュートリアルを終了したら、「アレクサ、音楽をかけて」というように話しかけて作業させることが可能になります。メニューから「定型アクション」を選択し、複数のアクションを組み合わせることもできます。

# Google Home MiniをWi-Fi接続する

グーグル
**Google Home Mini**
実勢価格：6480円

AIアシスタント「Google Assistant」を搭載したスマートスピーカー。カラーはチョーク、チャコール、コーラルの3色。

## 1 Google Home Miniのセットアップを開始

Google Home Miniの電源を入れ、Google Home MiniのSSIDに選択します。Google Homeアプリを起動すると自動的に接続が開始されます。Google Home Miniから音が聞こえたら「はい」をタップして進みます。

## 2 デバイスの場所を選択する

地域を選択し、デバイス管理のためデバイスの場所を選択し「次へ」をタップします。続いてGoogle Home Miniを使用するWi-Fiネットワークを指定します。

## 3 よく実行する作業をまとめる

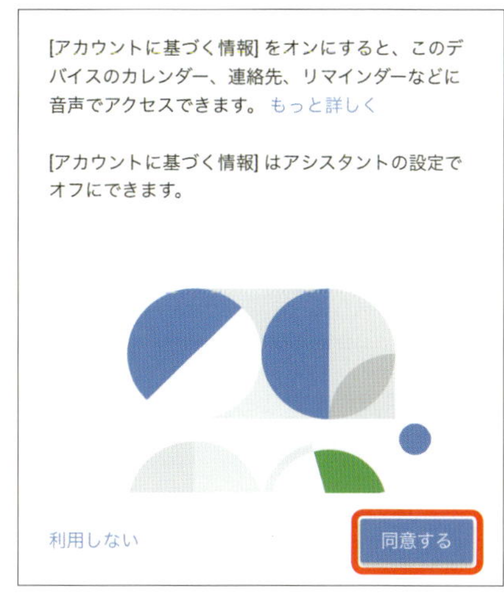


使用前の注意点を確認し、音声認識のための「Voice Match」を実行します。カレンダーや連絡先などの情報に音声でアクセスする場合は「同意する」をタップして進みます。

## 4 設定をカスタマイズする

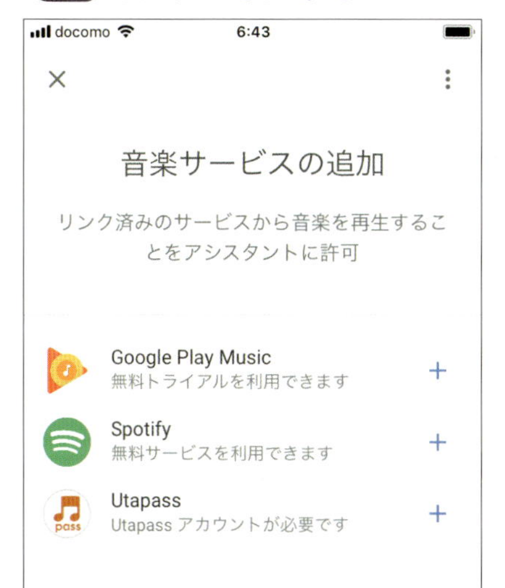


住所や使用する音楽サービス、動画サービスなどを選択していきます。最後に設定一覧が表示されるので、確認して設定を完了します。

## 5 チュートリアルで操作方法に慣れる

操作例が表示されるので「OK Google」と話しかけ、続けて例文を話して、いろいろな操作を実行してみましょう。

臨場感あるVR映像を味わう

# VRヘッドセットをWi-Fiで利用する

数年前から徐々に人気が出てきたVRヘッドセットは、臨場感あふれる映像と音声でゲームや動画を楽しむことができます。

## 接続方法によって必要な機器が異なる

VRとは「Virtual Reality」（仮想現実）の略で、HMD（ヘッドマウントディスプレイ）あるいはヘッドセットと呼ばれる機器を頭に付けることによって、コンピューターの作り出した映像を体感する技術のことです。数年前から一般消費者向けのヘッドセットが販売されるようになり、ゲームだけでなく、映画などの動画コンテンツ、ビジネスの分野まで用途が広がりつつあります。

接続方法は機種によって異なり、ヘッドセット単体でVRコンテンツを楽しめるものもあれば、スマホをはめ込むタイプや、パソコンやゲーム機と接続して利用するものもあります。

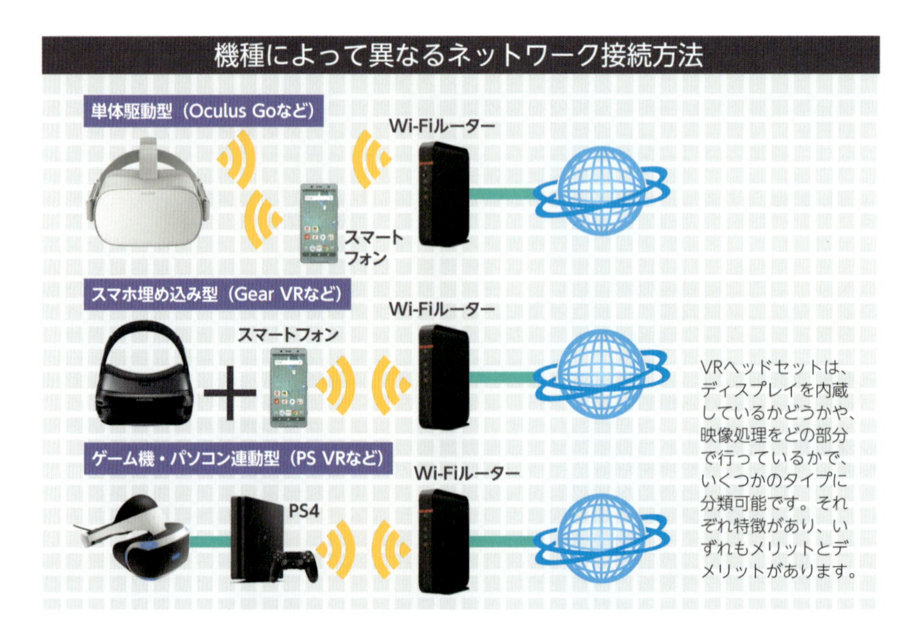

## スマホで「Oculus Go」をセットアップする

Oculus
**Oculus Go**
実勢価格：2万3800円（32GB）

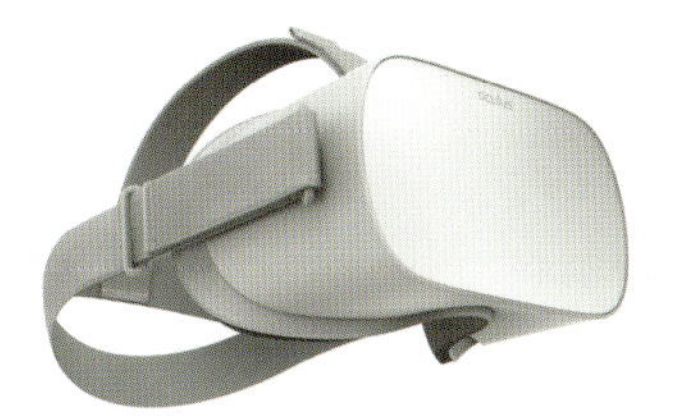

単体でVRコンテンツを楽しめる（セットアップ時はスマホが必要）タイプのヘッドセット。価格は2万3800円という低価格帯に属しながら、機能的には上位モデルの「Oculus Rift」にも負けていません。

Android

iOS

**Oculus**
開発者●Oculus VR, LLC
価格●無料

### 1 スマホにアプリをインストールする

App StoreまたはPlayストアから専用アプリをインストールして起動します。Oculusアカウントを持っていない場合は、「登録する」をタップしてアカウントを取得します。

### 2 Oculus GoとWi-Fiで接続する

Oculus Goの電源を入れて、「次へ」をタップし、Wi-Fi設定を行います。設定できれば、Oculus Goが自動的にインターネットに接続します。

### 3 Oculus Goをアップデートする

まずOculus Goのソフトウェアをアップデートします。完了したら、Oculus Goが利用できるようになります。

## ホーム画面から動画を視聴する

### 1 ホーム画面で見たいコンテンツを探す

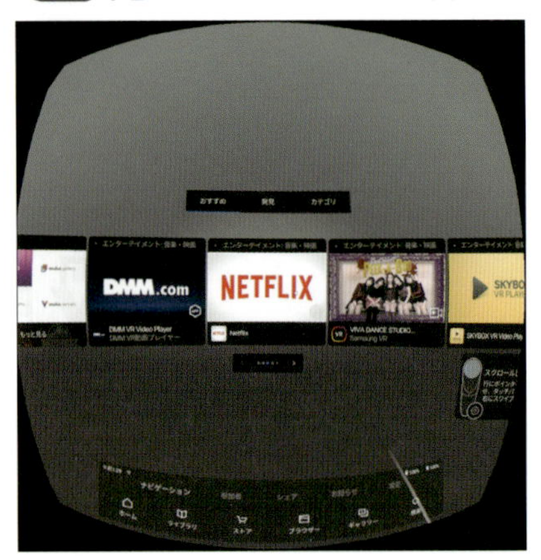


コントローラーを操作してコンテンツを探します。左右に頭を振ると、その方向が見えるので、そこからコンテンツを探してコントローラーから画面に向かって出るライトで指し示し、トリガーを引くと選択できます。

### 2 カテゴリごとにコンテンツを検索する

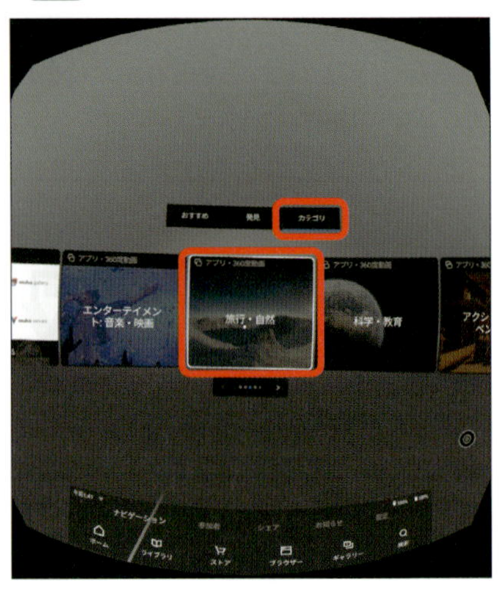


画面上の「カテゴリ」を選択すると、ジャンルごとに動画などがまとめられた画面が表示されます。ここでは「旅行・自然」を選択してみます。

### 3 好きなコンテンツを選んで再生を開始する

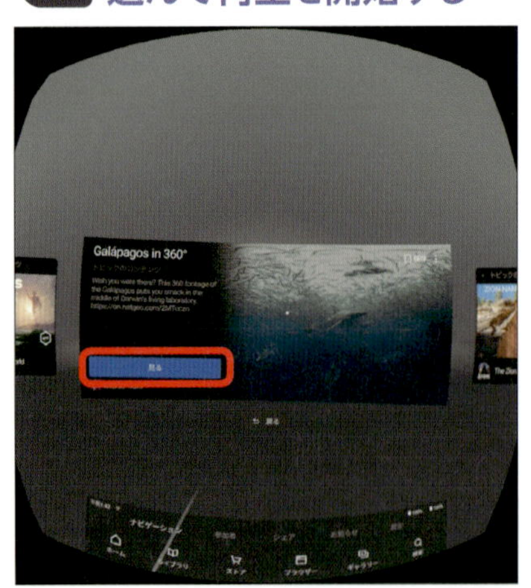


見たいコンテンツが見つかったら、「見る」をポイントしてトリガーを引きます。なお、コントローラーのスライドパッドで左右に移動したり、「戻る」ボタンを押して前の画面に戻ることもできます。

### 4 コンテンツの再生が開始する

動画コンテンツの再生が始まりました。スマホやパソコンでみる動画と異なるのは、頭を振ればその方向の映像を見ることができることです。動画によっては、真下や真上も表示可能です。

## 「Oculus Go」にアプリを追加する

### 1 スマホのアプリで検索する

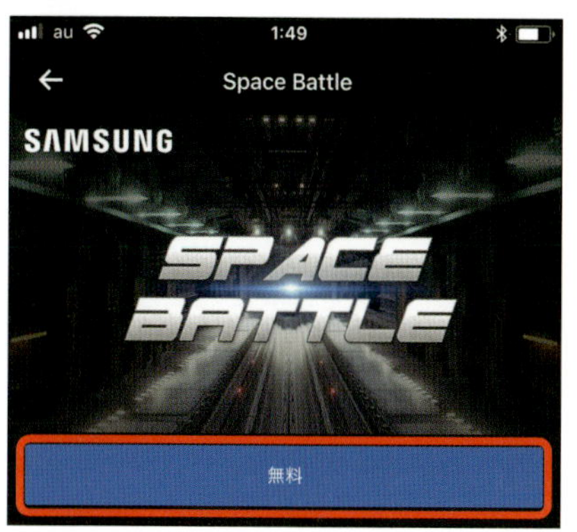


Oculus Goを使ってアプリを検索することもできますが、スマホが手元にあれば、スマホで検索・インストールを実行したほうが手軽です。無料アプリなら「無料」ボタンをタップすれば、Oculus Goへのインストールが開始します。

### 2 ゲームを楽しむ

頭を振ることで視界や移動方向が変わります。コントローラーで狙いを定めてトリガーを引くなどすることで、ゲームを楽しむことができます。なお、体質によっては酔ってしまうこともあるので、プレイ中は適宜休憩を取る必要があります。

## そのほかのVRヘッドセット

ここで紹介したOculus Go以外にも、安価なものから高価なものまで、いろいろなVRヘッドセットが販売されています。「PlayStation VR」を除き、いずれもヘッドセットの自由度を高めるため、Wi-Fi接続を利用しています。

ソニー
PlayStation VR
実勢価格：3万7800円

「PlayStation VR」は、PlayStation 4と組み合わせて動作するヘッドセットです。VR対応ゲームの種類が豊富なのが特徴です。

HTC
HTC Vive
実勢価格：6万9400円

本格的なVRを楽しみたいなら、パソコンと組み合わせる本製品などがおすすめです。高価ですが、仮想空間の中で歩き回ることもできます。

サムスン
Gear VR
実勢価格：1万6100円

サムスン製の一部スマホに対応しており、スマホをはめ込んでヘッドセットとして頭に装着するタイプの製品です。表示部分はスマホに任せるため、対応スマホを持っている人にはおすすめです。

COLUMN

# 自宅のWi-Fiにつながらないときはどうすればよいか②
## ～「ping」でWi-Fiルーターとの通信を確認する

P62で紹介した「ipconfig」コマンドよりさらに重要なのが「ping」コマンドです。ネットワーク的につながっているかどうかは、まずこのコマンドを実行して確認します。

pingコマンドは、ネットワークに接続している機器のIPアドレスを指定して実行し、パケットを飛ばします。このパケットを受け取った機器はパケットを投げ返すことになっているので、パケットが返ってくればネットワークは正しくつながっている、ということができます。もしパケットが返ってこなければ、何らかの障害が発生しているのかもしれません。

ただし、インターネット上のサーバーなど、設定によってpingコマンドに応答しないようになっていることもあるので、pingコマンドが失敗しただけで、つながっていないとは判断しないほうがいいでしょう。

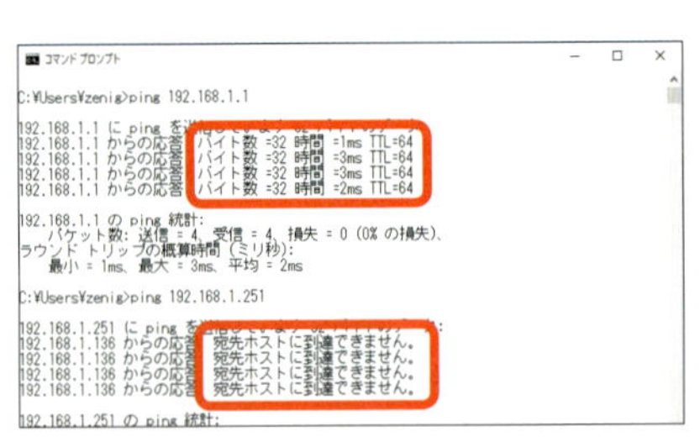

Windowsでは、ipconfigコマンドと同様に、コマンドプロンプトで「ping 192.168.1.1」のように、つながっているかどうかを確認したい機器のIPアドレスを使ってpingを実行します。もし「バイト数 =32」などと応答があれば、つながっています。「到達できません」と表示されれば、つながっていない可能性があります。

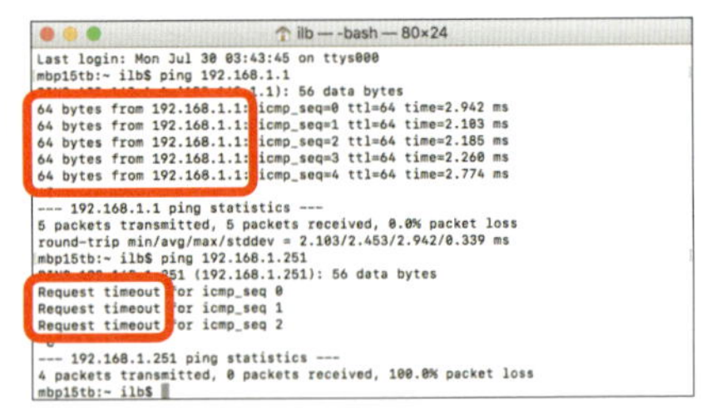

Macでもifconfigコマンドと同様に、ターミナルを起動して「ping 192.168.1.1」などとします。「64 bytes from 192.168.1.1」などと応答が帰ってきたら、つながっています。「Request timeout」と表示されれば、つながっていないかもしれません。なお、pingは無限に実行されるので、Ctrl+Cキーを押して、終了させます。

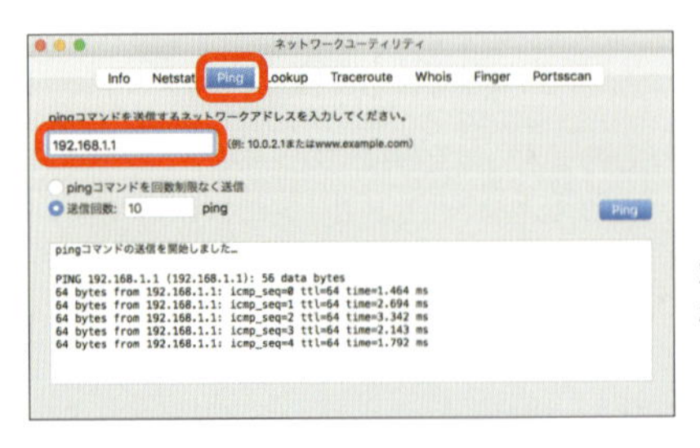

ターミナルを起動するのが面倒であれば、Spotlightで「ネットワークユーティリティ」を検索して起動し、「Ping」タブで宛先のIPアドレスを入力して実行します。結果の読み方は、ターミナルと同じです。

Chapter

6

# 安全にWi-Fi<br>ネットワークに接続する

Wi-Fiルーターには、安全に利用するためのセキュリティ設定がいくつも搭載されています。本章ではそれらの設定を活用する方法と、暗号化されていないWi-Fiアクセスポイントを安全に利用する方法を解説します。

初期設定のまま使うのは危険！

# セキュリティの基本設定を見直す

**現在販売されているWi-Fiルーターは、すぐに使えるように基本的な設定はセットされています。しかし、そのまま使うことはおすすめできません。**

## 初期設定を見直して不正アクセスを防ぐ

最近のWi-Fiルーターは、電源を接続するだけですぐに使えるよう基本的な設定がセットされた状態で販売されています。事前知識や設定の手間要らずで使い始められるのは便利ですが、パスワードの推測しやすさ、より多くの機器に対応するためのゆるめの設定などのため、不正な接続や利用が行われやすい状態でもあります。設定を少し変えるだけで、不正利用される可能性は大きく減少します。

### より強固な認証／暗号化方式に変更する

### 1 認証／暗号化方式の違いを理解しよう

| | |
|---|---|
| なし | 認証および暗号化なしの、オープンなアクセスポイント。接続操作なしで誰でも利用できるが、盗聴への対処がまったくされていない |
| WEP | ルーター普及初期に使われていた認証方式。簡単に暗号を解けることが判明したため、現在ではあまり使われない。ただし、携帯ゲーム機など一部の端末ではいまだにWEPにしか対応していないものもある |
| WPA | WEPの脆弱性に対処するために策定された認証方式だが、普及とともに不正アクセスに弱い面があることが判明。WEP同様、現在では使われなくなりつつある |
| WPA2 | WPAをより堅牢（けんろう）にした改良版。現在もっとも普及している認証方式であり、流通しているほとんどの機器が対応している |
| WPA3 | WPA2のセキュリティ機能をさらに強化した最新の規格。2018年後半から提供開始が予定されている |

Wi-Fiは、暗号化キーを知っている人だけが接続できる「認証」機能と、通信データを暗号化して盗聴を防ぐ「暗号化」機能を持ちます。どれを選択するかで、安全性は大きく変わります。

## 2 できるだけ「WPA2」を選択する

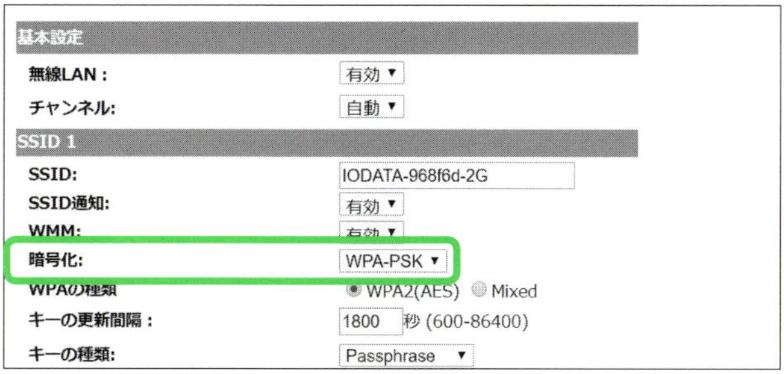

| 基本設定 | |
|---|---|
| 無線LAN： | 有効 |
| チャンネル: | 自動 |
| SSID 1 | |
| SSID: | IODATA-968f6d-2G |
| SSID通知: | 有効 |
| WMM: | 有効 |
| 暗号化: | WPA-PSK |
| WPAの種類 | ◉ WPA2(AES) ○ Mixed |
| キーの更新間隔： | 1800 秒 (600-86400) |
| キーの種類: | Passphrase |

現状もっとも安全な認証／暗号化方式は「WPA2」です。接続する端末がどの方式に対応しているかにもよりますが、可能であればなるべくWPA2を設定しておきましょう。なお、PSKとは「Pre-Shared Key」の略で、「事前共有鍵」のことです。

## 3 暗号化方式を指定する

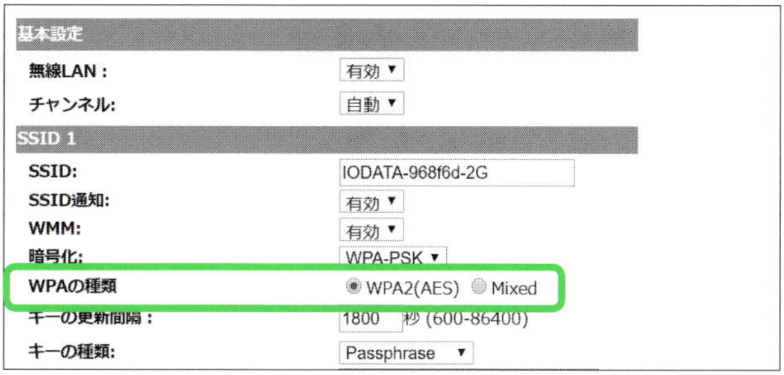

| 基本設定 | |
|---|---|
| 無線LAN： | 有効 |
| チャンネル: | 自動 |
| SSID 1 | |
| SSID: | IODATA-968f6d-2G |
| SSID通知: | 有効 |
| WMM: | 有効 |
| 暗号化: | WPA-PSK |
| WPAの種類 | ◉ WPA2(AES) ○ Mixed |
| キーの更新間隔： | 1800 秒 (600-86400) |
| キーの種類: | Passphrase |

暗号化方式には「AES」と「TKIP」があり、AES（WPA2）の方がより安全です。TKIP（WPA）にしか対応していない端末があるなら、「Mixed」（端末に応じてTKIPとAESを使い分ける）を選択する方法もあります。

### COLUMN WPA3ではどう強化されるのか

WPA2までで不便な点、不正利用されやすい点の4つのポイントを改善した規格がWPA3です。普及すれば、より安全で便利なWi-Fiの活用が期待できます。

**WPA3の4つの強化ポイント**

1. **暗号化キーの総当たり攻撃を防ぐ**
   推測したキーを試す不正接続に対処
2. **より安全な簡単接続方法を提供**
   WPSやAOSS、らくらく無線スタートなどに変わる簡単接続手順を標準化
3. **暗号化キーなしでも暗号化**
   オープンなアクセスポイント接続でも盗聴されにくくなる
4. **新しい暗号化ルールを採用**
   AESよりもさらに強力なCNSA暗号化方式を標準として追加

## ツ 無線接続の各種設定を変更する

Wi-Fiルーターが提供するアクセスポイントには「SSID」という名前が付いており、SSIDを選択することでどの周波数や認証／暗号化方式を使うかが決まります。SSIDをはじめとする各種設定は工場出荷時にひととおりセットされていますが、逆にこの初期設定からある程度接続のための情報を推測することも可能です。ここを独自の設定にすることで、より推測されにくくすることができます。

### SSIDや暗号化キーを変更する

#### 1 初期SSIDからわかってしまうこと

スマホのWi-Fi接続設定を参照すると、接続可能なSSIDのリストが表示されます。ルーターの初期設定ではSSIDにメーカーや型番が使われていることが多く、機種や初期設定の傾向が簡単に推測できる状態です。

#### 2 SSIDを変更する

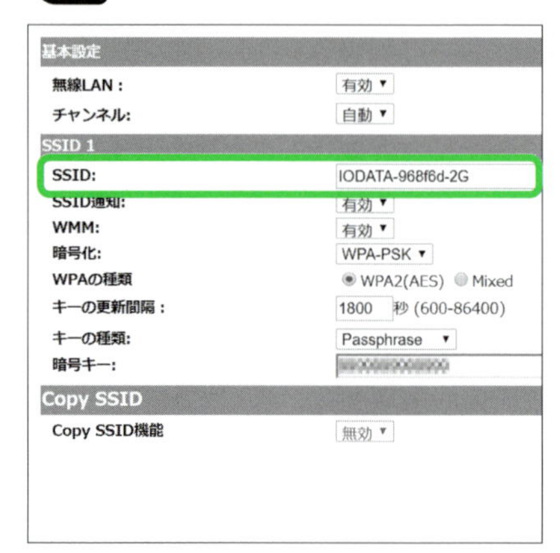


ルーターの設定機能から、SSIDを変更することが可能です。メーカーや型番はもちろん、氏名や住所、電話番号、誕生日、ペットの名前など個人情報から推測される名称にしないように心がけましょう。

#### 3 初期の暗号化キーには傾向がある

初期設定の暗号化キーは1台1台ランダムに割り当てられていますが、メーカーや機種によって桁数や使用文字種などに一定の傾向があります。暗号化キーも独自の文字列に変更しておきましょう。

## 4 暗号化キーを変更する

SSID 1
SSID: IODATA-968f6d-2G
SSID通知: 有効
WMM: 有効
暗号化: WPA-PSK
WPAの種類 WPA2(AES) Mixed
キーの更新間隔： 1800 秒 (600-86400)
キーの種類: Passphrase
暗号キー:
Copy SSID
Copy SSID機能 無効

暗号化キー（この機種では「暗号キー」）もSSIDと同様に、ルーターの設定機能から変更可能です。こちらも個人情報を避け、覚えやすく推測されにくい文字列にしておきましょう。ある程度（20文字以上）長い文字列が推奨されています。

## 5 SSIDを見せないようにする

SSID 1
SSID: IODATA-968f6d-2G
SSID通知: 有効
WMM: 有効
暗号化: WPA-PSK
WPAの種類 WPA2(AES) Mixed
キーの更新間隔： 1800 秒 (600-86400)
キーの種類: Passphrase
暗号キー:
Copy SSID
Copy SSID機能 無効

「SSID通知」や「ステルス」機能などでスマホなどのSSID一覧に表示されないようにすれば、存在自体が気づかれず不正利用されにくくなります。接続操作は、SSIDを自分で入力して設定することになります。

## 6 暗号化キーを自動的に切り替える

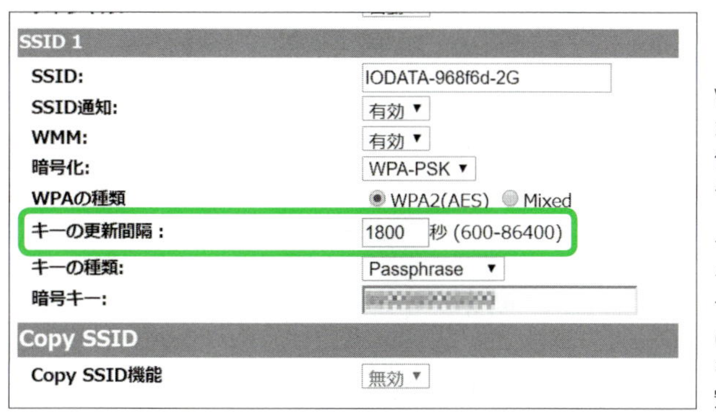


Wi-Fiでは接続時に指定した暗号化キーをもとに暗号化が行われますが、マルチキャストやブロードキャストで使用するGTK（グループキー）を一定時間ごとにランダムに切り替えることで盗聴しにくくなる仕組みになっています。この間隔を狭めることで通信がより安全になります。

ルーターの機能を見直してみよう

# ルーター独自のセキュリティ設定を行う

ルーターによっては、Wi-Fiの規格で定められている機能のほかにも、独自のセキュリティ機能を持つ製品もあります。

## ルーターの機能を最大限に活用してより安全に

ミドルレンジ～ハイエンドのルーターでは、Wi-Fiの規格以外にも独自のセキュリティ機能を搭載し、より安全な通信を実現している製品もあります。一時的にインターネットだけに接続できる「ゲストポート」は多くのルーターに搭載されるようになってきましたが、それ以外にも各メーカーとも特徴のある独自のセキュリティ機能を提供することで、他社との差別化を図っています。

ゲストポートをオンにすると、専用のSSIDが設定されます。通常はそのSSIDには暗号化キーが設定されず、誰でも簡単にアクセスできます。

### 友だちに一時的にネット環境を提供する

#### 1 ゲストポートを簡単にオンにする

ここではバッファローのWi-Fiルーターを例に設定します。ゲストポートを提供しているルーターであれば、その機能をオンにすることで、自宅に来た友人のスマホや携帯ゲーム機がWi-Fi経由で簡単にネットへ接続できるようになります。ゲストポート用のSSIDが表示されるので、利用者に伝えます。

## 2 ゲストポートを詳細に設定する

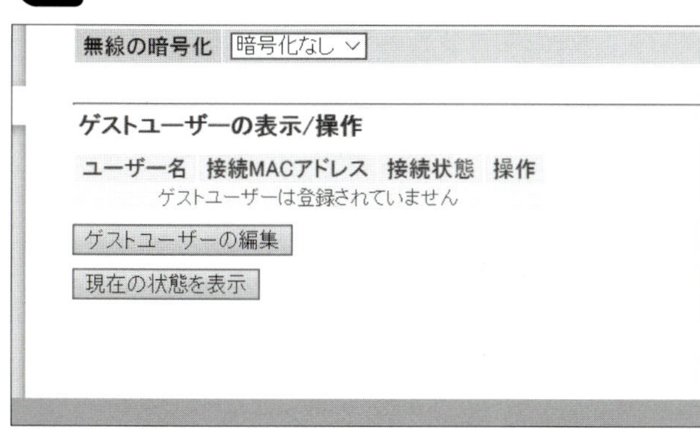


簡単設定では認証なしで接続できることが多く、速度や使用時間に制限をかけて不正利用されにくくしています。詳細なゲスト設定を行うことで、より快適な通信環境を提供することも可能です。

## 3 ゲストポートにユーザーを追加する

ゲストユーザーの新規追加

| ユーザー名 | user1 |
|---|---|
| パスワード | ●●●●●●●●● <br> □ パスワードを表示する |

新規追加

ゲストユーザーの表示/操作

| ユーザー名 | 操作 |
|---|---|
| ゲストユーザーは登録されていません | |

ゲストポートにユーザーを設定すると、アクセスしてもユーザー名とパスワードを正しく入力しない限り、ゲストポートを利用することはできません。

## 4 認証機能や利用可能時間を調整する

ゲストポート設定

| ゲストポート機能 | ☑ 使用する |
|---|---|
| ゲストユーザー認証機能 | □ 使用する |
| ゲストポート用LAN側IPアドレス | ◉ 自動設定 <br> ○ 手動設定 |
| 利用可能時間 | 3時間 |

無線設定

| SSID | ◉ エアステーションのMACアドレスを設定(Guest-E7FE) <br> ○ 値を入力 |
|---|---|
| 無線の認証 | 認証を行わない |

先ほど設定したユーザーの認証機能やIPアドレスの自動付与の有無、利用できる時間など詳細な設定を行うと、ゲストポートをより安全で快適に使えます。

## ネットワーク分離機能でLAN内のアクセス範囲を制限する

### 1 同一SSID接続とネットだけにアクセスを制限

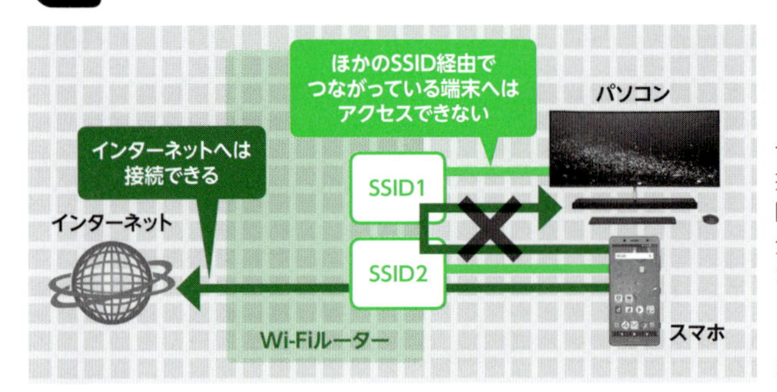


一部のルーターには、Wi-Fi接続時にアクセスできる範囲を制限する「ネットワーク分離機能」が搭載されています。これは、インターネット、および同一SSIDで接続している端末間のみで通信を可能にします。

### 2 オンにするだけの簡単設定

ネットワーク分離機能を使うには、SSIDを選択してこの機能をオンにするだけです。LANケーブルでつながっているパソコンやNASなどへのアクセスができなくなるので、不正アクセスがされにくくなります。

## 不正なサイトとのやり取りをブロックする

### 1 最新の情報でフィルタリング

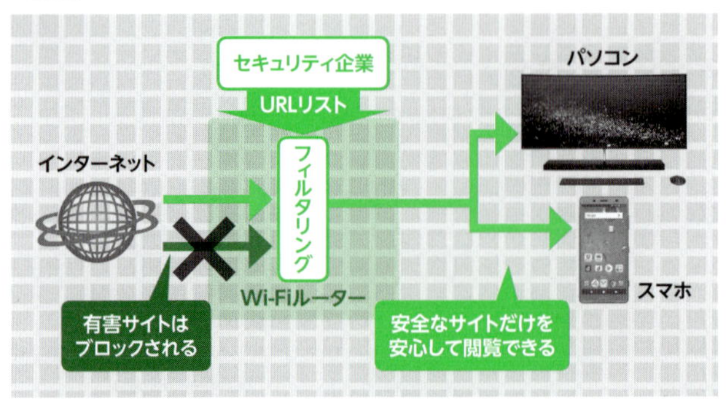


フィッシング詐欺など違法なサイトへのアクセスを制限する機能を持つルーターもあります。これは、セキュリティ企業から定期的に受信するURLリストで最新の情報に基づいたサイト制限をかける機能です。

## 2 フィルタリングが最大5年間無料で使える

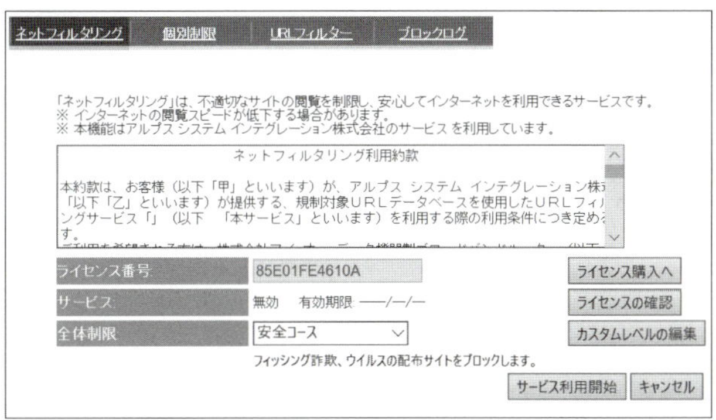


アイ・オー・データ機器の一部のルーターはアルプスシステムインテグレーションが提供するサービスを利用し、「ネットフィルタリング」という閲覧制限機能を搭載しています。利用には年間契約を行う必要がありますが、最大5年間無料の特典が付いています。

## 3 年2037円でフィルタリングが使える

ファミリースマイル設定
ファミリースマイル設定
ファミリースマイル機能　□使用する
全体ルール設定
ブロックレベル　制限なし
設定
トップページへ戻る

NEC製の一部のルーターでは、NetSTAR（ALSIのグループ会社）との提携で「ファミリースマイル」を提供しています。こちらは、年額2037円からと、安価に利用できる料金体系になっています。

## 4 セキュリティソフトのノウハウを搭載

エレコム製ルーターの一部では、セキュリティソフトメーカー「トレンドマイクロ」の強力なセキュリティ機能が搭載され、きめ細かいフィルタリングやブロックの動作を実現しています。

Section 03

ネットを使える端末や時間帯を制限したい

# Wi-Fiの使用を適切に制限する

不正利用を防ぐ方法のひとつに、登録した端末だけが接続できるようにする設定があります。また、使用する時間帯に制限をかけられる機種もあります。

## 登録した端末にのみ接続を許可する

パソコンやスマホなどネットワーク通信機能を持つ端末には、必ず「MACアドレス」という番号が割り当てられています。これは1台1台違う番号になっており、ネットワーク上での端末の判別に使われます。ほとんどのWi-Fiルーターには、特定のMACアドレスを登録し、登録したMACアドレスを持つ端末だけに接続を許すMACアドレスフィルタリング機能が用意されています。

### MACアドレスでフィルタリングする

#### 1 使用する端末のMACアドレスを確認する

← 設定

ネットワークのプロパティを表示

プロパティ

| | |
|---|---|
| 名前: | イーサネット |
| 説明: | Intel(R) Ethernet Connection (2) I218-V |
| 物理アドレス (MAC): | 1c:87:2c:5f:60:18 |
| 状態: | 操作可能 |
| 最大転送単位: | 1500 |
| リンク速度 (送受信): | 100/100 (Mbps) |
| DHCP 有効: | いいえ |
| IPv4 アドレス: | 192.168.1.15/24 |
| IPv6 アドレス: | 2408:213:906e:6900:fc37:6d65:149c:4503/64, 2408:213:906e:6900:9d50:59db:2306:132f/128, |

Windows 10では、「設定」→「ネットワークとインターネット」→「ネットワークのプロパティを表示」から「物理アドレス(MAC)」としてMACアドレスを確認できます。

| docomo 4G | 0:37 | 100% |
|---|---|---|
| く一般 | 情報 | |
| 使用可能 | | 110.51 GB |
| バージョン | | 11.3.1 (15E302) |
| キャリア | | ドコモ 32.1 |
| モデル | | MPR22J/A |
| シリアル番号 | | F2LT9DPEHX9H |
| Wi-Fiアドレス | | F8:62:14:23:9C:27 |
| Bluetooth | | F8:62:14:23:9C:28 |

iPhoneでは、「設定」→「一般」→「情報」で「Wi-Fiアドレス」と表示される番号がMACアドレスです。

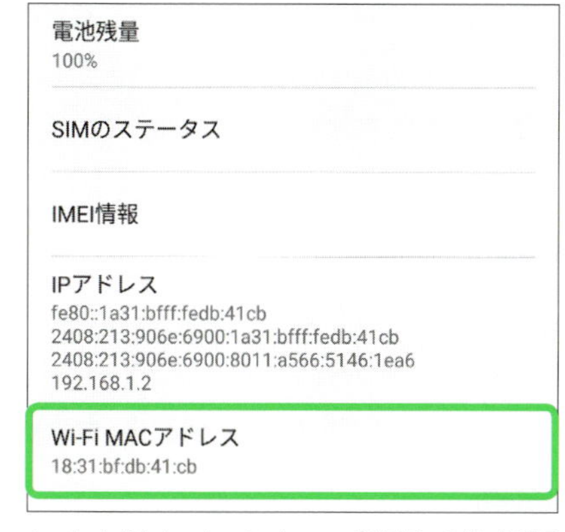


Androidはメーカーによって「設定」の構成が異なりますが、多くの場合、「設定」→「システム」→「端末情報」→「端末の状態」とたどって表示される「Wi-fi:MACアドレス」などで確認が可能です。

## 4 MACアドレスを登録する

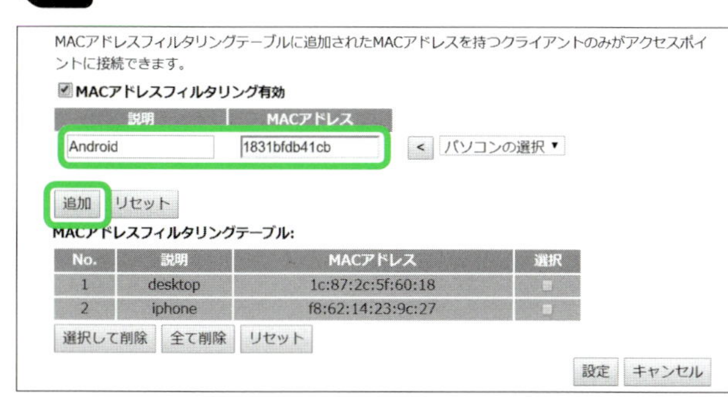


確認したMACアドレスを、判別しやすい説明（名称）を添えて1件ずつルーターのフィルタリングリストに登録します。

## 5 登録したリストを有効にする

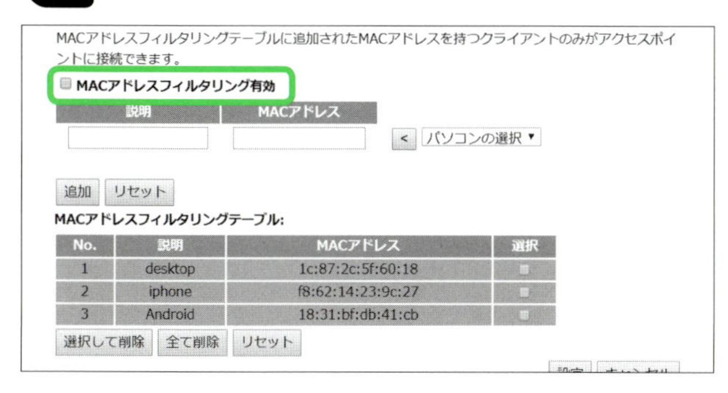


「MACアドレスフィルタリング」機能を有効にして「設定」（登録）を実行します。これで、リストにない端末はこのルーターに接続できなくなります。

## ネットを使う時間帯を制限する

職場や学校など使われる時間帯が限られる環境の場合は、それ以外の時間帯は接続できないように設定してしまうのもセキュリティ上、有効な手段です。時間帯制限機能はハイエンド機や一部のミドルレンジ機で用意されています。MACアドレスと組み合わせて登録しますので、外部ではなく内部（登録されているMACアドレスを持つ端末）からの不正アクセス防止という考え方になります。

### メーカーによる時間帯制限機能の違い

#### 1 バッファロー「アクセスコントロール」

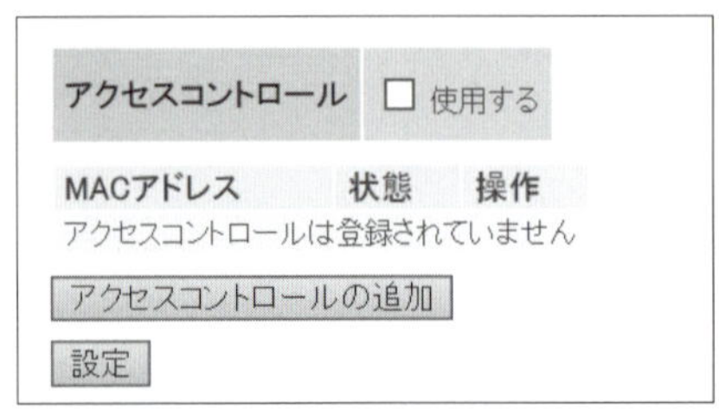


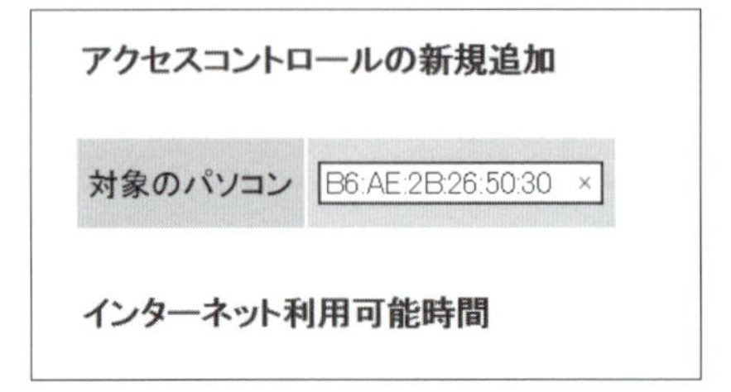


バッファロー製ルーターでは、「アクセスコントロール」を有効にしてからコントロール対象にする端末のMACアドレスを登録します。

#### 2 アドレスごとに使用可能な時間帯を設定

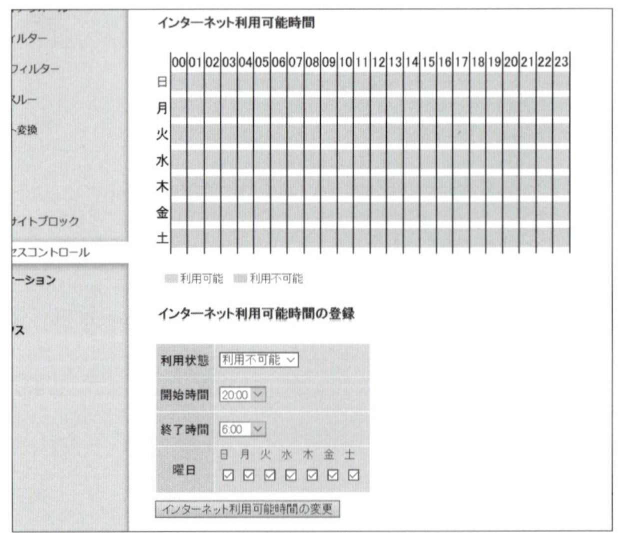


MACアドレスごとに、インターネット利用を許す曜日と時間帯を指定します。指定していない時間帯はすべて利用できない状態になります。

## 3 NECプラットフォームズ「こども安心ネットタイマー」

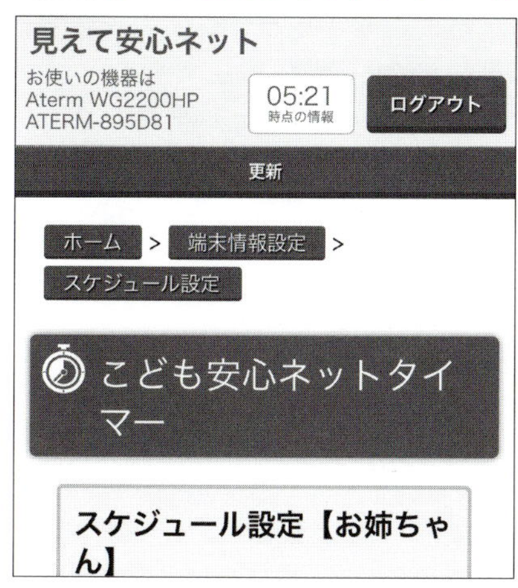


NECプラットフォームズ製ルーターではペアレンタルコントロール機能の一部として時間帯制限機能が提供されています。設定する端末を選択してから、使用可能な曜日と時間帯、また総使用時間などを設定していきます。

## 4 一時的な許可や禁止も設定可能

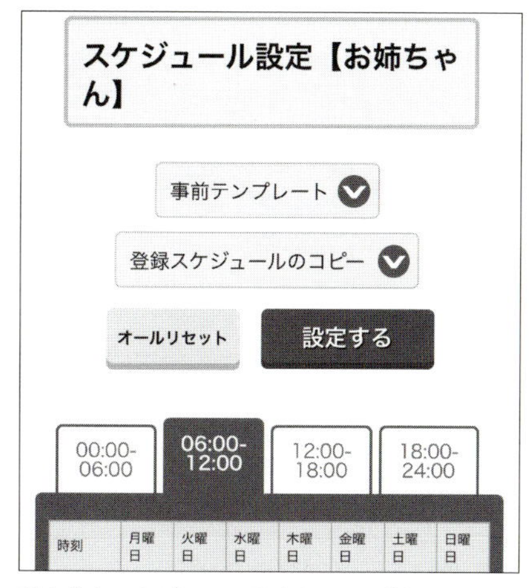


基本的なスケジュール設定のほか、「今日の16時から1時間だけ」など例外的に使用を許可／禁止する機能もあります。いちいち登録したスケジュールを変更し、あとで元に戻すなどの面倒な操作は不要です。

## 5 エレコム「こどもネットタイマー」

エレコム製ルーターでは、端末ごとのスケジュールをスマホで視覚的に設定できます。キーボードからいちいち時刻を入力するわずらわしさがありません。

## 6 アイ・オー・データ機器「ペアレンタルコントロール」

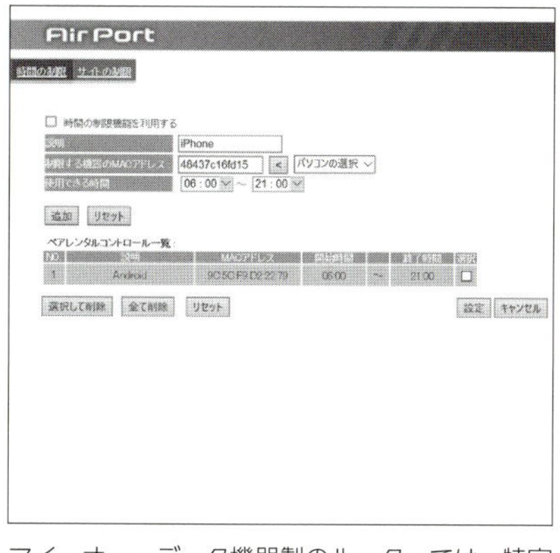


アイ・オー・データ機器製のルーターでは、特定のSSIDに対して、利用可能な時間帯や利用可能時間など基本条件を設定し、MACアドレスで指定した端末に例外条件を設けるという使い方になります。

Section 04

公衆Wi-Fiの落とし穴を理解して対策しよう！

# VPNで危険なアクセスポイントを安全に活用する

**スマホのランニングコストを抑えるには公衆Wi-Fiは強い味方ですが、セキュリティの甘いアクセスポイントもあります。**

## 公衆Wi-Fiはセキュリティが甘い？

コンビニやホテルなどで提供されている公衆Wi-Fiのアクセスポイントは、簡単な手続きやSSID設定で無料で使えるところも多くあって便利ですが、セキュリティ設定が甘い状態で提供されていることも多いのが実情です。ここでは公衆Wi-Fiのセキュリティの甘さの原因やセキュリティ強度の確認方法、自分でより安全なセキュリティを確保できる「VPN」について紹介しましょう。

**公衆Wi-Fiのセキュリティが甘いかもといわれる理由**

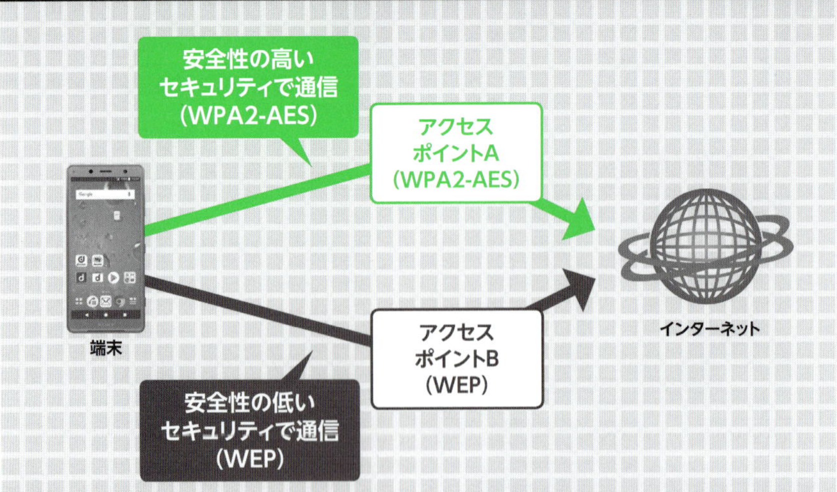

安全性の高いセキュリティで通信（WPA2-AES）
アクセスポイントA（WPA2-AES）
端末
インターネット
アクセスポイントB（WEP）
安全性の低いセキュリティで通信（WEP）

Wi-Fiの認証／暗号化方式は、WPA2-AESがもっとも不正アクセスに強く、WPA→WEP→認証なしの順にセキュリティが甘くなっていくことは前述のとおりです。公衆Wi-Fiの中には、ルーターが古くてWPA2に対応していない、またはWPA2に対応していない端末（旧来の携帯ゲーム機など）でも使えるように、WEPや暗号化なしの状態で提供されているものがあるのです。

## 公衆Wi-Fiのセキュリティの確認方法

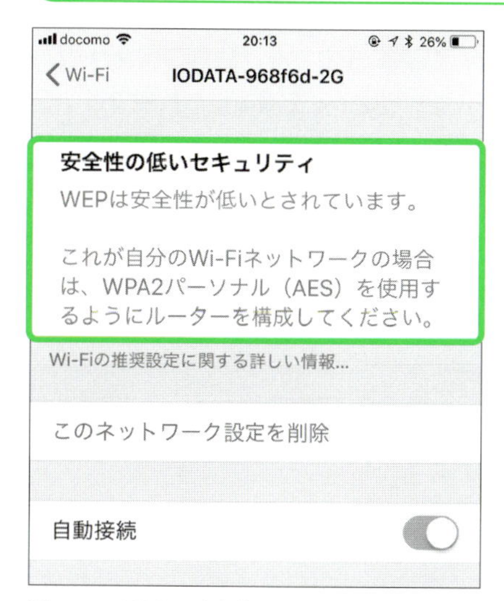


iPhoneでWEPや暗号化なしのWi-Fiに接続すると、「設定」→「Wi-Fi」→接続しているSSID行右の「ｉ」アイコンタップで表示されるWi-Fiの情報画面に「安全性が低いとされています」と表示され、注意を促してくれます。

Androidでは「設定」→「無線とネットワーク」→「Wi-Fi」で表示されるSSIDをタップすると、そのアクセスポイントが提供している暗号化方式が表示されます。接続していないアクセスポイントでも確認可能です。

Windows 10では、タスクトレイのWi-Fiアイコンをクリックして、接続しているアクセスポイントの「プロパティ」をクリックすると、この画面が表示されます。「セキュリティの種類」の右に現在接続中のアクセスポイントのセキュリティ情報が確認できます。

macOSでは、「option」キーを押しながらWi-Fiアイコンをクリックすると、現在接続中のアクセスポイントのセキュリティ情報が表示されます。

## ツ VPNがセキュリティを向上させてくれる

VPN（Virtual Private Network）は、インターネット通信で用意されている各種セキュリティのほかに、通信内容を守るセキュリティを追加してくれる技術です。VPNを使えば、セキュリティの甘い公衆Wi-Fi経由でも、独自に安全性の高いセキュリティを追加した状態でインターネット通信を楽しむことが可能になるのです。まずは、VPNがどのようなセキュリティを提供するかを理解しましょう。

### 「トンネリング」が通信を守る

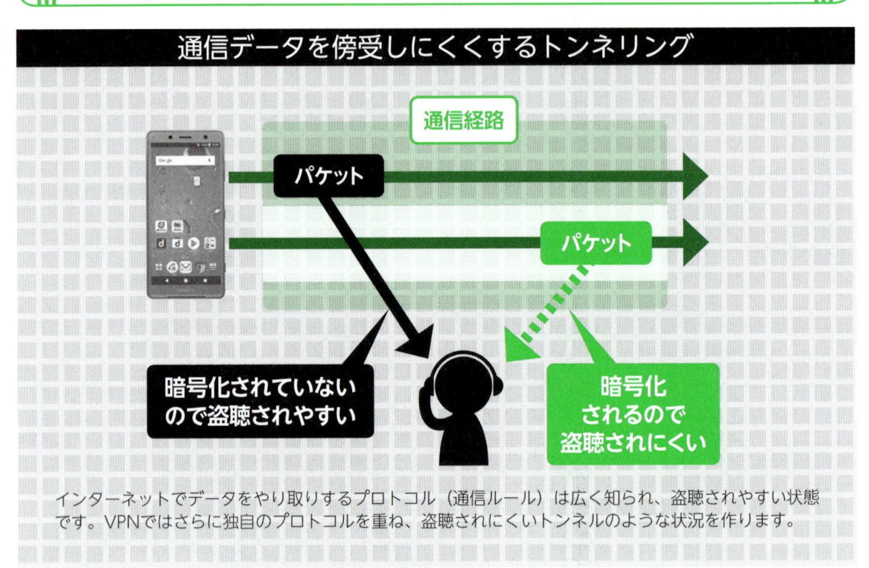


インターネットでデータをやり取りするプロトコル（通信ルール）は広く知られ、盗聴されやすい状態です。VPNではさらに独自のプロトコルを重ね、盗聴されにくいトンネルのような状況を作ります。

### Point 宛先を気にしないですむようにカプセル化

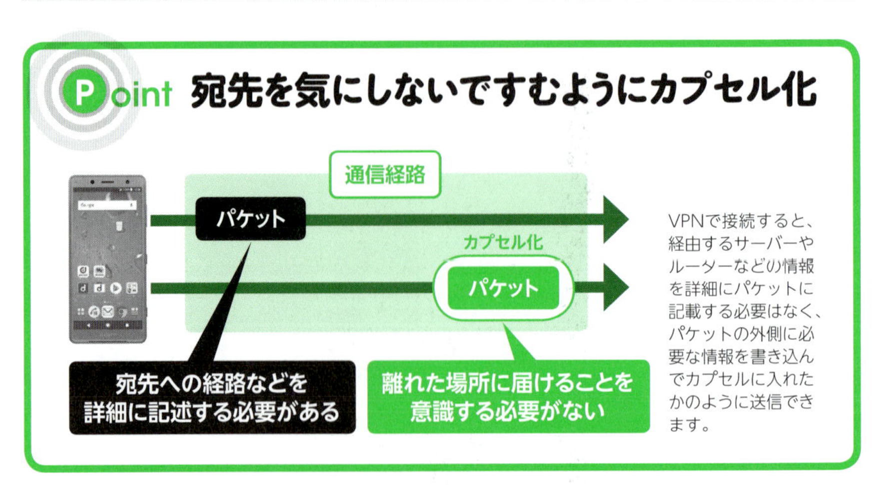


VPNで接続すると、経由するサーバーやルーターなどの情報を詳細にパケットに記載する必要はなく、パケットの外側に必要な情報を書き込んでカプセルに入れたかのように送信できます。

## VPNサービスはサーバーと専用クライアントで実現する

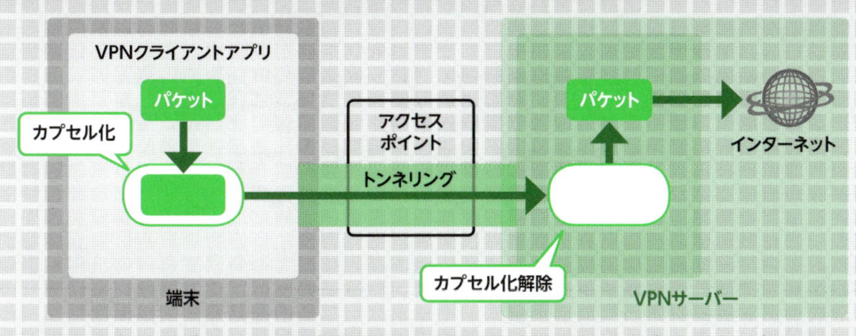


VPNは、VPNサービスとして企業が提供する形で実現しています。提供企業がトンネリングの一端にVPNサーバーを建て、端末側には専用のVPNクライアントアプリを導入し、トンネリングのもう一端を開きます。サーバーとアプリ間はトンネリングされた経路でカプセル化したデータをやり取りし、インターネットとのやり取り自体はサーバーが受け持つことで安全性を確保しているのです。

## COLUMN VPNには多くの種類がある

本書で取り上げるVPNは、個人向けの「インターネットVPN」です。しかし、企業向けに、より安全性の高いさまざまな形態のVPNも提供されています。VPNの記事などではこれらのVPNをまとめて紹介しているもの多く、わかりにくいこともあります。「インターネットVPN以外は企業向けで、個人には直接関係ない」と覚えておくと理解しやすくなるでしょう。

| VPNの種類 | メリット | デメリット | 主なユーザー |
|---|---|---|---|
| インターネットVPN | 無料または低価格 | 速度が遅くなることが多く信頼度の低い提供元もある | 個人、中小企業 |
| エントリーVPN | インターネットではなく事業者のIP網を使うので、より安全 | 通信速度が不安定、または低速になりがち | 企業（速度や機密性を重視しない場合） |
| IP-VPN | 専用線などを使い、より安全。最低通信速度が保証される | 速度を確保するために割高。標準プロトコル（通信ルール）を使用 | 企業（機密性を重視しない場合） |
| 広域イーサネット | IP-VPNのメリットに加え、目的に応じたプロトコルを使える | かなり割高。ネットワークの設計や運用には専門スキルが必要 | 企業（大規模なネットワークを構築運用） |
| 専用線網 | 事業者の一定の回線を借り切り、他者のアクセスを排他できる最高品質の安全性 | 高価。ネットワーク全体の構築と運用の体制が必要 | 銀行や官公庁など（通信品質、機密性とも重要視する場合） |

Section 05

ユーザー登録すれば無料で使える！

# アプリで使える手軽なVPNサービス

**個人向けのパーソナルVPNを無料または安価に提供するサービスも増えてきました。手軽さ、高速さ、信頼性を考慮してサービスを選択しましょう。**

## スマホでのVPNはアプリが主流

個人向けVPNサービスも多くなり、最近はアプリのインストールとユーザー登録だけで簡単に導入でき、無料または安価な価格設定のものが人気になっています。また、高いセキュリティやコンプライアンスなどの信頼性を特長として打ち出しているサービスも増えてきました。ここでは「TunnelBear」「VyprVPN」「hide.me VPN」という3つの人気サービスを紹介します。

### 手軽に使える実力派「TunnelBear」

#### 1 アカウントを作って利用を開始

アプリを起動すると、メールアドレスとパスワードだけで簡単にアカウントを作成できます。

#### 2 VPN設定も完全に自動化

煩雑なVPNクライアント設定も、TunnelBearなら数度のタップと指紋認証だけで簡単に完了します。

## 3 サーバーを選んでスピードを調整

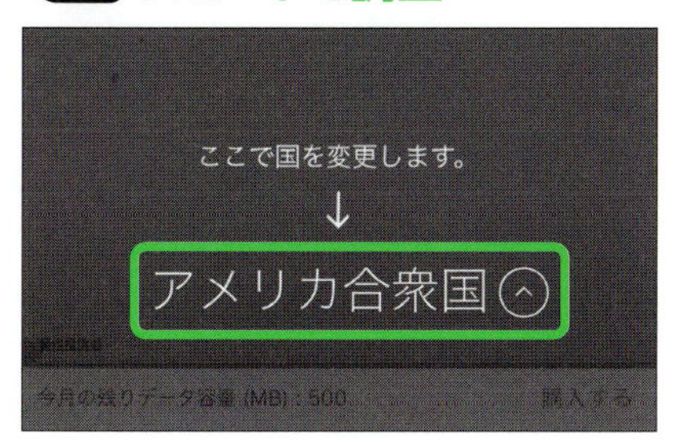


TunnelBearのサーバーは世界各国に存在します。近いサーバーを選ぶと高速に動作しやすくなります。

## 4 「日本」か「自動」を選択する

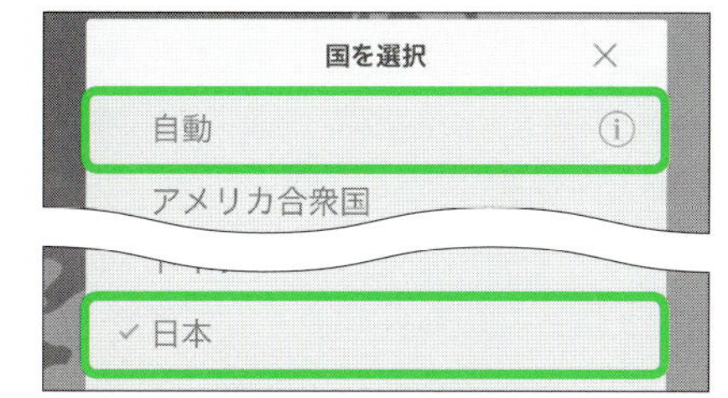


日本国内から使うなら「日本」サーバーを選ぶとよいでしょう。「自動」を選んでお任せにするという方法もあります。

## 5 オン／オフはアプリから1タップで

「設定」画面を開かなくても、TunnelBearのメイン画面にひとつだけあるスイッチをタップするだけで手軽にオン／オフを切り替えられます。

| プラン名 | 容量 | 利用料金 |
|---|---|---|
| Littleプラン | 500MB/月 | 無料 |
| Giantプラン | 無制限/月 | 9.99ドル/月 |
| Grizzlyプラン | 無制限/年 | 59.99ドル/年 |

**TunnelBear VPN & Wifi Proxy**
開発者●TunnelBear, Inc.　対応OS●iOS
価格●無料（利用料は別途必要）

**TunnelBear VPN**
開発者●TunnelBear, LLC　対応OS●Android
価格●無料（利用料は別途必要）

## 無料データを追加でゲット

### 1 メニューに容量追加のアドバイスが

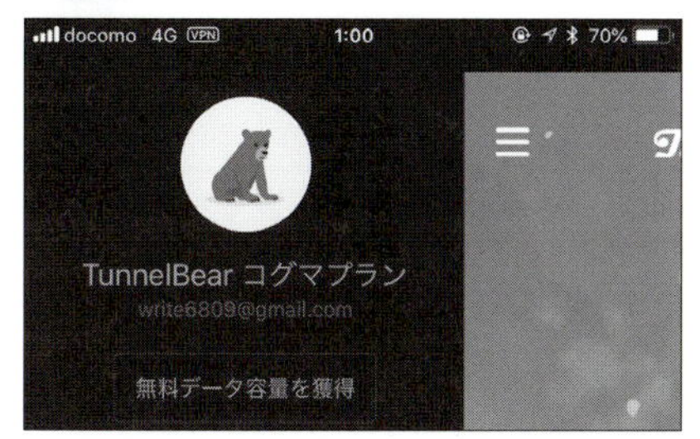


無料で使えるのは月500MBまでですが、メニューの「無料データ容量を獲得」から通信量を追加で取得できます。

### 2 ちょっとしたクエストで1GBの追加容量をゲット

パソコンにアプリをインストール、友人を紹介、ツイートで言及するなどの簡単な作業で、無料で通信できる容量をGB単位で増やせます。

# 通信量無制限の「vyprvpn」

## 1 3日間の無料トライアル

vyprvpnは同時接続台数に制限があるVPNサービス。通信量は無制限なのでたっぷり使いたい人向けです。ユーザー登録はメールアドレスとパスワードで。

## 2 自動的に最速サーバーを選んで接続

ログイン後は「接続」をタップするだけ。自動的に最速のVPNサーバーを選んで接続してくれます。

## 3 ファイアウォールなどセキュリティにも配慮

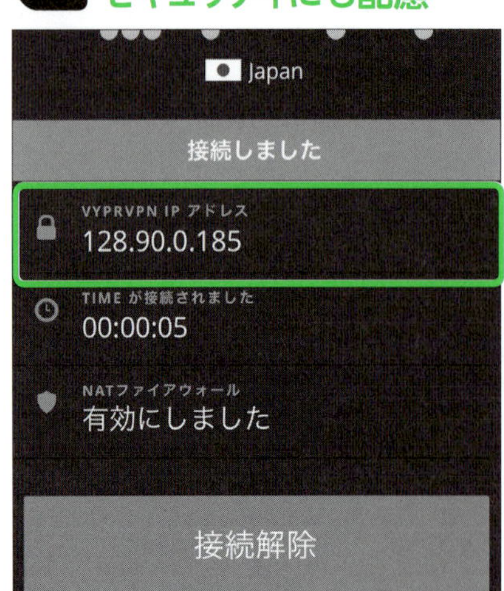


独自のファイアウォールやノーログポリシーなど、セキュリティと個人情報保護にも十分配慮されています。

| プラン名 | 同時接続台数 | 利用料金 |
|---|---|---|
| VyprVPN | 最大3台 | 1100円／月または6700円／年 |
| VyprVPN Premium | 最大5台 | 1450円／月または9000円／年 |

無料プランはなく、どのプランにも3日間の無料トライアル付き。いったん有料プランに申し込む必要があるので、試用のみで利用を終了する場合は、月額課金解除を忘れずに。

**VPN – 高速でセキュアなVyprVPN**
開発者●Golden Frog　対応OS●iOS
価格●無料（利用料は別途必要）

**VPN - VyprVPNによる高速、安全で無制限のWiFi**
開発者●Golden Frog, GmbH　対応OS●Android　価格●無料（利用料は別途必要）

# 完全匿名で始められる「hide.me VPN」

## 1 1タップで無料プラン開始

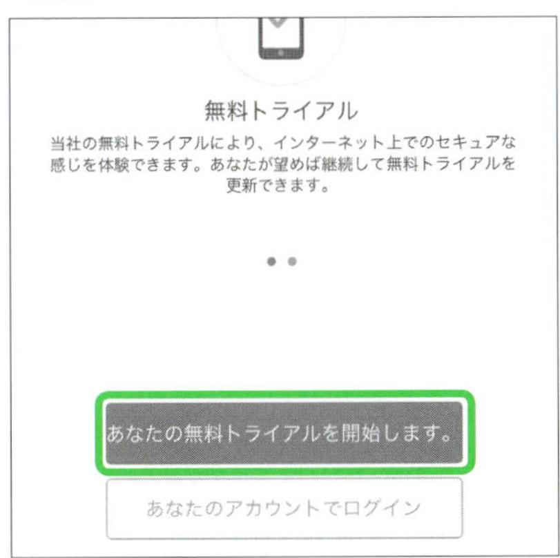


「hide.me VPN」はユーザー名もパスワードも不要、「トライアル開始」をタップするだけですぐにVPNを始められます。

## 2 VPN設定も完全に自動

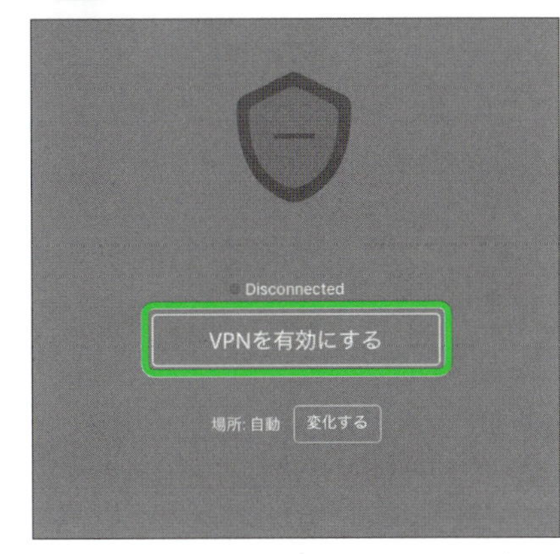


トライアルを開始すると自動でVPN設定が行われ、すぐにVPNのオン／オフを操作できるようになります。

## 3 中速ながら十分に実用

オフ時は日本のサーバーが見えていますが、いざ接続するとオランダのサーバーに接続されてしまいました。遠くのサーバーなので、速度はあまり出ません。

## 4 無料プランではサーバーの切り替えに制限

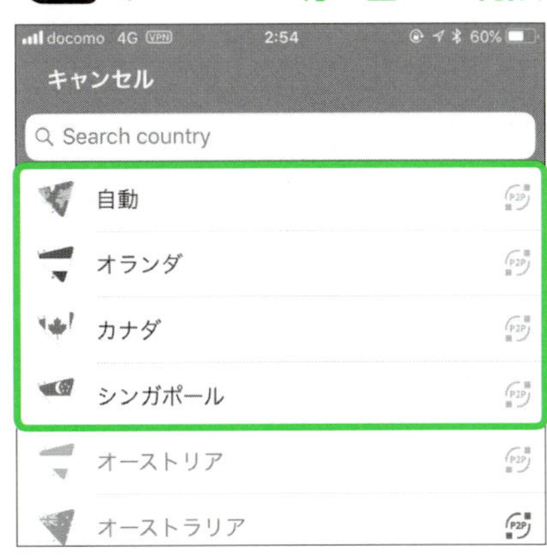


無料プランで利用できるサーバーの選択肢は4つのみ。有料プランに切り替えれば、より速度の出るサーバーに切り替えられるという仕組みです。

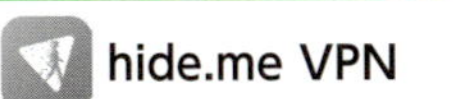

**hide.me VPN**

開発者●eVenture　対応OS●iOS
価格●無料

**hide.me VPN**

開発者●eVenture　対応OS●Android
価格●無料

VPNサーバーは自分でも用意できる！

# 自宅のルーターをVPNサーバーとして使う

**安全なVPNサービスを見分けるのはなかなか難しいところです。不安を感じるのであれば、自分でVPNサーバーを構築するという方法もあります。**

## VPNサービスは無条件には信頼できない

残念ながら、VPNサービスさえ利用すれば必ず安心できるというわけではありません。VPNのウィークポイントはVPNサーバー。ここのセキュリティがゆるいと、VPNサーバーへの不正アクセスが行われやすくなります。また、VPNを提供している企業が必ずしも良心的とは限りません。VPNアプリ自体がデータを漏えいする、VPNサーバーを企業自身が盗聴するなどの可能性もあるのです。業者によっては、暗号化すら行わずにただデータを盗聴するだけだったという詐欺のような例も報告されているのです。どのサービスを使うかは慎重になる必要があります。

VPNサービス導入がデータ漏えいを招く例

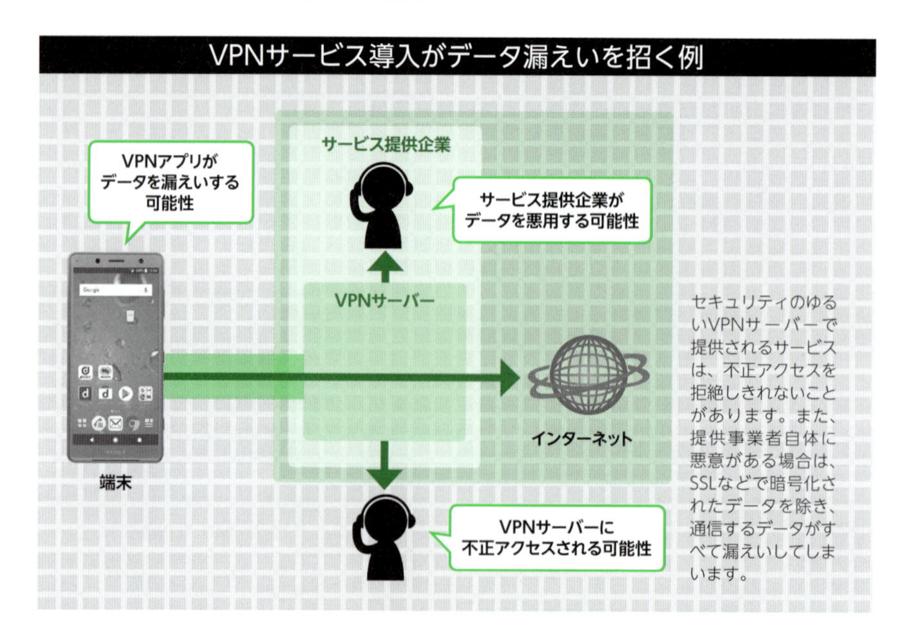


セキュリティのゆるいVPNサーバーで提供されるサービスは、不正アクセスを拒絶しきれないことがあります。また、提供事業者自体に悪意がある場合は、SSLなどで暗号化されたデータを除き、通信するデータがすべて漏えいしてしまいます。

## ツ 自宅のサーバーをVPNサーバーとして活用する

Wi-Fiルーターの中には、VPNサーバー機能を持つ機種があります。これを使えば第三者を通さずに、自分のパーソナルな機材だけでVPNサービスを構築することが可能なのです。設定は少々大変ですが、確実にデータをカプセル化しトンネルを通ると確信できることがメリットでしょう。ここでは、NTTがフレッツ契約と同時に貸与するRS-500KIというルーターを例に設定手順を紹介します。

### ルーターの設定を確認する

#### 1 ルーターの設定URLにアクセスする

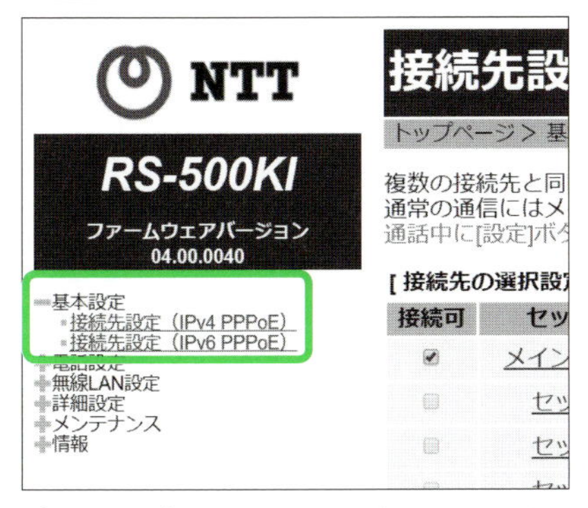


パソコンなどからルーターの設定URLにアクセスし、基本設定を選択します。

#### 2 現在有効なセッションを選択する

[接続先の選択設定]

| 接続可 | セッション名 | 接続先名 |
|---|---|---|
| ☑ | メインセッション | interlink |
| ☐ | セッション2 | |
| ☐ | セッション3 | |
| ☐ | セッション4 | |
| ☐ | セッション5 | |

設定

複数のセッション（インターネット接続）が可能な機種の場合は、現在メインでネット通信が可能なセッションの設定を呼び出します。

#### 3 IPアドレスの設定を確認する

IPアドレスの手動設定 ▼
202.171.

IPアドレスの自動取得 ▼

IPアドレスがプロバイダから自動で割り当てられるのか、オプション契約などで入手した特定のIPアドレスが設定されているかを確認しておきます。

#### 4 接続モードを常時接続にする

常時接続
30

☑ 使用する

戸外からいつでも自宅ルーターのVPNにアクセスできるように、ルーターが常にインターネットに接続する設定にしておきます。

## ユーザー名とパスワードを設定する

### 1 VPNサービスの設定を開始する

左側のメニューから「詳細設定」→「VPNサービス設定」を選択します。

### 2 VPNサーバーの設定画面を呼び出す

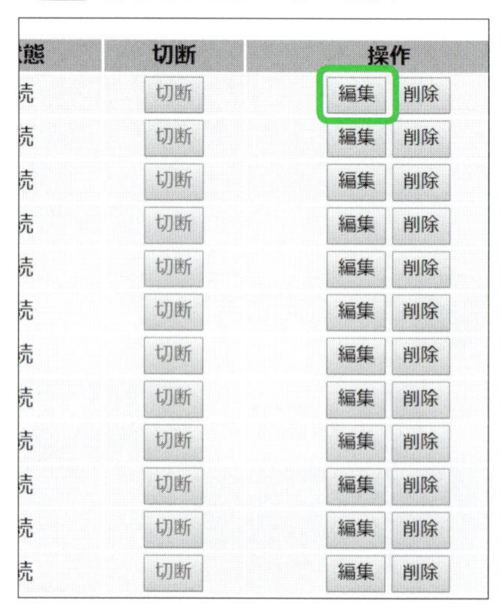


VPN接続のリストが表示されたら、利用したい接続を選んで「編集」をクリックします。

### 3 戸外から接続するための情報を設定する

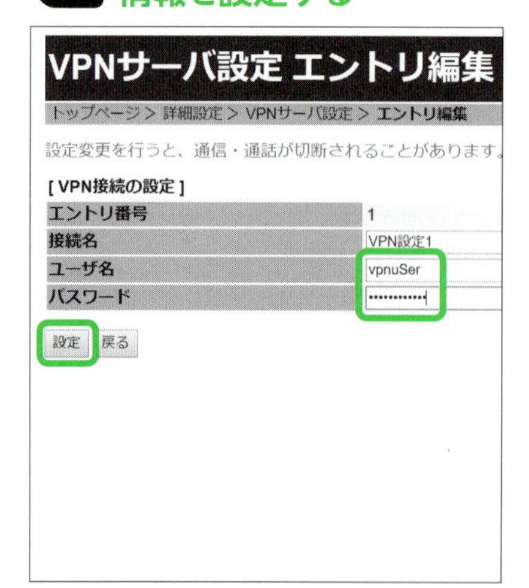


宅外から自宅のVPNサービスに接続するためのユーザー名とパスワードを設定し、「設定」をクリックして設定を保存します。

### 4 設定した情報を保存する

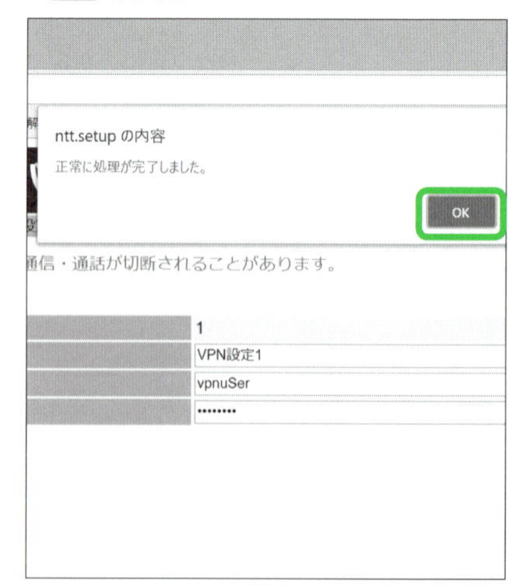


保存が正常に行われると、「正常に処理が完了しました。」というメッセージが表示されるので、「OK」をクリックします。

## VPNサーバー機能を有効にする

### 1 事前共有鍵を確認する

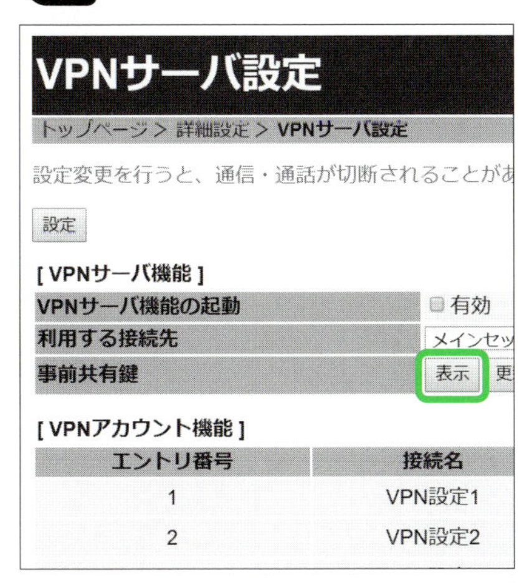


VPNサービスに接続するには、ユーザー名とパスワードのほかに「事前情報鍵」を知っておく必要があります。事前共有鍵の「表示」をクリックします。

### 2 事前共有鍵を控える

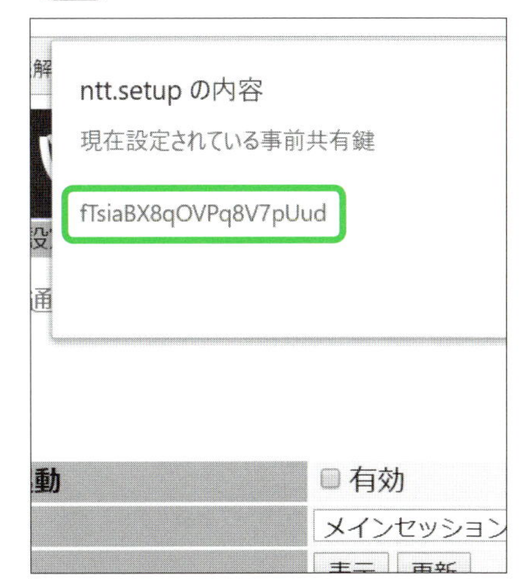


事前共有鍵は端末に入力する暗号化キーです。長い文字列ですので、大文字小文字に気をつけて書き留めておくとよいでしょう。

### 3 VPNサーバー機能を有効にする

VPNサーバ設定
トップページ > 詳細設定 > VPNサーバ設定
設定変更を行うと、通信・通話が切断されることがあり
設定
[ VPNサーバ機能 ]
VPNサーバ機能の起動 有効
利用する接続先 メインセッショ
事前共有鍵 表示 更新
[ VPNアカウント機能 ]

| エントリ番号 | 接続名 |
|---|---|
| 1 | VPN設定1 |
| 2 | VPN設定2 |
| 3 | VPN設定3 |
| 4 | VPN設定4 |
| 5 | VPN設定5 |

最後に、「VPNサーバー機能の起動」の「有効」にチェックをつけて「設定」をクリックします。

### 4 VPNサーバー機能が開始される

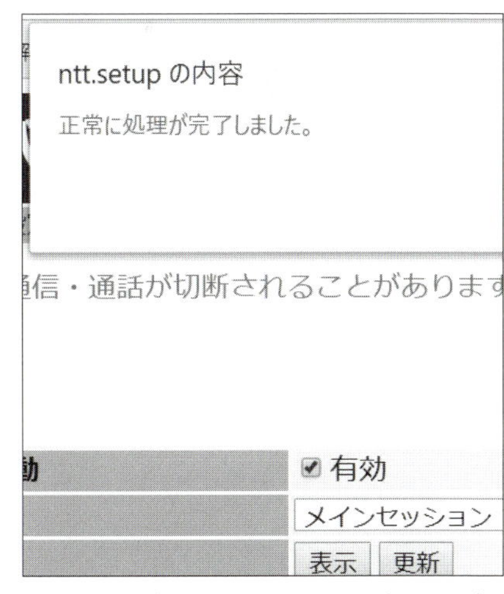


正常に設定が保存され、VPNサーバー機能が起動すると、「正常に処理が完了しました。」というメッセージが表示されます。

## IPアドレスの変更時に通知するように設定

自宅ルーターへの接続にはIPアドレスを使います。プロバイダ契約がIPアドレス自動割り当てだと、ときどきIPアドレスが変化してしまい、VPN設定をやり直さなければなりません。ここでは、IPアドレスが変わったらメールで通知される設定の手順を紹介します。なお、固定IPアドレスを入手し「手動設定」で特定のIPアドレスを設定している場合は。この通知設定は不要です。

### IPアドレス変更時に通知メールを送信する

#### 1 MACアドレスを調べる(iPhone)

docomo 20:10 77%
一般 情報
モデル MPR22J/A
シリアル番号 F2LT9DPEHX9H
Wi-Fiアドレス F8:62:14:23:9C:27
Bluetooth F8:62:14:23:9C:28
IMEI 35 918707 301838 6

通知の設定には、端末のMACアドレスが必要です。iPhoneの場合は、「設定」→「一般」→「情報」で表示される「Wi-Fiアドレス 」がMACアドレスです。

#### 2 MACアドレスを調べる(Android)

IPアドレス
fe80::1a31:bfff:fedb:41cb
2408:213:906e:6900:1a31:bfff:fedb:41cb
2408:213:906e:6900:f58b:5dc2:faa6:7920
192.168.1.4
Wi-Fi MACアドレス
18:31:bf:db:41:cb
Bluetoothアドレス
不明
シリアル番号
J4AXB761A417N8N

Androidでは、「設定」→「システム」→「端末情報」→「端末の状態」で表示される「Wi-Fi MACアドレス」を参照します。

#### 3 IPアドレス変更通知の設定を開始する

| 14 | VPN設定 |
|---|---|
| 15 | VPN設定 |
| 16 | VPN設定 |
| 17 | VPN設定 |
| 18 | VPN設定 |
| 19 | VPN設定 |
| 20 | VPN設定 |

設定 最新情報に更新 IPアドレス通知設定

ルーター設定の「VPNサーバ設定」下の「IPアドレス通知設定」をクリックします。

#### 4 メール送信のための各情報を設定する

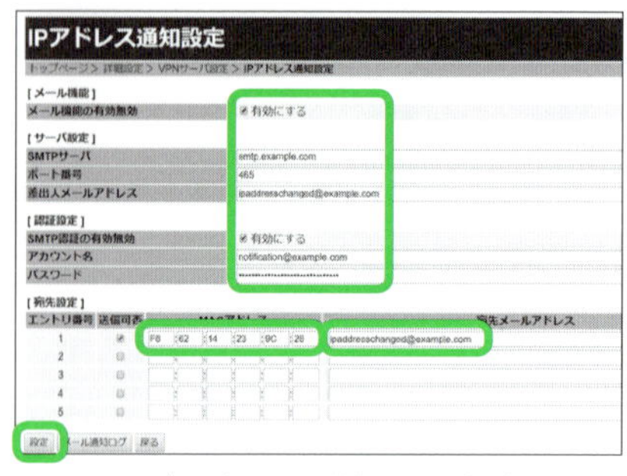


smtpサーバー（メール送信サーバー）や端末MACアドレスなどを設定します。具体的な設定内容は、メールサービスの事業者に問い合わせるとよいでしょう。

## 端末で自宅VPNを利用する

自宅ルーターをVPNサーバーにする設定が終わったら、そのVPNを使えるように端末側も設定しましょう。VPNクライアント（VPNに接続する端末）機能はiPhone、AndroidともOSに標準で用意されており、接続情報の登録だけで使えます。アプリなどをインストールする必要はありません。アプリも不要、VPNサーバーも自前ですので、第三者が不正にアクセスする隙がほとんどなくなります。

### VPNを使えるように設定する（iPhone）

#### 1 VPN設定機能を呼び出す

「設定」から「一般」→「VPN」と選択します。

#### 2 VPN接続の設定を開始する

「VPN構成を追加…」をタップします。

#### 3 VPN通信の暗号化規格を選択する

「タイプ」をタップして、VPN通信に使う暗号化の規格（プロトコル）の選択を開始します。

#### 4 暗号化規格は「L2TP」を選ぶ

3種類の規格が表示されるので、「L2TP」を選択します。

## 5 選択した規格を確認する

規格を選択すると元の画面に戻ります。項目「タイプ」に、選択した規格名が表示されていることを確認しましょう。

## 6 接続情報を入力する

「説明」（任意）、「サーバ」（IPアドレス）、アカウント（ユーザー名）、パスワード、シークレット（事前共有鍵）を入力して「完了」をタップします。

## 7 自宅VPNに接続する

VPN画面に戻ったら、Wi-Fiをオフにしてから「状況」のスイッチをオンにしてみましょう。接続に成功すれば、通知バーに「VPN」アイコンが表示されます。

## 8 オン／オフは「設定」から簡単に切り替えられる

VPN攻勢が登録されていれば、「設定」のメイン画面にVPNをオン／オフするスイッチが表示され、気軽に切り替えられるようになります。

## VPNを使えるように設定する（Android）

### 1 VPN設定機能を呼び出す

「設定」→「無線とネットワーク」→「その他」と進み、「VPN」を選択します。

### 2 新しいVPN設定の登録を開始する

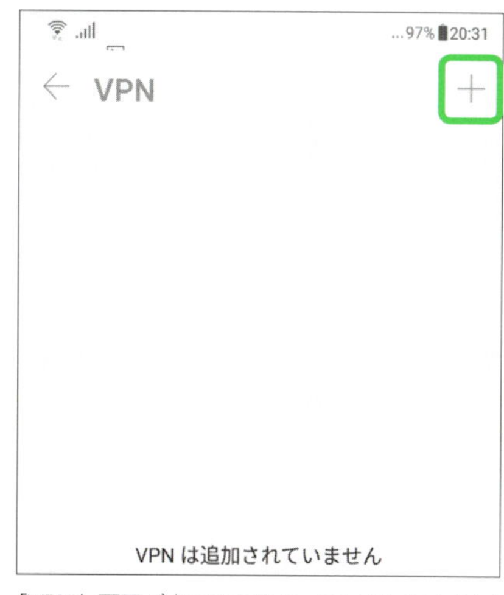


「VPN」画面が表示されたら、右上の「+」アイコンをタップして、新しいVPN設定の登録を開始します。

### 3 暗号化の規格を選択する

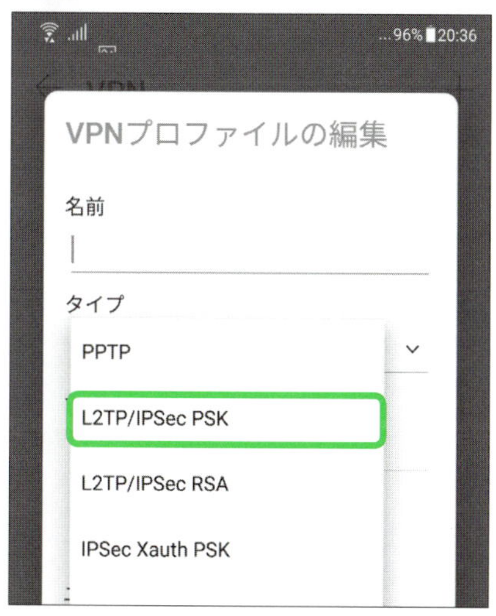


「タイプ」をタップして、「L2TP/IPSec PSK」を選択します。

### 4 サーバーアドレスを入力する

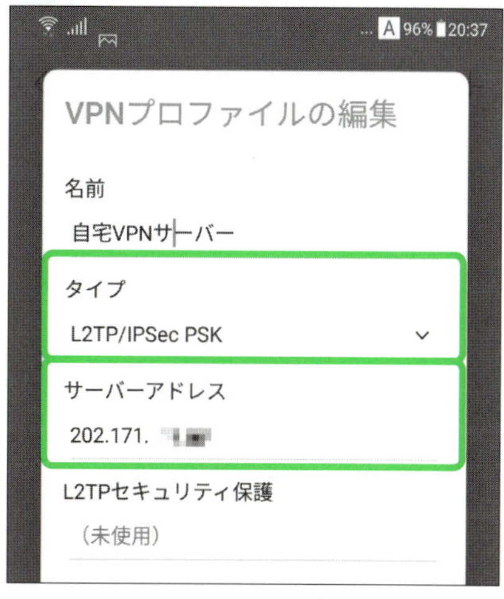


タイプの選択が終わったら、「名前」（任意）をつけ、「サーバーアドレス」（VPNサーバーのIPアドレス）を入力します。

## 5 ユーザー名などを入力する

そのままダイアログを下にスクロールし、IPSec事前共有鍵、ユーザー名、パスワードを入力して「保存」をタップします。

## 6 自宅VPNへの接続を開始する

VPN設定が完了したら、VPNリスト画面から設定につけた名前をタップします。

## 7 接続ダイアログから接続する

接続ダイアログが表示されるので、ユーザー名とパスワードを確認して「接続」をタップします。

## 8 VPNサーバーへの接続を確認する

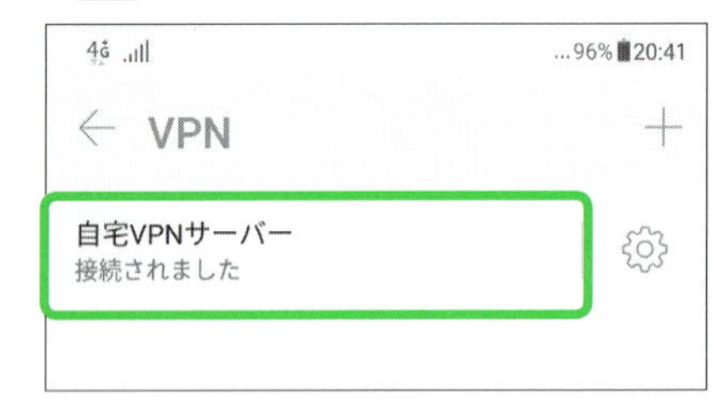


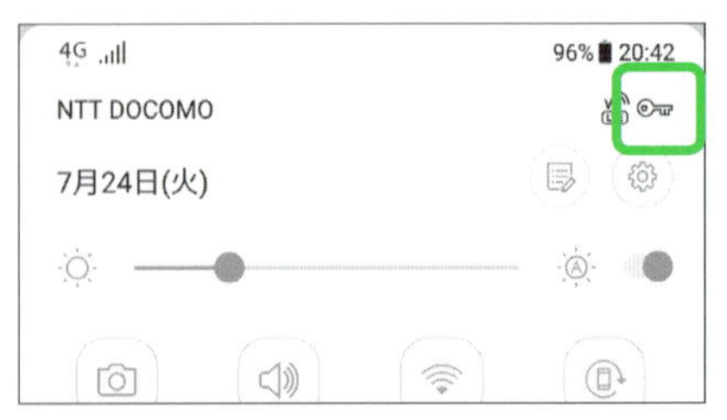


接続が成功すれば、リスト画面に「接続されました」と表示されます。また、通知領域の「鍵」アイコンが表示されていることでも接続の確認が可能です。

Chapter

7

# Wi-Fi以外の ワイヤレス規格を利用する

無線でデータをやりとりする規格は、Wi-Fi以外にもいくつも存在しています。なかでも、Bluetoothは身近なものだといっていいでしょう。本章では、Bluetoothの面倒なプロファイルなどについて解説します。

身近なIT機器を無線で利用できる

# Bluetoothの基本を知っておく

Bluetoothはさまざまな機器とパソコンやスマートフォンとを無線接続する規格です。まずは規格の概要を理解しましょう。

## スピーカーやイヤホンなどの接続を無線化する

ケーブルの取り回しが煩わしい機器同士を無線接続するのに適しているのがBluetoothです。パソコンやスマートフォンとBluetooth対応機器を「ペアリング」という操作で接続します。また、Bluetoothにはバージョン、Class、プロファイルという3つの要素があり、これらの種類によって使用可能な機器が異なっています。

### Bluetoothによって接続する機器の例

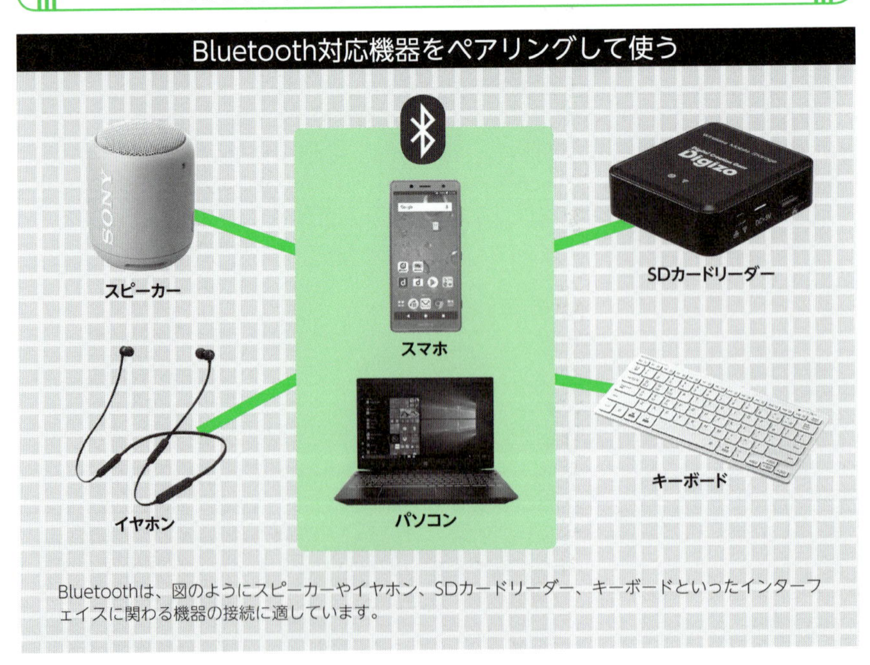


Bluetoothは、図のようにスピーカーやイヤホン、SDカードリーダー、キーボードといったインターフェイスに関わる機器の接続に適しています。

## Wi-FiとBluetoothの機能の違いを知っておこう

### 1 Wi-FiとBluetoothの違い

| | Wi-Fi | Bluetooth |
|---|---|---|
| 規格 | IEE802.11X | IEEE802.15.1 |
| セキュリティ | 高 | 低（暗号化なしでも使える） |
| 周波数帯 | 2.4GHz/5GHz | 2.4GHz |
| 通信距離範囲 | 最大100m | 最大100m |
| 通信速度 | 最大1300Mbps | 最大24Mbps |
| 電力消耗 | 多 | 少 |

Wi-FiもBluetoothも最大100mの範囲まで使用可能ですが、Wi-Fiのほうが最大通信速度が速いといえます。また、Wi-Fiは基本的にルーターが必要ですがBluetoothは1対1での接続が基本です。

### 2 3種類のBluetoothの規格

Bluetooth

Bluetooth® SMART

Bluetooth® SMART READY

BluetoothにもWi-Fiの規格のように種類があります。Bluetooth SMARTは低消費電力で利用できる規格です。Bluetooth SMART READYは、Bluetooth SMART対応機器と接続可能であることを示します。

## Bluetoothの仕様の違いを理解する

Bluetooth SMARTが登場したのはバージョン4.0からです。バージョンアップするにしたがって規格が拡張されてきました。

そもそもBluetoothの規格を構成する仕様には3つの要素があります。バージョンごとに接続速度やペアリングの仕組みなどの仕様の概要が決まり、Classにより通信距離が異なり、機器とデータなどをやり取りするルールであるプロファイルにより、利用可能な機器が異なっています。

### 1 Bluetoothの接続に必要な3要素

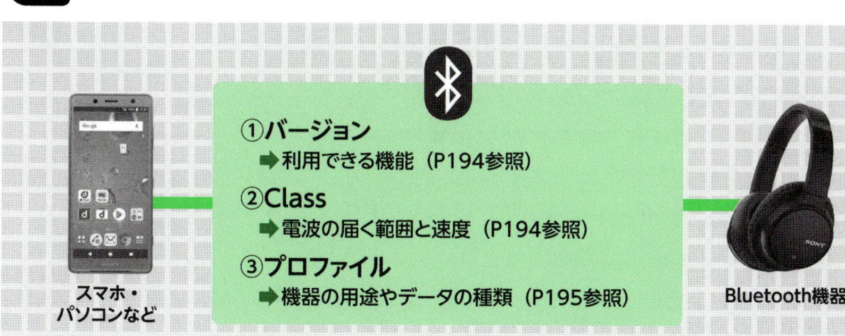

## 2 Bluetoothのクラスの違いは通信距離に表れる

| Class | 通信距離 | 最大出力 |
|---|---|---|
| Class 1 | 最大100m | 100mW |
| Class 2 | 最大10m | 2.5mW |
| Class 3 | 最大1m | 1mW |

元々Classは発する電波の強さを表したものですが、電波が強いほど遠くまで通信可能なので、Classの数字が大きいものほど通信距離が短くなると考えてよいです。

## 3 Bluetoothのバージョンごとの特徴

| バージョン | 特徴・説明 |
|---|---|
| 1.0 | 1999年に発表された初期バージョン |
| 1.1 | 普及バージョンとして広く使われ始めた |
| 1.2 | Wi-Fi（11g/b規格）との干渉対策を実装 |
| 2.0 | 最大通信速度を3MbpsにできるEnhanced Data Rate (EDR)オプションが利用可能に |
| 2.1 | ペアリングを簡略化しNFCに対応。「Sniff Subrationg」により機器のバッテリーの持続時間を長くできるように |
| 3.0 | 従来より約8倍の転送速度24Mbpsを実現 |
| 4.0 | Bluetooth Low Energy (BLE)による省電力と多数のプロファイルへの対応 |
| 4.1 | 自動再接続やLTEとBluetooth機器の間で通信干渉を抑制する機能を追加 |
| 4.2 | セキュリティ性能と転送速度の高速化 |
| 5.0 | データ転送速度が2倍、通信可能範囲が4倍に。メッシュ方式による接続に対応 |

ここで紹介しているバージョンを暗記する必要はありませんが、バージョン4.0の機器であればたいていの機器が接続できると考えてよいでしょう。BLEによる省電力が実現できたのもこのバージョンからです。最新バージョンは5.0です。

### Point バージョン5.0のメッシュ方式ってどんなもの？

バージョン5.0では機器同士の接続にメッシュ方式が利用可能です。1対1の接続ではなく、右図のように多対多の接続ができます。多対多の接続により、たとえば企業内の内線電話をBluetooth機器を使って構築するなどの可能性があります。

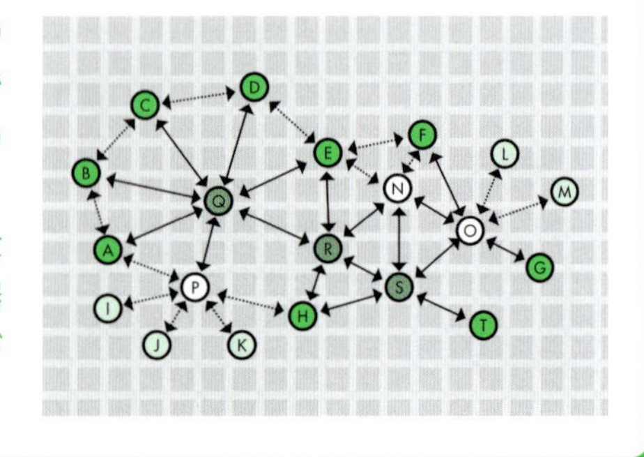

より深くBluetoothの仕様を理解しておこう

# Bluetoothの規格を知っておく

前節では、3つの要素を解説しました。このうち「プロファイル」についてより詳しく理解すると、さらにBluetoothへの理解が深まります。

## プロファイルは機器の使い方を定めたルール

実は、BluetoothのバージョンやClassはさほど重要ではありません。むしろ「プロファイル」が重要です。パソコンやスマホなどと機器の双方がそのプロファイルに対応していないと利用できませんし、あとから追加することはできません。たとえば、イヤホンでは「A2DP」「AVRCP」「HFP」「HSP」の4つのプロファイルが使われます。

以下に対応するプロファイルを一覧で整理しました。プロファイルは多数存在しますが、たいていのパソコンやスマホなどは、よく使うイヤホンやマウス、キーボードといった機器に対するプロファイルに対応していますので、さほど意識する必要はありません。

### Bluetoothで利用するプロファイル一覧

| プロファイル | 名称 | 用途 |
|---|---|---|
| A2DP | Advanced Audio Distribution Profile | ヘッドフォンやイヤホンの音声転送 |
| AptX Stereo | AptX Stereo | 高音質なヘッドフォンやイヤホンの音声転送 |
| AVCTP | Audio/Video Control Transport Protocol | AV機器を制御するデータの転送 |
| AVDTP | Audio/Video Distribution Transport Protocol | AV機器からの音声／動画データを転送する |
| AVRCP | Audio/Video Remote Control Profile | AV機器用のリモコンデータの転送 |
| BIP | Basic Imaging Profile | 画像データやその印刷データの転送 |
| BPP | Basic Printing Profile | プリンターに印刷データを転送 |
| DUN | Dial-Up Networking Profile | スマホなどの通信端末を通じてインターネットに接続する |

| プロファイル | 名称 | 用途 |
|---|---|---|
| DIP | Device ID Profile | プラグアンドプレイのように機器を接続する |
| FMP | Find Me Profile | 見失ってしまったデバイスを探す |
| GAP | Generic Access Profile | プロファイルのベースとなる標準プロファイル |
| GAVDP | Generic Audio/Video Distribution Profile | 音声や動画データのストリーム配信用 |
| HCRP | Hardcopy Cable Replacement Profile | データを印刷したりスキャナなどからデータをスキャンしたりする |
| HFP | Hands-Free Profile | ヘッドセットやイヤホンマイクを使ってハンズフリー通話を行う |
| HDP | Health Device Profile | 医療機器がパソコンなどのデバイスと接続し、データを転送する |
| HID | Human Interface Device | マウスやキーボードなどの入力装置用 |
| HSP | Headset Profile | ヘッドセットを接続する |
| OPP | Object Push Profile | 名刺などの住所録のようなデータを交換するときに使う |
| PAN | Personal Area Networking Profile | Bluetoothでインターネットやイントラネットに接続するときに使う |
| SPP | Serial Port Profile | Bluetooth機器をシリアルポート機器として認識させる |
| GATT | Generic Attribute Profile | BLE用。プロファイルのベースとなる標準プロファイル |
| PXP | Proximity Profile | BLE用。接続している機器同士の距離を測定する |

機器の用途ごとに使用するプロファイルが異なっています。A2DPはイヤホンやヘッドセットでよく使われています。ハンズフリー通話にはHFPやHSPがよく使われています。

## Bluetoothイヤホンではコーデックによって音質が決まる

特にBluetoothでの利用シーンが多いイヤホンでは、Bluetooth接続したときの音質が気になるでしょう。その音質を決めるのは「プロファイル」ではなく「コーデック」であることを知っておきましょう。「コーデック」とはBluetooth接続に関係なく音楽データを再生するときに必要な機能のことですが、とりわけ「ハイレゾ音源」をBluetoothイヤホンやヘッドフォンで楽しみたいときには重要になるので、詳しく知っておく必要があるのです。

## Bluetooth接続のイヤホンで使われるコーデック

| コーデック | 名称 | 説明 |
|---|---|---|
| SBC | Subband Codec | Bluetooth機器が対応している標準のコーデック。音声再生を行うデバイスであれば必ず対応している |
| AAC | Advanced Audio Coding | iPhoneやiPadなどのApple製品などで使用されているコーデック。SBCより高音質が実現できる |
| aptX | ― | Androidスマホで使われることがある。SBCよりも圧縮率が低く、高音質を実現している |
| aptX HD | ― | ハイレゾ相当で利用できるapitX形式。576kbpsで転送できる |
| LDAC | ― | ハイレゾ音源をBluetoothで利用するためのコーデックで、ソニーが開発した。最大990bpsで転送できる |
| aptX Low Latency | ― | 遅延発生を抑制できるコーデック。SBCが約0.2～0.3秒遅延するのに対し、このコーデックでは約0.05秒に遅延を抑制できる |

LDACに対応している機器であれば、ハイレゾ音源が確実に楽しめます。

## 各コーデックに対するスマートフォンの対応状況

| 対応スマホ | SBC | AAC | aptX | aptX HD | LDAC |
|---|---|---|---|---|---|
| iPhone | ○ | ○ | × | × | × |
| Xperia XZ Premium | ○ | × | ○ | ○ | ○ |
| Xperia XZ1 | ○ | × | ○ | × | ○ |
| Xperia XZs | ○ | × | ○ | × | ○ |
| Xperia X | ○ | × | ○ | × | ○ |
| Xperia Z5 | ○ | × | ○ | × | ○ |
| Xperia Z4 | ○ | × | ○ | × | ○ |
| Galaxy S8 | ○ | × | ○ | × | × |
| Galaxy S7 | ○ | × | ○ | × | × |
| Galaxy S6 | ○ | × | ○ | × | × |

iPhoneはLDACに対応していないため、Bluetooth経由ではハイレゾ音源を楽しむことができません。

Section
# 03

Bluetooth機器を使うための初期設定を行う

# Bluetooth対応機器を接続する

**Bluetoothに対応している機器とスマホやパソコンとを接続する手順を紹介します。互いのBluetoothをオンにしてペアリングしましょう。**

## Bluetooth機器を使うにはペアリングが必須

実際にBluetooth対応機器を例にして接続方法を紹介します。説明書によってはスマホやパソコンのBluetoothを先にオンにするように書かれていることがありますが、機器のBluetoothを先にオンにしたほうが接続がうまくいく場合が多いです。

## パソコンとBluetooth機器をペアリングする

### 1 ペアリング操作を開始する

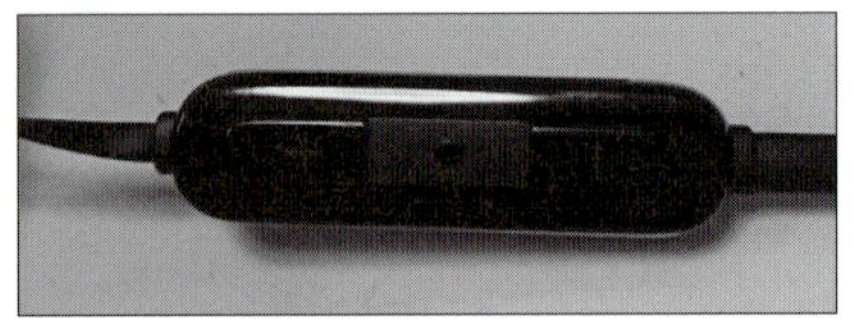

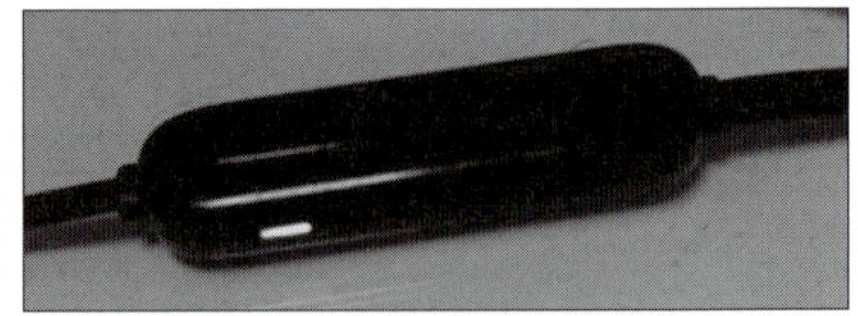

機器のBluetooth接続ボタンを押します。ランプが点灯するので、その状態で次の手順に進めます。

### 2 Bluetoothをオンにする

設定

ホーム

設定の検索

デバイス

Bluetooth とその他のデバイス

プリンターとスキャナー

マウス

Bluetooth とその他のデバイス

Bluetooth またはその他のデバイスを追加する

Bluetooth

オン

"PETTAN-SPEC01" として発見可能になりました

その他のデバイス

「設定」→「デバイス」→「Bluetoothとその他のデバイス」の順にクリックし、「Bluetooth」のスイッチをオンにします。

## 3 追加するデバイスでBluetoothを選択

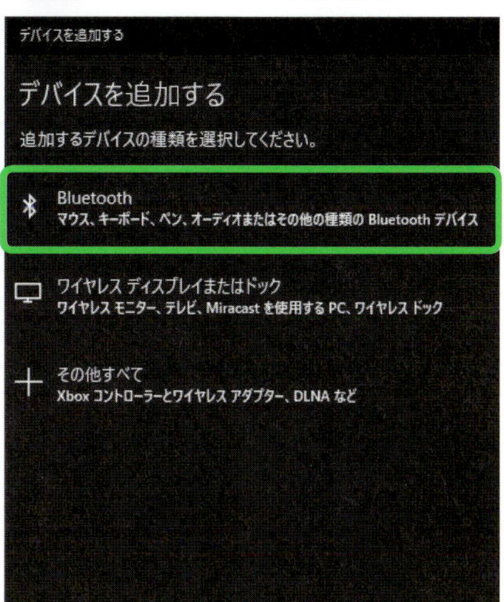


黒いウィンドウがポップアップで表示されます。「デバイスを追加する」と表示されているので、「Bluetooth」をクリックします。

## 4 デバイスを検出し接続

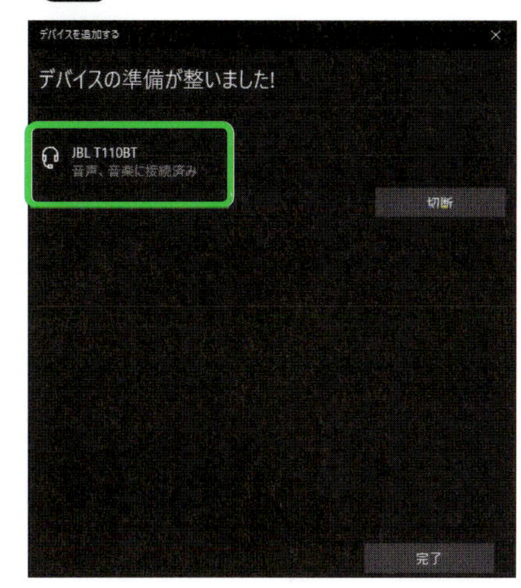


しばらくするとデバイスが検出されるので、接続したい機器名かどうかを確認してクリックします。図のように「接続済み」と表示されれば設定完了です。

### Point パソコンと接続した機器のペアリングを削除する

一度ペアリングした機器は、Bluetooth機器側の電源を入れるだけで自動で接続できるようになります。ほかのパソコンやスマホでその機器を使いたくなった場合には、ペアリングを解除しておくと予期せぬ接続をすることがありません。機器は「設定」→「デバイス」→「Bluetoothとその他のデバイス」に表示されていますので、選択して「デバイスの削除」をクリックします。

## スマホとBluetooth機器をペアリングする

現在発売されているスマホはiPhoneでもAndroidでも基本的にBluetooth機能が標準で搭載されています。

パソコンと接続する場合と同じように、機器のBluetoothをオンにしたあとで、スマホのBluetoothをオンにして接続設定を行いましょう。

### AndroidとBluetooth機器をペアリングする

#### 1 AndroidスマホのBluetoothをオンにする

まず先に、機器側のBluetoothをオンにしてから、Androidで「設定」→「Bluetooth」の順にタップします。表示される画面でスイッチをタップしてオンにします。

#### 2 ペアリングする機器を選択して接続

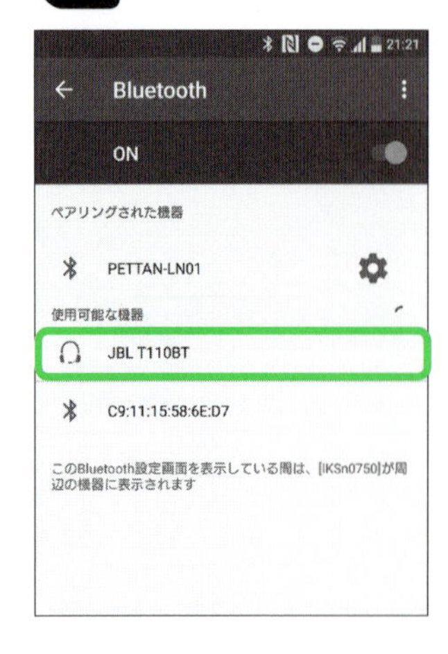

しばらくするとBluetooth機器が検出されるので、機器名を確認してタップします。図のように「利用可能です」と表示されれば接続完了です。

## iPhoneとBluetooth機器をペアリングする

### 1 iPhoneのBluetoothをオンにする

まず先に、機器側のBluetoothをオンにしてから、iPhoneで「設定」→「Bluetooth」の順にタップします。OFFになっているスイッチをタップしてオンにします。

### 2 ペアリングする機器を選択して完了

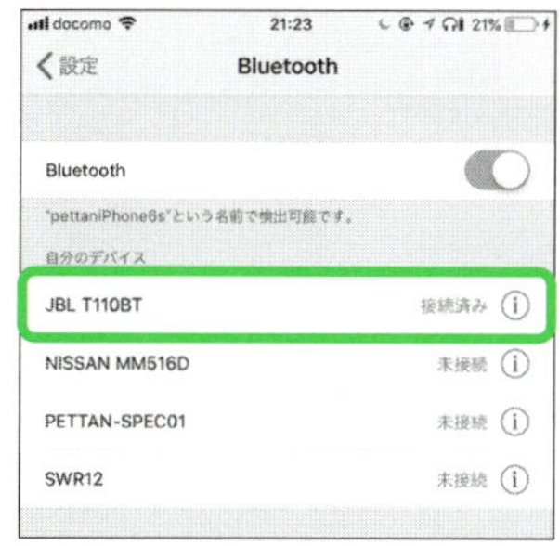


しばらくするとBluetooth機器が検出され、「その他のデバイス」に表示されます。接続したい機器名かどうかを確認してタップします。図のように「接続済み」と表示されれば設定完了です。

### Point スマホと接続した機器のペアリングを削除する

スマホで接続ペアリングした機器についても、Bluetooth機器側の電源をいれるだけで自動で接続できるようになります。ほかのスマホやパソコンでその機器を使いたくなった場合は、ペアリングを解除しましょう。Androidでは接続した機器名をタップして「切断」を選択すると、iPhoneでは機器名の右に表示されている「i」をタップして「このデバイスの登録を解除」をタップするとそれぞれ削除できます。

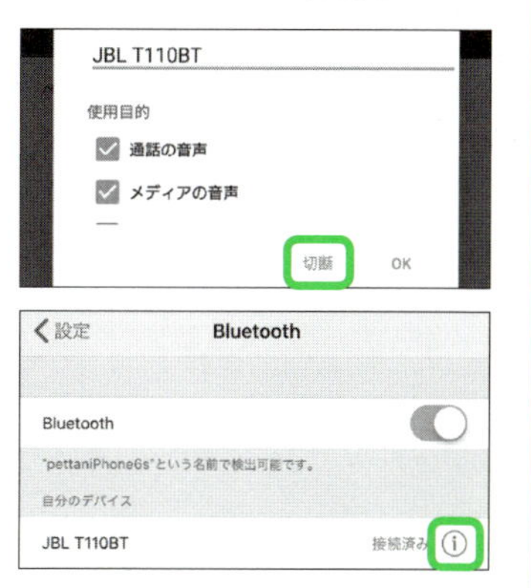

「つながらない！ルーターの故障？」と思ったら

# Wi-Fi接続トラブル解決チャート

ネットワークのトラブルは、Wi-Fiに限らず、原因を究明するのが難しいものです。ここでは、トラブルの原因を見落とさないようにチェックするためのチャート図を用意しました。Wi-Fiにつながらないときは、ぜひこのチャート図に沿って原因を調べてみてください。ほかにもつながらない原因はあるかもしれませんが、だいたいのトラブルは、このチャートを使えば解決するはずです。

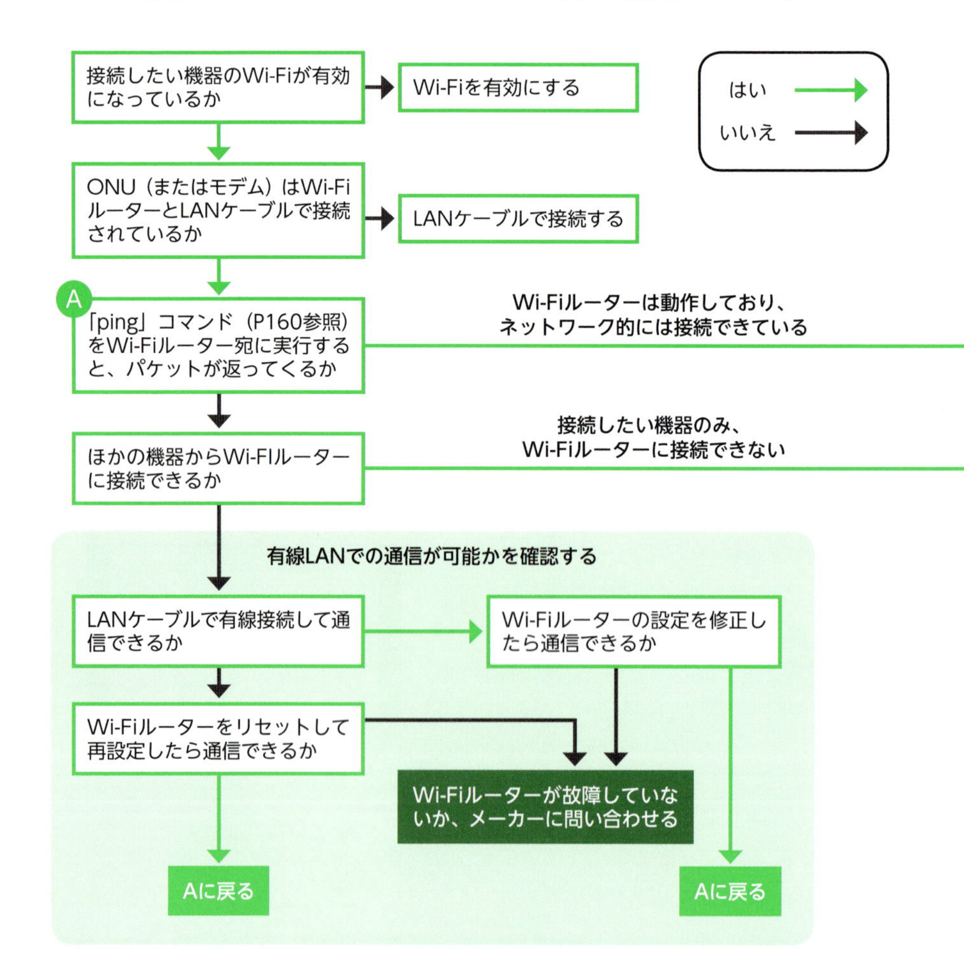

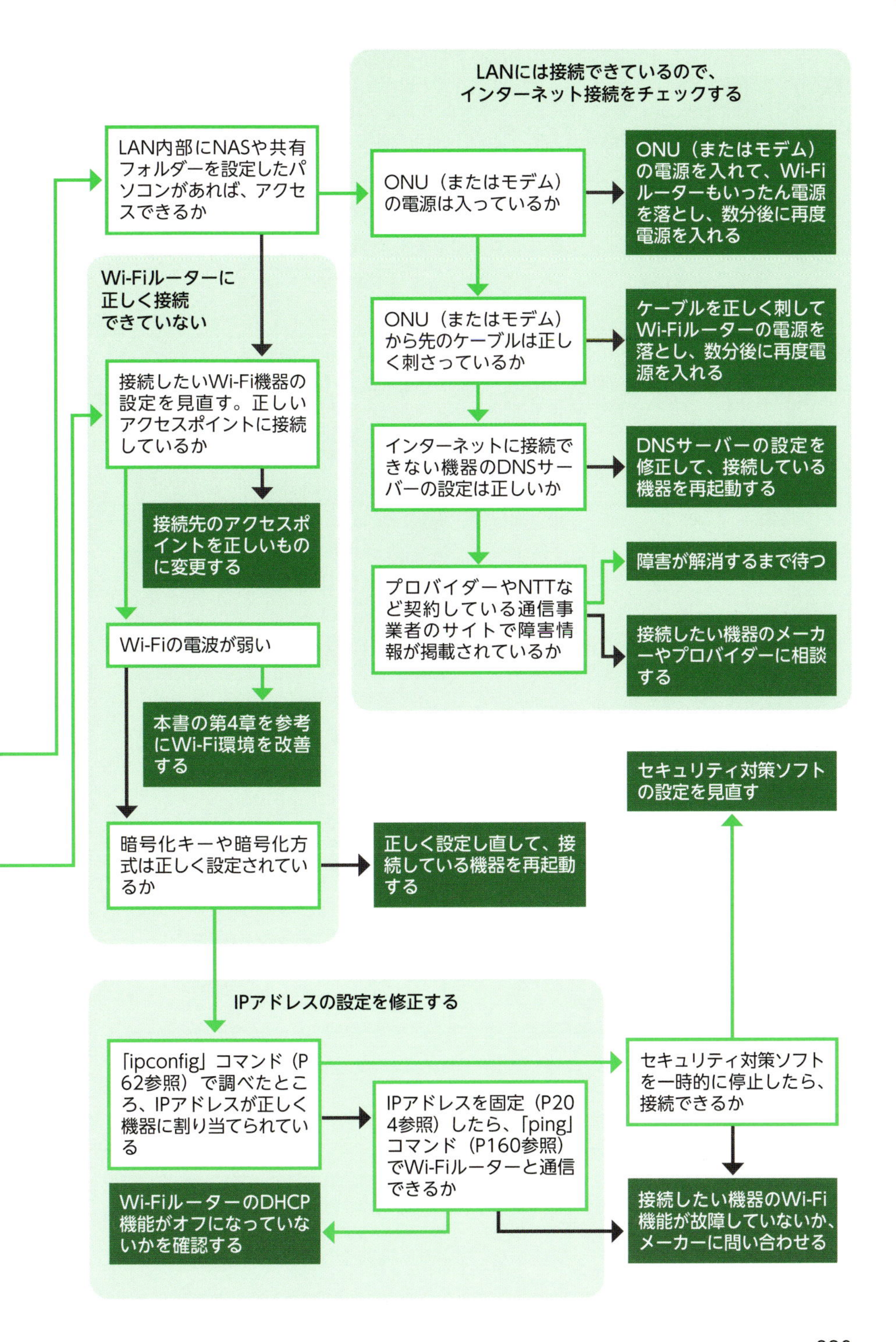

LANには接続できているので、
インターネット接続をチェックする
LAN内部にNASや共有フォルダーを設定したパソコンがあれば、アクセスできるか
ONU（またはモデム）の電源は入っているか
ONU（またはモデム）の電源を入れて、Wi-Fiルーターもいったん電源を落とし、数分後に再度電源を入れる
ONU（またはモデム）から先のケーブルは正しく刺さっているか
ケーブルを正しく刺してWi-Fiルーターの電源を落とし、数分後に再度電源を入れる
インターネットに接続できない機器のDNSサーバーの設定は正しいか
DNSサーバーの設定を修正して、接続している機器を再起動する
プロバイダーやNTTなど契約している通信事業者のサイトで障害情報が掲載されているか
障害が解消するまで待つ
接続したい機器のメーカーやプロバイダーに相談する
Wi-Fiルーターに正しく接続できていない
接続したいWi-Fi機器の設定を見直す。正しいアクセスポイントに接続しているか
接続先のアクセスポイントを正しいものに変更する
Wi-Fiの電波が弱い
本書の第4章を参考にWi-Fi環境を改善する
暗号化キーや暗号化方式は正しく設定されているか
正しく設定し直して、接続している機器を再起動する
セキュリティ対策ソフトの設定を見直す
IPアドレスの設定を修正する
「ipconfig」コマンド（P62参照）で調べたところ、IPアドレスが正しく機器に割り当てられている
IPアドレスを固定（P204参照）したら、「ping」コマンド（P160参照）でWi-Fiルーターと通信できるか
セキュリティ対策ソフトを一時的に停止したら、接続できるか
Wi-FiルーターのDHCP機能がオフになっていないかを確認する
接続したい機器のWi-Fi機能が故障していないか、メーカーに問い合わせる

## COLUMN IPアドレスを固定するには

IPアドレスは、LANやインターネットで通信するためにもっとも重要な情報です。誤ったIPアドレスが設定されてしまうと、正しく通信することはできません。

スマホやパソコンのIPアドレスは、通常DHCPサーバーから割り当てられますが、何らかの理由で正しい割り当てを受けられないときや、IPアドレスを指定したいときは、以下のような手順を実行します。

### Windows 10でIPアドレスを固定する

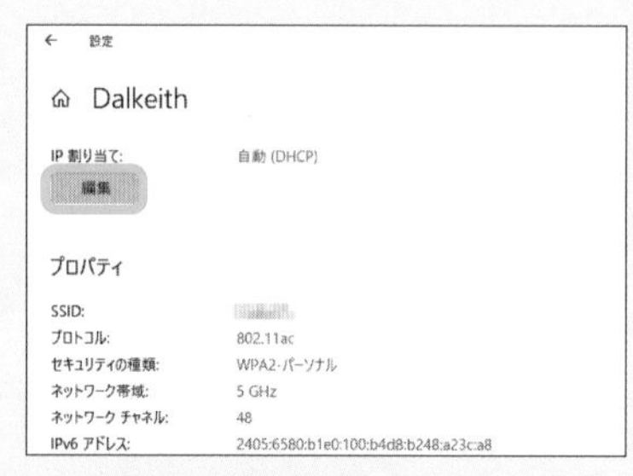


Windows 10では通知領域の「ネットワーク」アイコンをクリックして、接続中のアクセスポイントを選んで「プロパティ」をクリックします。この画面で「IP割り当て」の「編集」をクリックします。

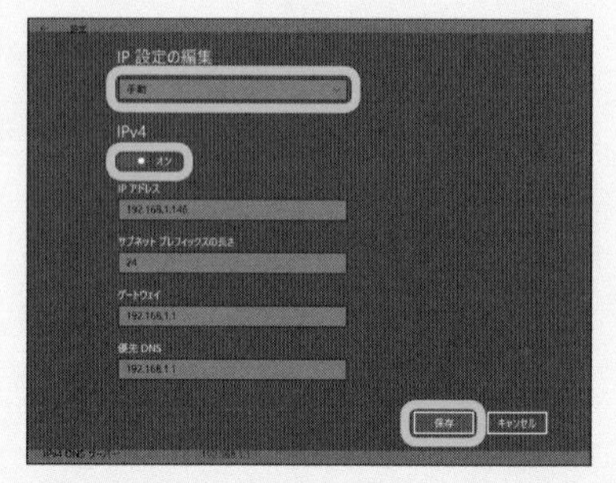


「IP設定の編集」画面で「手動」を選択し、「IPv4」のスイッチを「オン」にしてから、IPアドレスなどを入力して「保存」をクリックすれば、IPアドレスを固定できます。

### iPhoneでIPアドレスを固定する

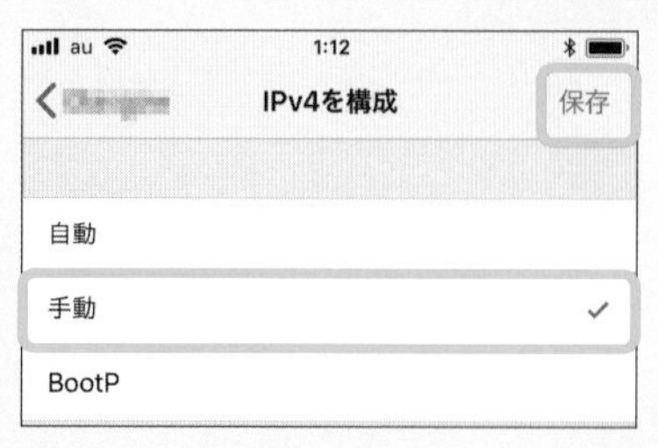


iPhoneでは「設定」→「Wi-Fi」から接続中のアクセスポイントの右の「i」アイコンをタップして、「IPv4アドレス」の「IPを構成」をタップします。この画面で「手動」を選択し、「IPアドレス」などを正しく設定して「保存」をタップします。

ひとつ画面を戻ってから「DNSを構成」をタップして、この画面で「サーバを追加」をタップします。Wi-FiルーターのIPアドレスなどを入力したら「保存」をタップします。

Wi-Fiに関するキーワードや専門用語を一挙解説！

# Wi-Fi用語集

**ネットワークを理解するには、いろいろな用語のことを知る必要があります。ここでは、よく目にするキーワードや専門用語を詳しく解説しました。本文を読んでいて不明な言葉が出てきたら、ここで確認してください。**

## 100BASE-TX

**【ヒャクベースティーエックス】**

有線LANの規格のひとつで、最大転送速度は1秒間あたり100メガビットまでに対応しています。使用するケーブルはカテゴリ5以上の規格で、最長で100メートルまで対応可能です。多くのWi-Fiルーターでwan側の規格として採用されています。

## 1000BASE-T

**【センベースティー】**

有線LANの規格のひとつで、最大転送速度は1秒間あたり1000メガビットまでに対応しています。使用するケーブルはカテゴリ5以上（5e以上を推奨）の規格で、最長で100メートルまで対応可能です。「ギガビットイーサネット」（GbE）とも呼ばれます。これをWAN側の規格として採用するWi-Fiルーターも増えてきました。

## 3G

**【スリージー】**

携帯電話の通信方式のひとつで、デジタル携帯電話の通信方式としては第3世代（3rd Generation）に当たるため、略してそう呼ばれます。数年前までは主流の方式でしたが、現在では音声通話や「LTE」を補完するために使われることが多くなっています。

## 4G

**【フォージー】**

携帯電話の通信方式のひとつで、デジタル携帯電話の通信方式としては第4世代（4th Generation）に当たるため、略してそう呼ばれます。厳密には「LTE-Advanced」と「WiMAX2」が相当しますが、広義では「3.9G」である「LTE」も含みます。

## 5G

**【ファイブジー】**

携帯電話の通信方式のひとつで、デジタル携帯電話の通信方式としては第5世代（5th Generation）に当たるため、略してそう呼ばれます。「LTE」や「LTE-Advanced」との互換性を維持しつつ10Gbps以上の高速通信を目指す次世代規格です。2020年頃から提供が開始される予定です。

## ADSL

**【エーディーエスエル】**

「Asymmetric Digital Subscriber Line」の略で、直訳は「非対称デジタル加入者線」です。古くから使われている銅製の電話回線を利用してインターネットに接続する技術です。既存の電話回線に通常の音声通話よりもはるかに高い周波数でデータを流すので、新たにケーブルを敷設する必要がないというメリットがあります。かつて爆発的に普及しましたが、光ファイバーの普及により利用者は減少しています。

## AES

**【エーイーエス】**

暗号化方式のひとつで、「Advanced Encryption Standard」の頭文字をとった名称です。鍵長は128ビット、192ビット、256ビットの3種類が利用でき、不正な解読は極めて困難な構造です。現在のWi-FiではWPA2と組み合わせて標準的に使われています。

## AirPlay

**【エアプレイ】**

iPhoneやiPadなどが採用するiOSの機能のひとつで、音楽や写真、動画などをWi-Fi経由でほかのオーディオ・ビジュアル機器を使ってストリーミング再生できます。かつては「iTunes」の楽曲をほかの機器で再生するだけで「AirTunes」と呼ばれていましたが、「Apple TV」の登場時に大幅に機能が強化されました。

## Android

**【アンドロイド】**

検索大手のGoogleが開発したスマートフォンやタブレット向けのOSで、アップルのiOSとシェアを二分しています。オープンソースOSの「Linux」がベースで、iOSと比べるとカスタマイズが容易という特徴があります。また、iOSがアップルの独占的なOSなのに対して、Androidは多くのメーカーが採用し、それぞれにカスタマイズしているため、インターフェイスのバリエーションも豊富です。

## Any接続

**【エニィセツゾク】**

Wi-Fi対応機器がSSIDを指定せずにWi-Fi接続することで、これを許可しているアクセスポイントは誰でも利用できてしまいます。そのため、公衆Wi-Fiで多く使われます。セキュリティ上の危険があるので個人のWi-Fiルーターでは許可せず、「拒否」に設定しておきましょう。

## AOSS

**【エーオーエスエス】**

Wi-Fiルーターの有力メーカーであるバッファローが開発した設定補助機能のことで、「AirStation One-Touch Secure System」の略です。対応機器間では「AOSS」ボタンを押すだけで、セキュリティなどの接続設定を簡単に済ませることができます。

## AOSS2

**【エーオーエスエスツー】**

バッファローの設定補助機能である「AOSS」の改良版で、スマートフォンなどにも対応しており、設定用の専用アプリなどを使わなくても、より簡単に接続設定ができるようになっています。NECの「らくらく無線スタート」やWi-Fiアライアンスの「WPS」とともに広く普及しています。

## Bluetooth

**【ブルートゥース】**

パソコンやスマートフォンなどと周辺機器の間を接続する無線通信の規格のひとつで、少ない電力で近距離の利用が中心です。マウスやキーボード、ヘッドフォン、スピーカーなどと接続できます。高速通信が可能な「Enhanced Data Rate」(EDR)や、省電力の「Low Energy」(LE)という規格もあります。

## bps

**【ビーピーエス】**

通信速度の単位で、「bit per second」の頭文字をとったものです。1秒間あたり何ビットのデータを送信または受信できるかを表し、

「ビット毎秒」ともいいます。多くの場合、1000倍を表す「K」、100万倍を表す「M」、10億倍を表す「G」を頭に付けます。

## Chromecast

**【クロームキャスト】**

テレビのHDMI端子に差し込んで、スマートフォンやタブレット、パソコンなどの画面に表示している映像を、Wi-Fi経由で大画面に表示するための機器です。Google TVとAndroidをベースにしたOSを搭載し、4KやHDR対応の「Chromecast Ultra」、楽曲再生に特化した「Chromecast Audio」もあります。

## DHCP

**【ディーエイチシーピー】**

「Dynamic Host Configuration Protocol」の略で、パソコンやスマートフォンなどとWi-Fiルーターが接続するとき、自動的にIPアドレスを割り当てて、重複しないように管理する機能のことです。これにより、多くの機器が同じLAN内にあっても、それぞれに正しいデータが配信できるようになります。

## DLNA

**【ディーエルエヌエー】**

「Digital Living Network Alliance」の略で、本来は異なるメーカー間の機器の相互接続を容易にするための団体名ですが、一般的にはデジタル家電の家庭内ネットワークの規格です。たとえば、レコーダー内の映像を他の部屋のテレビで視聴するような使い方が、この規格によって可能になります。

## DNS

**【ディーエヌエス】**

「Domain Name System」の略で、「○○.co.jp」のようなインターネットのドメイン名やホスト名と、数字が並んだだけのIPアドレスを正しく対応させる仕組みのことです。このマッチングには世界中に数多く存在する「DNSサーバー」のデータベースを参照します。

## DNSサーバー

**【ディーエヌエスサーバー】**

インターネット上でドメイン名とIPアドレスの対応を管理するコンピュータのことで、世界中にたくさんあって連携しています。それぞれのDNSサーバーは分散型データベースのノードとして機能しています。個人ではスマホやパソコンなどはWi-Fiルーターを参照し、Wi-Fiルーターはプロバイダーが指定するDNSサーバーを参照します。

## DTCP-IP

**【ディーティーシーピーアイピー】**

デジタル家電などの機器でコンテンツの不正コピーを防ぎ、著作権を保護するための技術です。「DLNA」とともに使用されることが多く、コピーが禁止されたテレビ放送の録画を家庭内で配信する際に、日本国内では対応が必須の規格となっています。

## FeliCa

**【フェリカ】**

大手家電メーカーのソニーが開発した近距離無線通信の規格のひとつで、通常のNFCよりも高速な通信が可能です。日本では「Suica」や「Edy」などの電子マネーに広く利用されています。日本以外ではあまり普及していないため、海外メーカーのスマホでは対応していない製品が少なくありません。

## FON

**【フォン】**

ユーザーが自分のインターネット回線を専用Wi-Fiルーターを使って公開し、ほかの人のWi-Fiルーターも無料で利用できるようにする方式の公衆Wi-Fiサービスの一種です。自分のアクセスポイントを公開せずにほかのアクセスポイントを有料で利用したり、自分のアクセスポイントを有料で公開するようなコースも用意されていますが、日本国内では選択できません。

## FTTH

**【エフティーティーエイチ】**

「Fiber To The Home」の頭文字をとったもので、光ファイバーを利用した家庭向けのデータ通信サービスのことです。光による通信はADSLに比べて距離が遠くても減衰や損失が少ないため、高速で大容量の通信を確実に行えるというメリットがあります。

## FlashAir

**【フラッシュエア】**

東芝が開発した無線LAN機能を内蔵したSDメモリーカードの名称です。Wi-Fi非搭載のデジカメでも、FlashAirを挿入すると、画像の記録だけでなくパソコンやスマートフォンなどへWi-Fi経由でファイル転送できるようになります。反対に外部のWi-Fi機器からカード内のデータにアクセスすることも可能です。ただし、機種によっては対応していません。

## G

**【ギガ】**

単位などの頭に付けて10億倍を表します。「M」(メガ)の1000倍に相当しますが、デジタルの世界では1024倍の場合もあります。データ量の「GB」(ギガバイト)、「Gb」(ギガビット)、通信速度の「Gbps」(ギガビーピーエス)、周波数の「GHz」(ギガヘルツ)などのように使われます。

## Hz

**【ヘルツ】**

1秒間あたりの周期(波)の数で振動数や周波数を表す際の単位です。1秒間に10回の波があれば「10Hz」となりますは、多くの場合、補助単位の「K」(キロ)、「M」(メガ)、「G」(ギガ)とともに、「5GHz」(ギガヘルツ)のような形で使われます。

## IEEE802.11a

**【アイトリプルイーハチマルニテンイチイチエー】**

無線LANの通信方式の規格のひとつで、5GHz帯の電波を利用し、最大転送速度は54Mbpsです。2002年頃から使われ始め、電子レンジなどの影響を受けにくいため、同じ54Mbpsの「11g」よりも実効速度が高かったのですが、それ以前の「11b」との互換性が懸念され、あまり普及しませんでした。

## IEEE802.11ac

**【アイトリプルイーハチマルニテンイチイチエーシー】**

無線LANの通信方式の規格のひとつで、5GHz帯の電波を利用し、理論上の最大転送速度は6.9Gbpsです。現在販売されているWi-Fiルーターでは主力の方式ですが、まだまだ最大速度には届いていないため、当分は優勢が続くと予想されています。

## IEEE802.11ad

**【アイトリプルイーハチマルニテンイチイチエーディー】**

無線LANの通信方式の規格のひとつで、60GHz帯の電波を利用し、最大転送速度は6.7Gbpsです。まだ一般向けの製品はごく少数しか存在していませんが、障害物のない環境なら高い周波数を活かして、10メートル程度の近距離で数Gbpsの通信が可能になるといわれています。

## IEEE802.11ax

**【アイトリプルイーハチマルニテンイチイチエーエックス】**

無線LANの通信方式のひとつで、2.4GHzと5GHz帯の電波を利用し、最大転送速度は9.6Gbpsです。混雑した状況での速度が向上するといわれています。まだ策定中で「ドラフト規格」という状態ですが、最大2.4GbpsのホームゲートウェイがKDDIから提供されています。

## IEEE802.11ay

**【アイトリプルイーハチマルニテンイチイチエーワイ】**
無線LANの通信方式のひとつで、「IEEE802.11ad」の後継となる規格として策定中です。「IEEE802.11ad」との互換性を維持しつつ、最低でも20Gbps以上、おおむね100Gbps程度の転送速度を目指し、2020年頃の実用化を目指しています。

## IEEE802.11b

**【アイトリプルイーハチマルニテンイチイチビー】**
無線LANの通信方式の規格のひとつで、2.4GHz帯の電波を利用し、最大転送速度は11Mbpsです。無線LANが一般に普及し始めた初期の製品では一般的な規格でしたが、後継で互換性の高い54Mbpsの「IEEE802.11g」が登場したことと、有線LANが10Gbpsから100Gbpsに置き換わりつつあった時期と重なったため、徐々に使われなくなっていきました。現行のWi-Fiルーターでも、大部分の機種がサポートしています。

## IEEE802.11g

**【アイトリプルイーハチマルニテンイチイチジー】**
無線LANの通信方式の規格のひとつで、2.4GHz帯の電波を利用し、最大転送速度は54Mbpsです。「IEEE802.11b」と互換性が高く、速度もそれなりに速かったため、長期間主流となり、広く使われていました。「IEEE802.11n/ac」が主流となった現在でも、大部分のWi-Fiルーターがサポートしています。

## IEEE802.11n

**【アイトリプルイーハチマルニテンイチイチエヌ】**
無線LANの通信方式の規格のひとつで、2.4GHzと5GHz帯の電波を利用し、最大転送速度は600Mbpsです。それまでのほかの規格と違って、製品によって対応する最大転送速度に差があるため、登場時には多くのユーザーに困惑を与えました。現行のWi-Fiルーターでは、5GHz帯で通信できない場合には、自動的に「IEEE802.11n」に切り替わります。

## IEEE802.11s

**【アイトリプルイーハチマルニテンイチイチエス】**
複数のWi-Fiアクセスポイントが1つであるかのように見える「メッシュネットワーク」を実現するための規格で、これによりメーカーや機種の違いを吸収することが期待されています。通信規格自体は「IEEE802.11a/b/g/n/ac」のどれでも対応可能です。

## IEEE802.16a

**【アイトリプルイーハチマルニテンイチロクエー】**
「FTTH」や「ADSL」が利用できない環境において、最終的な引き込み線の部分を電波に置き換えることを想定して策定された規格です。2〜11GHzの電波を利用し、最大転送速度は70Mbpsで、その後「IEEE802.16d」と統合して「IEEE802.16-2004」となり、こちらは「WiMAX」と呼ばれています。

## IEEE802.16e

**【アイトリプルイーハチマルニテンイチロクイー】**
「WiMAX」を時速120キロでの移動中にも使用可能にした規格で、正式に承認された名称は「IEEE802.16e-2005」です。最大転送速度は64Mbpsで、一般には「モバイルWiMAX」と呼ばれています。後継規格は「IEEE802.16m」で、「WiMAX2」と呼ばれます。

## IEEE802.16m

**【アイトリプルイーハチマルニテンイチロクエム】**
「IEEE802.16e-2005」(モバイルWiMAX)の後継規格で、一般には「WiMAX2」と呼ばれます。最大転送速度は300Mbpsです。UQコミュニティズでは加えてTD-LTEと互換性を持たせた「WiMAX2+」のサービスを提供しています。

## iOS

**【アイオーエス】**

アメリカのIT大手のアップルが開発したスマートフォンやタブレットなどに使われているOSで、同社のiPhone、iPod touch、iPadシリーズで利用されています。スマートフォンではGoogleの「Android」と勢力を二分しており、日本国内では過半数がiOSユーザーだと言われています。

## IoT

**【アイオーティー】**

モノのインターネットを表し、これまでインターネット接続が一般的だった情報機器以外の、あらゆる製品にインターネット接続機能を持たせることを意味します。これにより「IPアドレス」の不足が大きく懸念されるようになり、「IPv6」の普及を促したとも言われます。

## IPoE

**【アイピーオーイー】**

「IP over Ethernet」の略で、イーサネットを使ってIPパケットを伝送するインターネットの通信方式です。プロバイダーでインターネット接続する際、従来のPPPoEの代わりに選択できる新しい方式として、通信速度の高速化が見込まれています。

## IPv4

**【アイピーブイフォー】**

「Internet Protocol version 4」の略で、IPアドレスを32ビットの数値で表す方式です。理論上は2の32乗、つまり42億9496万7296個のIPアドレスが利用できますが、それでは「IoT」化が進む全世界で賄うには不足してしまうため、「IPv6」への移行が進められています。

## IPv6

**【アイピーブイシックス】**

「Internet Protocol Version 6」の略で、IPアドレスを128ビットの数値で表す方式です。理論上は2の128乗ですので、340澗2823溝6692穣938杼4634垓6337京4607兆4317億6821万1456個のIPアドレスが使えることになります。これなら当分は不足することがないでしょう。

## IPアドレス

**【アイピーアドレス】**

「Internet Protocol address」の略で、ネットワークに接続されている機器を特定するために割り当てられる数値のことです。これにより、インターネット上で通信相手の機器を正しく区別できます。インターネット上では「グローバルIPアドレス」が使われ、LAN内では一般に「プライベートIPアドレス」が使われます。

## ISP

**【アイエスピー】**

「Internet Service Provider」の略で、インターネットへの接続サービスを提供する事業者のことす。単に「プロバイダー」と呼ばれることもあります。日本ではNTTやKDDIなどの電話会社系や、その他にも数多くの事業者があってサービスを展開しています。

## K

**【キロ】**

単位などの頭に付けて1000倍を表しますが、デジタルの世界では1024倍の場合もあります。データ量の「KB」(キロバイト)、「Kb」(キロビット)、通信速度の「Kbps」(キロビーピーエス)、周波数の「KHz」(キロヘルツ)などのように使われます。

## LAN

【ラン】

「Local Area Network」の略で、家庭やオフィスなどの情報機器を相互に接続するための、局地的で小規模なネットワークのことです。ケーブルで接続するものを「有線LAN」、電波で接続するものを「無線LAN」と呼びますが、多くのLANで両者は混在しています。

## LANアダプター

【ランアダプター】

パソコンなどの情報機器をLANに接続するための内蔵部品または外付け機器のことです。現在ではほとんどの端末に内蔵されていますが、その規格が古い場合には、より高速な新しい規格に対応した製品を、USBポートやLANポートなどに接続して利用できます。

## LANポート

【ランポート】

LANケーブルを差し込むための、LANアダプターにある接続口のことで、イーサネットポートとも呼びます。通常、「RJ-45」と呼ばれる形状のコネクターを差し込めるようになっていますが、一部の製品では他の各種機能と統合されていることもあります。

## LDAP

【エルダップ】

「Lightweight Directory Access Protocol」の略で、企業のネットワークで接続している機器を階層構造で管理するための機能の一種です。Microsoftの「Active Directory」やRed Hatの「Red Hat Directory Server」、オープンソースの「Open LDAP」などはLDAPを実装したソフトです。

## LTE

【エルティーイー】

「Long Term Evolution」の略で、携帯電話会社が提供する通信規格の一種です。「3G」の規格を拡張して高速化したため「3.9G」と呼ばれることもありますが、一般には「4G」に含まれるものと解釈されています。ドコモでは「Xi」（クロッシィ）と呼んでいます。

## M

【メガ】

単位などの頭に付けて100万倍を表します。K（キロ）の1000倍に相当しますが、デジタルの世界では1024倍の場合もあります。データ量の「MB」（メガバイト）、「Mb」（メガビット）、通信速度の「Mbps」（メガビーピーエス）、周波数の「MHz」（メガヘルツ）などのように使われます。

## MACアドレス

【マックアドレス】

ネットワークに接続可能な機器に割り当てられる唯一無二の48ビットの識別番号のことです。同じモデルの機器でも、それぞれ番号が異なります。ネットワーク上では、この「MACアドレス」と「IPアドレス」が紐付けられて個々の機器が区別されます。

## MACアドレスフィルタリング

【マックアドレスフィルタリング】

Wi-Fiルーターのセキュリティ機能のひとつで、事前に登録済みのMACアドレスを持つ機器だけが接続できるようにします。この機能をオンにしていると外部から勝手に接続できなくなりますが、「MACアドレス」の偽装も不可能ではないので、絶対ではありません。

## MIMO

【マイモ】

Wi-Fi接続で複数のアンテナによる通信を束ねて高速化するための技術です。使用できるアンテナの数により、効果が異なります。1台の通信相手を想定しているので、「SU-

MIMO」（シングルユーザーマイモ）とも呼びます。一方、複数のアンテナを通信相手の端末ごとに割り当てて速度低下を防ぐ技術は「MU-MIMO」と呼びます。

## MNO

**【エムエヌオー】**

「Mobile Network Operator」の略で、日本語では「移動体通信事業者」と言います。「MVNO」との対比として自社で無線通信設備を持つ事業者を指し、日本ではNTTドコモ、auブランドのKDDI、ワイモバイルも含めたソフトバンクの3社のことです。最近、楽天モバイルも近いうちにMNOになる方針を表明しました。

## MTU

**【エムティーユー】**

「Maximum Transmission Unit」の略で、通信機器が一度に送信できるデータ量の最大値のことです。これを超えた場合は、自動的に分割して送信します。イーサネットでは最大1500バイト、PPPoEでは1492バイト、NTT東西のフレッツでは1454バイトとなっています。

## MU-MIMO

**【マルチチユーザーマイモ】**

Wi-Fiルーターに複数の機器が同時接続する際、1本の通信で相手を細かく切り替えながら対応するのではなく、それぞれの通信を同時に継続して接続することにより、速度の低下を防ぐ技術です。IEEE802.11acから対応していますが、内蔵アンテナの数による成約があります。

## MVNO

**【エムブイエヌオー】**

「Mobile Virtual Network Operator」の略で、日本語では「仮想移動体通信事業者」と言います。MNOから通信回線を借り受けて、自社のサービスとしてユーザーに提供します。一般には料金の安い「格安スマホ」や「格安SIM」の会社として認識されています。

## NAS

**【ナス】**

「Network Attached Storage」の略で、ネットワークに接続して複数のパソコンやスマートフォンなどから利用できる外付けディスクのことです。サーバーを設置するより簡単で、ファイル共有やバックアップなどに活用できます。家庭や小規模オフィスなどで利用するには、NAS対応のWi-Fiルーターに外付けのUSBハードディスクを接続するのが簡単でしょう。

## NFC

**【エヌエフシー】**

「Near Field Communication」の略で、近距離無線通信の規格のひとつです。カードに埋め込まれたチップ内の情報を読み書きでき、広義では「FeliCa」も含みます。Androidスマートフォンの大部分は標準対応しており、Wi-FiやBluetoothの接続設定を簡略化するために使われることもあります。

## ONU

**【オーエヌユー】**

「Optical Network Unit」の略で、日本語では「光回線終端装置」といいます。光ファイバー（FTTH）の光信号をデジタルの電気信号に変換したり、反対にデジタル電気信号を光信号に変換するための装置のことです。機能的にルーターと統合されている場合もあります。

## PLC

**【ピーエルシー】**

「Power Line Communication」の略で、日本語では「電力線搬送通信」ともいいます。家庭内の電力線をLANケーブルの代わりにする技術で、コンセントに専用アダプターを差し込んで利用します。セキュリティが向上した「HD-PLC」などもありますが、対応製品も少なく、あまり普及してはいません。

## PPPoE

**【ピーピーピーオーイー】**

「Point-to-Point Protocol over Ethernet」の略で、イーサネットを使って2点間を接続するための手順規格です。プロバイダーのインターネット回線に接続する際によく使われます。元々は電話回線でインターネット接続するための「PPP」をイーサーネットで利用できるようにしたものです。

## QoS

**【キューオーエス】**

「Quality of Service」の略で、元々は制御工学やシステム工学の分野で、サービスがユーザーのニーズに合っているかどうか、ユーザーを満足させられているかを評価する尺度のことです。ネットワーク関係の用語としては、動画や音楽のストリーミング再生に必要な高い通信品質を保証するために、あらかじめ帯域を確保するなどしておく技術のことです。

## QRコード

**【キューアールコード】**

通常のバーコードより多くの情報を格納できる二次元バーコードのことです。元々は日本の株式会社デンソーが開発し、特許を取得していますが、特許権を行使しないと宣言したため、広く使われるようになりました。「QR」は「Quick Response」に由来します。スマートフォンのカメラ機能を使ったWebサイトへのアクセスや、Wi-Fiルーターの設定を簡略化するためにもよく使われます。

## SIMフリー

**【シムフリー】**

大手携帯電話会社から販売されるスマートフォンなどの端末の多くには、そのままでは他社の通信回線で利用できないように「SIMロック」がかけられています。この「SIMロック」が最初からかけられていないものを「SIMフリー」と呼び、好きな通信事業者を選べる上に、価格が安いものが多いので人気が高まっています。

## SIMロック

**【シムロック】**

スマートフォンなどの端末をほかの通信事業者では利用できないように自社専用で使わせるために施した制限のことです。近年では一定の条件を満たせば、「SIMロック」は解除することができ、料金の安い「MVNO」への乗り換えもハードルが低くなっています。

## SMTP

**【エスエムティーピー】**

「Simple Mail Transfer Protocol」の略で、日本語では「簡易メール転送プロトコル」とも呼ばれます。電子メールを送信する際に使われる手順の規格のことです。一方、メールの受信や閲覧を行う際には、「POP」や「IMAP」という規格が使われます。

## SSID

**【エスエスアイディー】**

「Service Set Identifier」の略で、日本語では「サービスセット識別子」とも訳されます。Wi-Fiルーターでアクセスポイントの名前として設定する文字列のことです。通常、1バイト文字（英数字など）で設定しますが、Wi-Fiルーターによっては2バイト文字（漢字やひらがななど）を設定することも可能です。ただし、子機によっては文字化けすることがあります。また、このSSIDをブロードキャストしないと、子機側のSSIDの一覧画

用語集

面にアクセスポイントが表示されませんが、このことを「ステルスモード」と呼びます。

## TKIP

**【ティーキップ】**

「Temporal Key Integrity Protocol」の略で、暗号化方式のひとつです。Wi-Fiでは「WPA」または「WPA2」と組み合わせて使われることがありますが、セキュリティ性能は「AES」よりも低くなっています。とはいえ「WEP」よりはマシなので、何らかの理由で「AES」が使えない場合にのみ使用しましょう。

## URL

**【ユーアールエル】**

「Uniform Resource Locator」の略で、直訳では「統一資源位置指定子」という意味です。実際にはWebサイト内の特定のページを特定するための文字列のことで、単に「アドレス」と呼ばれることもあります。多くは「http://」や「https://」のように始まります。

## VPN

**【ブイピーエヌ】**

「Virtual Private Network」の略で、「仮想専用線」とも呼ばれます。インターネットを経由して離れた場所にあるLANなどに接続する際、あたかも同じLAN内にいるかのようにする技術のことです。本物の専用線を利用するよりも経費が抑えられ、企業などでも重宝されています。

## WAN

**【ワン】**

「Wide Area Network」の略で、範囲の狭いLANに対して、広い範囲のネットワークのことを指します。多くの場合、遠隔地のLAN同士を専用線やインターネットなどを介して相互接続している状態です。広義ではインターネットと同義で、Wi-Fiルーターのインターネット回線への接続ポートを意味する場合もあります。

## WEP

**【ウェップ】**

「Wired Equivalent Privacy」の略で、直訳すると「有線同等機密」という意味です。初期のWi-Fiで広く使われていた暗号化技術ですが、セキュリティ性能が低いため、簡単に解読されてしまう危険性が高く、現在では使われなくなってきています。

## Wi-Fi Direct

**【ワイファイダイレクト】**

Wi-Fiルーターを経由せずに、機器同士が直接的にWi-Fi通信する技術のことです。プリンターやデジカメなどで使われることが多く、通信は一方向の場合もあります。代表的な用途は、デジカメやスマホで撮影した写真を直接プリンターで印刷するケースです。

## Wi-Fiスポット

**【ワイファイスポット】**

「公衆Wi-Fiサービス」または「公衆無線LAN」におけるアクセスポイントのことです。または、そのサービス全体のことを指す場合もあります。日本国内では2020年の東京オリンピックに向けて、外国人観光客の便宜のために整備が急速に進んでいます。

## Wi-Fiレンタル

**【ワイファイレンタル】**

海外旅行先などでスマートフォンなどを使いたい人に現地で使えるモバイルWi-Fiルーターを貸し出すサービスのことです。出発時に空港で受け取って、帰国時に空港で返却するような使い方が可能です。エクスコムグローバルの「イモトのWi-Fi」が有名です。

## WiMAX

【ワイマックス】

→IEEE802.16a

## WiMAX2

【ワイマックスツー】

→IEEE802.16m

## WPA

【ダブリュピーエー】

「Wi-Fi Protected Access」の略で、Wi-Fiアライアンスの監督下で行われる認証に準拠した、Wi-Fiで使う暗号化技術のひとつです。現在主流のWPA2はセキュリティ性能が高く、AESと組み合わせて幅広く使用されています。2018年には、より強力なWPA3が発表されました。

## WPS

【ダブリュピーエス】

「Wi-Fi Protected Setup」の略で、Wi-Fiアライアンスによって策定された、Wi-Fi接続の設定を簡略化するための方法のひとつです。「AOSS」や「らくらく無線スタート」と違って、メーカーの垣根を越えて規格が共通化されているため、ほとんどのWi-Fi対応機器で利用できます。

## アクセスポイント

【アクセスポイント】

Wi-Fiなどのネットワークで通信のために、各種の情報機器が接続する先のことです。多くの場合、Wi-Fiルーターにはアクセスポイント機能が内蔵されていますが、ルーター機能を含まないWi-Fiアクセスポイントの製品もあります。

## アドホックモード

【アドホックモード】

Wi-Fiルーター（アクセスポイント）を介さずに、Wi-Fi対応の機器同士が直接的に双方向のデータ通信を行う方式のことです。これに対してWi-Fiルーター（アクセスポイント）に接続する方式は、「インフラストラクチャモード」と呼ばれています。

## 暗号化キー

【アンゴウカキー】

Wi-Fiルーターのアクセスポイントに接続する際のパスワードのことです。「セキュリティキー」と呼ばれることもあります。一般のパスワードと大きく異なる点は、ユーザーごとに別々のものを使うのではなく、全員が同じものを使うことです。

## イーサネット

【イーサネット】

LANの規格の一種ですが、現在ではほとんどの場合に、RJ-45コネクターを採用した有線LANのアダプターやケーブルか、またはそれを使ったネットワークのことを指します。同軸ケーブルや光ファイバーを使ったインターネットも存在します。

## イントラネット

【イントラネット】

企業内部だけで利用するネットワークのことで、たいていは部署別やフロア別といった、いくつかのLANの相互接続から成り立っています。社内連絡や共同作業などのために専用ソフトを導入している場合もあります。顧客や取引先など、部外者は原則として利用できません。

## インフラストラクチャモード

複数のWi-Fi対応機器がWi-Fiルーター（アクセスポイント）を中心として接続し、間接的に双方向のデータ通信を行う方式のことです。反対にWi-Fiルーター（アクセスポイント）を介さずにWi-Fi機器同士が直接的に接続する方式は「アドホックモード」と呼びます。

## 親機

【オヤキ】

一般的にはコードレス電話機のセットのうち、電話回線に接続されている方を指します。しかし、ネットワークの世界では多くの場合、Wi-Fiルーターのことを指します。テザリング中のスマートフォンも一種の親機として機能しています。親機に接続する機器は「子機」と呼びます。

## カテゴリー

LANケーブルの規格で、対応する最大通信速度によって末尾の数字が異なります。「5」は100Mbpsまで、「5e」または「6」なら1Gbps（1000Mbps）まで対応可能です。そのほかに「3」は10Mbps、「6A」「6e」「7」は10Gbps、「7A」「8」は40～100Gbpsまでとなっています。

## ギガビットイーサネット

【ギガビットイーサネット】

最大通信速度が1Gbps（1000Mbps）のイーサネットのことで、一般的には「1000BASE-T」がもっとも広く普及しています。Wi-Fiルーターやパソコンなどに関していえば、多くの場合はその製品に搭載されている有線LANのLANアダプターの対応性能を示す際に使われます。

## クライアント

ネットワーク上でサーバーにアクセスしてデータや機能などを利用する側のコンピュータなどの機器やソフトウェアのことを言います。言葉としては「子機」や「端末」と同じ用途で使われることも多いのですが、厳密には少し意味が異なります。

## グローバルIPアドレス

【グローバルアイピーアドレス】

インターネットに接続している世界中のコンピュータなどの機器を識別するために割り当てられる数字のことで、大手企業などは固定のものを取得しています。個人の場合はプロバイダーから一時的に割り当てられます。現在、「IPv4」から「IPv6」への移行中です。

## ゲートウェイ

LANなどのネットワークと外部との出入り口の交通整理をする役割の機器で、一般的にはルーターのことを指します。多くの場合、別々のネットワークではさまざまな「プロトコル」に違いがあるので、それを変換して問題なくやり取りできるようにしてくれます。

## ゲストSSID

【ゲストエスエスアイディー】

自宅やオフィスのWi-Fiルーターの利用を来客に許可する場合のセキュリティ上のリスクを軽減するために、あたかも別のアクセスポイントであるかのようなゲスト専用のSSIDを設定する機能、またはそのSSIDそのもののことを指します。

## コーデック

音声や映像などの信号を圧縮・伸張する符号化方式のことで、圧縮しても完全に元に戻せる可逆圧縮と、圧縮時にデータの一部が失われる非可逆圧縮のコーデックに大別されます。そのほかに、まったく圧縮せずに符号化するコーデックも存在します。Bluetoothオーディオでは SBC、AAC、aptX、LDACといったコーデックが使われます。

## 公開鍵

【コウカイカギ】

データの送受信の秘匿性を高める方式のひとつで、2種類の鍵を用意しておく暗号化技術で使います。2種類の鍵のうち、「公開鍵」は相手に伝えて暗号化の際に使用してもらう方の鍵のことを指します。「秘密鍵」の方は自分だけが知っているもので、「公開鍵」は一般に公開して利用してもらいます。

## 公衆Wi-Fi

【コウシュウワイファイ】

公共施設や飲食店、コンビニなどで提供されているWi-Fi接続サービスのことで、「公衆無線LAN」、「Wi-Fiスポット」などとも呼ばれます。大手キャリアのスマホの利用者は、そのキャリアのWi-Fiサービスが利用できます。

## 子機

【コキ】

多くの場合、Wi-Fiルーターに接続するパソコンやスマートフォンなどの情報端末のことを指します。パソコンのUSBポートなどに挿入してWi-Fi機能を追加する機器のことを指す場合もあります。一般の用語では、コードレス電話機の電話回線に接続していない方のことです。

## サーバー

ネットワーク上でクライアントとしてアクセスしてくるパソコンやスマートフォンなどの機器に、データや機能などを提供するコンピュータのことです。メールサーバーやWebサーバー、ファイルサーバーなどがその代表です。

## サブネットマスク

IPアドレスのうちネットワークアドレスとホストアドレスを区別するための数値で、同じLAN内にある機器かどうかを判断する際に利用されます。「IPv4」の場合は32ビット、「IPv6」の場合は128ビットの数値になり、日本ではISPごとに決まった範囲が割り当てられています。

## 周波数

【シュウハスウ】

波や振動で1秒間に何回の周期が含まれているかを示す数値で、単位は「Hz」(ヘルツ)が使われます。多くの場合、1000倍を表す「K」(キロ)、100万倍を表す「M」(メガ)、10億倍を表す「G」(ギガ)が頭に付きます。2.4GHzは1秒間に24億回という周波数です。

## ステルスモード

Wi-Fiルーターの「SSID」をブロードキャストせずに、外部の機器から見えにくくすることです。機器から初めてアクセスする場合はSSIDを手動で正確に入力しなければならなくなります。セキュリティ性が少しだけ高まりますが、「SSID」は簡単に傍受できるので、効果は限定的です。

## ストリーム

データの流れのことで、通常は1ストリームを使って通信しますが、複数のストリームを束ねて高速大容量の通信に利用したり、同時に複数の相手に別々のストリームで通信するような技術もあります。Wi-Fiでは前者は「MIMO」、後者は「MU-MIMO」と呼ばれます。

## スマートウォッチ

時計型の情報端末のことで、心拍数や運動量などを計測したり、メールなどの通知や音楽の鑑賞ができるものもあります。スマートフォンと組み合わせてBluetooth通信で使うのが一般的で、iPhoneと連携するApple Watch(アップル)がその代表です。

## スマート家電

【スマートカデン】

Wi-Fiなどによりネットワークに接続されていて、スマートフォンからコントロールできるようになっている生活家電を指します。外出先からエアコンや部屋の照明のスイッチをオン・オフすることなどが可能です。レシピを取得できる電子レンジや冷蔵庫なども一種のスマート家電です。

## スマートスピーカー

音楽の再生だけでなく、音声指示によりWi-Fi経由でさまざまな機能を実行できるスピーカーで、スマート家電のコントロール、インターネット検索やショッピング、スケジュール管理などに対応します。Amazon EchoやGoogle Homeがその代表です。

## スマートリモコン

スマートフォンから命令できる汎用の赤外線リモコンで、ネットワーク機能を持たない家電製品をスマート家電のようにコントロールできるようになります。エアコンや照明などの家電製品を買い替えずに低予算でスマート化できる点が魅力です。

## スループット

パソコンや通信回線などが単位時間に処理できるデータ量のことです。たいていは1秒間のあたりのビット数で表現し、理論上の最大値と、実験による数値（実効スループット）の二種類があります。Wi-Fiルーターのメーカーの一部では実効スループットを公開しています。

## 帯域制限

**【タイイキセイゲン】**

インターネット接続で、プロバイダ（ISP）が意図的に通信速度を遅くするような制限を行っている状態のことです。スマートフォンの通信量を使いすぎて契約上の制限を超えると帯域制限がかかりますが、多くの場合は追加料金を支払うことで解除できます。

## ダイナミックDNS

**【ダイナミックディーエヌエス】**

グローバルIPアドレスが固定されていない場合でも、特定の文字列によるホスト名に結びつけてくれるサービスのことです。これを利用すると個人や小規模オフィスでWebサーバーなどを運営する場合などに、独自の固定IPアドレスを取得せずに済むので助かります。

## チャンネル

Wi-Fiで使う電波にはいくらかの幅があるため、少しずつずらして複数の通信を共存させることができます。近くで同じチャンネルを使っていると通信速度が低下するため、空いているチャンネルを使うようにします。テレビのチャンネルも原理は同じです。

## 中継機

**【チュウケイキ】**

Wi-Fiの電波が届きにくい場所があった場合、中間地点に設置することで電波状況を改善するための機器のことです。同様の目的では今後、よりシームレスに使える「メッシュネットワーク」対応機器の方が普及していくことが予想されます。

## テザリング

携帯電話回線と接続可能なスマートフォンやタブレットを、モバイルWi-Fiルーターとして利用するための機能のことです。これにより、Wi-Fi通信のみ対応のパソコンやタブレットを、外出先でインターネット接続した状態で利用できるようになります。

## デフォルトゲートウェイ

スマホやパソコンのシステムには、「このIPアドレス宛のデータは、このゲートウェイに送る」という情報を集めたルーティングテーブルと呼ばれるものが存在します。そして、ルーティングテーブルに載っていないIPアドレス宛のデータは、すべてデフォルトゲートウェイ（実際にはルーター）に送信することになっています。通常、インターネット宛の通信データはルーターに送られるので、デフォルトゲートウェイのアドレスを尋ねられたら、ルーターのIPアドレス（192.168.1.1など）を書いておけば事足ります。

## デュアルバンド

2つの周波数帯を利用できることを指します。Wi-Fiルーターでは2.4GHz帯と5GHz帯のチャンネルを同時に利用できる機能のことです。現行のWi-Fiルーターの大部分は「デュアルバンド」に対応しています。同様に3つの周波数帯を利用する場合は、「トライバンド」と呼びます。

## デュアルモード

Wi-Fiルーターや無線LANアダプターで、親機の機能と子機の機能の両方が使えることです。パソコンのUSBポートに接続して使う外付けのLANアダプターのうち、一部が「デュアルモード」に対応しており、多くはアンテナの関係でスティック状の形になっています。

## トライバンド

3つの周波数帯を利用できることを指します。2.4GHz帯で1つのチャンネルと5GHz帯で2つのチャンネルの合計3つのチャンネルを同時に利用できる機能のことです。同様に2つの周波数帯を利用する場合は、「デュアルバンド」と呼びます。現行のWi-Fiルーターでは最上位の機種が「トライバンド」に対応しています。

## トラベルルーター

旅行先のホテルなどのインターネット回線を快適に使うことを目的とした小型で軽量なWi-Fiルーターのことです。ホテルの部屋に有線LANのポートがあった場合、LANケーブルで接続して一時的なアクセスポイントを作れます。「ホテルルーター」とも呼ばれますが、自宅で使うことも可能です。

## トランスミッター

Bluetooth機能を内蔵していない機器に接続して、Bluetoothでの通信を可能にするための専用機器です。カーオーディオの世界では、スマホや携帯音楽プレーヤーの接続に対応していない場合に、FMラジオの機能を利用して音を鳴らすための機器のことを指します。

## 認証局

【ニンショウキョク】

インターネットの暗号化通信には電子署名や電子証明書という、いわば印鑑や印鑑証明のようなものが必要で、それにより信憑性を保証しています。電子署名が真正なものであることを確認して電子証明書を発行するのが認証局の役割です。

## ネットワークカメラ

Wi-FiでLANに接続して使う、一種の監視カメラのようなものです。防犯やペットの見守りに使われることが多く、外出先でパソコンやスマホからインターネットを介して映像を確認できます。また、自宅内で別の部屋に寝ている子供などを見守るような用途にも役立ちます。

## ノード

ネットワークに接続された各種の機器のことで、接続を点と線で表現したときに点にあたる部分です。ルーターやサーバー、パソコン、スマートフォンなど、完全にスタンドアローンではなく、ネットワーク接続されていれば、すべて「ノード」になります。

## パケット

本来は「小包」のことですが、データの送受信の際に使われるデータのかたまりのことで、多くの場合は携帯電話回線のデータ通信量の単位として使われます。その場合は、1パケットは128バイトというサイズです。請求書に利用量がパケット数で記載されることもあります。

## パスワード共有

**【パスワードキョウユウ】**

iOSの機能のひとつで、来客にWi-Fiルーターのパスワードを教えずに、自分のiPhoneから接続の許可を出せます。利用するには相手を「連絡先」に登録しておくほか、モバイルデータ通信、Wi-Fi、Bluetoothのいずれかがオンになっている必要があります。

## バンドステアリング

Wi-Fiの通信速度を高速化するための機能のひとつで、2.4GHz帯と5GHz帯の電波の状況に応じて、混雑していない方に自動的に切り替えてくれます。Wi-Fiルーターの中上位機種の大部分が対応しており、「トライバンド」の場合は3つのバンドから最適なバンドを選択します。

## ピアツーピア

ネットワーク上にあるパソコンなどの端末を1対1で接続して、サーバーを利用せずに直接的にデータを送受信する方式のことです。さらに、3台以上の端末で、それぞれがサーバーとクライアントの両方の機能を果たして、直接通信する場合もあります。

## 光ファイバー

**【ヒカリファイバー】**

ガラス繊維に光を通すことで通信ケーブルとして利用しているもののことで、減衰が少なく、高速で大容量の通信が可能です。ガラスは光の入射角によって境界面で全反射し、細長い繊維の中でジグザグに反射しながら遠くまで進むことができる性質を利用しています。

## 光コラボ

**【ヒカリコラボ】**

プロバイダー（ISP）などがNTTの光ファイバー回線を自社サービスとセットで提供しているプランのことです。NTT東西と直接的に契約する「フレッツ光」とは違ってプロバイダーとの契約になるため、あとからユーザーがプロバイダーを自由に変更することはできません。

## 引っ越し機能

**【ヒッコシキノウ】**

Wi-Fiルーターを買い換えた際、「WPS」機能を利用して以前の設定を新しいWi-Fiルーターに簡単にコピーできる機能です。バッファローは「AirStation引越し機能」、NECは「Wi-Fi設定引越し」、アイ・オー・データ機器は「Wi-Fi設定コピー機能」と呼んでいます。

## ビームフォーミング

電波は本来は無指向性のため、全方向に向けて発信されますが、これをパソコンやスマホのある方向に集中的に飛ばす機能のことです。電波が強くなるので、つながりやすさが向上します。現行のWi-Fiルーターの多くが対応しています。

## 秘密鍵

**【ヒミツカギ】**

→公開鍵

## ファームウェア

Wi-Fiルーターなどの機器に内蔵されていて、その機器ををコントロールするためのソフトウェアのことです。欠陥の修正や機能の向上のためにアップデートの必要が生じることがあります。最近のWi-Fiルーターでは自動的にアップデートできる機種も増えています。

## ファイアウォール

元々は火事の延焼を防ぐ防火壁のことですが、ここではネットワークが外部から不正にアクセスされたり、攻撃を受けたりすることを防ぐための機器またはソフトウェアのことです。不正な通信を検知すると、それを遮断することでネットワーク内部を守ります。

## フィルタリング

条件を設定してデータ通信の内容を選別する機能のことです。有害コンテンツの遮断などに利用される「ペアレンタルコントロール」や、Wi-Fiルーターのセキュリティ設定にある「MACアドレスフィルタリング」も、フィルタリングの一種です。

## プライベートIPアドレス

**【プライベートアイピーアドレス】**

ルーターによりLAN内の機器に割り当てられるIPアドレスのことで、多くの場合、「192.168.0.○○」または「192.168.1.○○」のような数値です。「ローカルIPアドレス」と呼ばれることもあります。インターネット上のIPアドレスは「グローバルIPアドレス」と呼んで区別します。

## ブリッジモード

Wi-Fiルーターでルーターとしての機能をオフにして、「アクセスポイント」の機能だけを利用できる状態のことです。プロバイダー（ISP）から提供されたブロードバンドルーターに接続する場合や、古いWi-Fiルーターを中継機として利用する場合などに切り替えて使います。

## ブロードキャスト

元々は「放送」という意味で、同じネットワーク内のすべての機器に向けて同時にデータを送信することです。通常、「ステルスモード」でないWi-Fiルーターは「SSID」をブロードキャストしています。複数の機器（すべてではない）に送信する場合は「マルチキャスト」、1台のみに向けて送信する場合は「ユニキャスト」といいます。

## ブロードバンド

高速なインターネット接続が可能な回線のことです。かつて電話で音響通信をしていた「ナローバンド」の時代に、飛躍的に高速化して常時接続が当たり前のADSLが登場した際に呼ばれ始めました。今では「ブロードバンド」が当たり前なので、使われることが少なくなりました。

## プロキシ

あるネットワークから外部にデータ送信する際、「代理」でインターネット接続して、不正な通信が行われないようにコントロールするためのサーバーのことです。主に企業で利用されており、「プロキシ」経由では正常に利用できない一般向けのサービスもあります。

## プロトコル

ネットワーク通信を行う際に必要な手順を決めたルールや規格のことです。本来は王室や貴族、政府などが儀式や外交の場などを進行するための「儀典」のことですが、異なるネットワークを接続するインターネットの通信を円滑に進めるために、用語が転用されました。

## プロバイダー

インターネット接続のサービスを提供する事業者のことで、「インターネットサービスプロバイダー」という正式名称は長すぎるので、このように呼ばれています。また、頭文字を取って「ISP」とも呼びます。一般用語では製品やサービスの提供元は、すべて「プロバイダー」です。

## プロファイル

Bluetooth通信を行う際の標準化された「プロトコル」のことで、オーディオではA2DPやAVRCPなどが使われます。そのほか、ディスプレイやプリンターなどを制御するための「プロファイル」もあります。かつては「プロフィール」と呼ばれていたこともありました。

## ペアレンタルコントロール

子供が有害なコンテンツなどにアクセスしたりしないようにパソコンやスマートフォンなどの利用範囲を制限・監視する機能のことです。パソコンやスマホのOSに標準装備されているほか、Wi-Fiルーターにも機能が搭載されていることがあります。

## ベストエフォート

通信速度などの表記は最大値であって、必ず実現することは保証しないという意味です。ネットワークの実効スループットは、理論上の最大速度の半分も出れば上出来です。特に、電波状況が悪いときは、5分の1や10分の1になることも珍しくありません。

## ホームルーター

携帯電話の通信回線などを利用してインターネット接続するWi-Fiルーターのことです。機能はモバイルルーターと似ていますが、据え置きでの利用を前提としています。あくまで携帯電話回線ですので、一般的な固定のインターネット回線と同じ感覚で使うのは厳しいでしょう。

## ホテルルーター

→トラベルルーター

## マルチSSID

**【マルチエスエスアイディー】**

1台のWi-Fiルーターの中にあたかも複数のアクセスポイントがあるかのように、2個以上のSSIDを設定できる機能のことです。暗号化仕様の古いゲーム機や来客のための「SSID」を分けるときなどに便利です。「ゲストSSID」機能も「マルチSSID」の一種です。

## マルチキャスト

同じネットワーク内の複数の機器に向けて同時にデータを送信することです。ネットワーク内のすべての機器に向けて送信する場合は「ブロードキャスト」、1台だけに向けて送信する場合は「ユニキャスト」と呼んで区別します。

## 無線LAN

**【ムセンラン】**

ケーブルではなく、電波を使って通信するLANのことです。ケーブルを使ったLANの方は「有線LAN」と呼びます。「無線LAN」と「Wi-Fi」は厳密には定義が異なりますが、一般的には「Wi-Fi」とほぼ同じ意味で使われており、両者を入れ替えても間違いではありません。

## メッシュネットワーク

複数のアクセスポイントを連携させて、あたかも1つのWi-Fiルーターを使っているかのように、広範囲で安定した通信を行えるようにしたネットワークのことです。「IEEE802.11a/b/g/n/ac」のどれでも対応可能ですが、正式な規格としては「IEEE802.11s」として策定中です。

## モバイルWiMAX

**【モバイルワイマックス】**

→IEEE802.16e

## モバイルルーター

携帯電話の通信回線を利用してインターネット接続する、持ち運びしやすい小型軽量のWi-Fiルーターのことです。外出先でパソコンやタブレットなどをインターネットに接続したい場合に使います。大手キャリアとの契約では、スマホのテザリングより有利な条件になることもあります。

## 有線LAN

**【ユウセンラン】**

Wi-Fiの電波ではなく、イーサネットのケーブルで接続してデータ通信を行うLANのことです。かつては多種多様なケーブルが使われていましたが、現在ではRJ-45コネクタのツイストペア（2本撚り線）が主流です。

## ユニキャスト

同じネットワーク内の1つの機器だけに向けてにデータを送信することです。一方、2台以上の複数の機器に向けて送信することは「マルチキャスト」、ネットワーク内のすべての機器に向けて送信することは「ブロードキャスト」と呼びます。

## らくらく無線スタート

**【ラクラクムセンスタート】**

NECのAtermシリーズで利用可能な設定補助機能のことで、対応機器間では接続設定を簡略化できます。バッファロー製AirStationで使える「AOSS」および「AOSS2」や、Wi-Fiアライアンスが策定した「WPS」とともに広く普及しています。

## リンクアグリゲーション

複数の通信回線を束ねてあたかも1回線のように使い、通信速度を高速化する技術のことです。たとえば、2本のギガビットイーサネットをまとめて、2倍の2Gbpsに迫るような使い方が可能です。「IEEE802.3ad」として定義されているため、異なるメーカーの製品でも利用できます。

## ルーター

2つ以上のネットワークの接続点に位置し、受け取ったパケットをどこに向かって送るかを決める機器です。たとえば個人宅でLAN内部の複数の端末から同時にインターネットに接続したとき、返ってきたパケットを正しい端末に送り届けるのはルーターの役目です。Wi-Fiルーターはwi-FiアクセスポイントとルーターThe機能が1台にまとめられています。

## ローカルIPアドレス

**【ローカルアイピーアドレス】**

→プライベートIPアドレス

## ローミング

携帯電話の通話やデータ通信で、契約している事業者以外のネットワークに接続できるサービスのことです。海外でも自分の端末を現地のサービスを経由して普段通りに使うことができます。Wi-Fiルーターと中継機をシームレスに使う場合を指すこともあります。

用語集

●装丁デザイン
ナカミツデザイン
●本文デザイン・DTP
宮下晴樹（ケイズプロダクション）、松井美緒（ケイズプロダクション）
●編集
森谷健一（ケイズプロダクション）
●執筆協力
折中良樹／岩渕 茂／宮下由多加／今村丈史／出田 田／酒井麻里子／甲賀佳久
●担当
細谷謙吾
◆本書サポートページ
https://gihyo.jp/book/2018/978-4-297-10052-0/support
本書記載の情報の修正／修正／補足については、当該Webページで行います。

■お問い合わせについて
本書に関するご質問は記載内容についてのみとさせていただきます。本書の内容以外のご質問には一切応じられませんので、あらかじめご了承ください。なお、お電話でのご質問は受け付けておりませんので、書面またはFAX、弊社Webサイトのお問い合わせフォームをご利用ください。

<問い合わせ先>
〒162-0846
東京都新宿区市谷左内町21-13
株式会社技術評論社
『もっと速く、快適に！ Wi-Fiを使いこなす本』係
FAX 03-3513-6173
URL https://gihyo.jp

ご質問の際に記載いただいた個人情報は回答以外の目的に使用することはありません。使用後は速やかに個人情報を廃棄します。

# もっと速く(はや)、快適(かいてき)に! Wi-Fi(ワイファイ)を使(つか)いこなす本(ほん)

2018年9月6日 初版 第1刷発行

著　　者　ケイズプロダクション
発 行 者　片岡 巌
発 行 所　株式会社技術評論社
東京都新宿区市谷左内町21-13
TEL：03-3513-6150(販売促進部)
TEL：03-3513-6177(雑誌編集部)
印刷／製本　日経印刷株式会社


ISBN978-4-297-10052-0 C3055
Printed in Japan